Modern programming techniques and the practices

for open source geophysical software

现代化编程方法与地球物理开源软件实践

张 贝 赵 明 韩建成 李红蕾 陈 石 等◎编著

地震出版社

图书在版编目（CIP）数据

现代化编程方法与地球物理开源软件实践 / 张贝等
编著 . —北京：地震出版社，2022.8
ISBN 978 – 7 – 5028 – 5453 – 9

Ⅰ . ①现… Ⅱ . ①张… Ⅲ . ①程序设计②地球物理勘
探—软件设计 Ⅳ . ①TP311.1②P631

中国版本图书馆 CIP 数据核字（2022）第 098246 号

地震版 XM4959/TP(6270)

现代化编程方法与地球物理开源软件实践

张 贝 赵 明 韩建成 李红蕾 陈 石 等◎编著
责任编辑：范静泊
责任校对：鄂真妮

出版发行： **地 震 出 版 社**

北京市海淀区民族大学南路 9 号   邮编：100081
发 行 部：68423031 68467991   传真：68467991
总 编 办：68462709 68423029
编辑四部：68467963
http：// seismologicalpress.com
E-mail：zqbj68426052@163.com

经销：全国各地新华书店
印刷：河北文盛印刷有限公司

版（印）次：2022 年 8 月第一版 2022 年 8 月第一次印刷
开本：787 × 1092 1/16
字数：544 千字
印张：27
书号：ISBN 978 – 7 – 5028 – 5453 – 9
定价：120.00 元

序　一

大数据、正演与反演是当代地球物理学研究的主要手段。地球物理学研究离不开高质量的完备观测、监测数据，也离不开功能齐全、运行稳定的科学计算软件支持。

不同于商业软件，科学计算软件通常是在开放的项目平台上进行代码共享、完善和升级，如美国的地球系统科学模拟平台 ESM 项目（https://www.esm-project.net/）、计算地球动力学基础架构平台软件 CIG 项目（https://www.geodynamics.org）、澳大利亚的 Underworld 项目（https://www.underworldcode.org）、法国的 IPGP 软件平台项目（https://www.ipgp.fr/en/programs）、日本基于 Earth Simulator 超级模拟器的 GeoFEM 项目（http://geofem.tokyo.rist.or.jp/）等，依托这些项目的长期支持，促进了一批地球科学数值模拟计算软件平台的发展。

大数据和信息化背景下，通过国家级计划持续近 30 年时间资助建立了一批优秀的地球科学大数据处理开源软件和基础架构平台，诸如美国国家大气中心（NCAR）的大数据处理与可视化 UniData 项目（https://www.unidata.ucar.edu）、固体地球探测 EarthCube 计划（https://www.earthcube.org/）、澳大利亚的 AuScope 计划（https://www.auscope.org.au/）、法国的 IPGP GeoScope Observatory 项目（http://geoscope.ipgp.fr/index.php/en/）、德国的 Helmholtz Center Postdam 地球科学架构平台（GFZ, https://www.gfz-potsdam.de/en/）。我国也自 2009 年开始启动了国家深地科学探测 SinoProbe 计划（http://www.sinoprobe.org/）。

本书第一作者张贝博士有着丰富的计算地球动力学数值模拟软件研发经验，尤其擅长 Python 语言生态下的开源软件编写工作，其独立开发的并行有限元全球同震位错计算程序，自 2017 年博士后出站后仍为实验室的科研工作发挥着巨大作用。

2018 年的一次学术活动后，本书作者团队与我讨论过发展国产开源软件方面的想法，当时我很赞成且认为十分必要。在今年看到书稿的时候，我为这些年轻人的工作感到非常骄傲。因为开发国有自主知识产权的开源软件艰难繁杂，没有捷径，未来的发展也绝对不会是坦途大道，要想做好一套科学计算软件不仅需要扎实的专业背景和软件架构设计能力，更需要有无比专注的热爱和大量投入——本书作者们时刻保持着对新信息技术的高度敏锐，尤其关注大数据与云计算的最新发展；一套科学计算软件的建立不仅要熟练掌握日益更迭的编程技术，还要能理解和倾听用户们的需求和反馈，及时且耐心地修改代码中的Bug。他们多年的默默付出，可能不比发表一篇论文更有回报，但正是有了他们设计的软件，才能更好地为地球科学的数据、信息、知识及实践提供技术支撑，进而帮助科研工作者们提升知识创造和传播的能力。

本书介绍的软件定义、云计算、容器、DevOps 等方面的技术，不但可以帮助读者快速掌握开源时代的多种生态领域工具，而且为读者提供了开发 GEOIST 开源软件过程中的实践经验，我想这对未来国产地球物理开源软件发展具有重要的借鉴意义。

最后，衷心祝愿本书能尽早面世，也期待书中内容能为更多的地球物理科技工作者们提供直接的、有益的帮助。

中国科学院计算地球动力学重点实验室主任　张怀教授

2022 年 3 月 29 日

序 二

如果说推动现代地球物理学研究进步的基本条件是观测数据，那么要想解读数据期望告诉我们的科学现象，自然离不开专业化的建模、计算与解释软件的发展。让我最初关注到本书作者团队的是在 Github 平台上看到的一个叫 GEOIST 的开源软件包，因为在地球物理学领域真正的开源软件并不多，该软件代码采用了当今十分流行的 Python 语言，而且实现了满足 OpenAPI 标准和 DevOps 现代化软件开发、运维理念下的可持续研发。

我与本书作者团队的合作始于三年以前，主要集中在重磁位场数据处理及反演方法等相关研究工作方面，这也是我当时负责的国家重点研发计划项目平台建设的重要内容之一。我们在现代化软件研发技术、现代化编程方法、最新的地球物理工具以及特定的应用场景等方面一直都有着广泛且深入的讨论。他们在科研工作中能够将团队最新成果不断地更新到开源软件代码中，坚持可重复的科学研究发展理念，这是非常可贵的。最初看到这本书的样稿时，我很高兴看到了我们当时讨论过的很多技术工作解决方案都能在本书中有所体现，也很欣慰他们能围绕当时软件平台研发工作中遇到的一些关键技术难题去梳理知识点，并形成系统化的内容，让更多的读者有机会针对应用实践中的难题进行学习。

本书的写作风格很活泼，虚拟人物"小 G"的人设让读者很有代入感，内容由浅入深，将很多技术细节进行了点到为止的介绍，让读者可以快速了解现代化编程技术的全貌，对优化研发软件性能、提高协同工作效率具有重要的指导意义，具有广泛的应用前景。同时，本书也是一本详细介绍 GEOIST 开源软件的科研参考资料。我相信这套国产的 GEOIST 开源软件所坚持的科研成果开放、共享的理念，将更有利于提高我国地球物理勘探尤其是重力勘查方面的软实力，也将更有利于把最新的重力数据处理及反演策略从研究推向应用。

本书语言轻松风趣、代入感强，有助于帮助地球科学研究人员和刚接触科研的研究生们快速补齐信息化时代的专业知识短板，让他们能在了解现代化软件开发技术背景的前提下提出问题、思考问题，并找到优化解决问题的方案。

最后，衷心祝愿本书能够被更多领域的科研同行所看到，同时希望本书提供的技术、案例和解决方案能有的放矢地指导读者解决好科研和业务实践中遇到的难题。

中国科学院油气资源研究重点实验室主任　王彦飞研究员

2022 年 4 月 6 日

前　言

　　云计算和虚拟化技术的发展正在逐渐改变传统的软件设计理念，而开源文化的兴起对软件开发方法产生了深远的影响，诸如容器化、微服务、Restful API、DevOps 等新一代软件开发和运维技术的发展，促进了传统软件的转型升级。以阿里云、Azure 云、亚马逊云为代表的商业化云计算中心的发展，实现了计算机硬件资源的集约高效利用，使计算资源的获取变得简单方便。云端部署会更有利于保证软件运维环境的一致性，同时有利于为需求变化提供动态伸缩和横向扩展能力。虚拟化技术的发展不但改变了传统的软件开发理念，而且也促进了超融合架构等新的软件开发技术的发展。超融合架构可以通过软件来定义计算、存储和网络基础设施，而构建于其上的各种容器的编排和管理，能够为企业关键业务的软件部署提供非常实用的解决方案。

　　以上这些发展趋势同样对现代科研发展产生了影响。以地球物理科研发展为例，专业地球物理现代科研、学习离不开计算，而计算需要编程工具。要学习掌握好一门编程语言可能花费很多时间，很多时候好不容易学会了一门编程语言，但面对一堆专业公式和各种实际问题，仍然需要大量的程序设计工作以及繁重的基础性、重复性劳动。试想一名研究生，在短暂的几个学期里，一边要学习程序设计，一边要掌握大量的物理和数学知识，还要查阅文献和撰写论文，这样会严重挤占创造性的科研时间。更加令人感到崩溃的是，在这个过程中可能还要面临蹚那些别人曾经蹚过但对自己却是难以跨越的程序设计"大坑"。

　　为了让研究生们能够在基础课程学习完成后快速进入科研状态，将有限的科研时间用于创新性的工作，从 2018 年开始，我们团队特别针对地球物理学中的重磁位场方法和相关数据处理问题设计了地学家"GEOIST"开源软件包，在其开发过程中我们不断将最新的科研成果集成到该软件包中。GEOIST 软件旨在帮助研究生和青年科研工作者提高计算能力，加速科研与业务实践。2020 年，在 GEOIST 软件基础上，我们团队进一步围绕 Python 生态中的优秀工具开始了本书的组织与编写工作，本书侧重地球物理专业问题解决方案，也期望能给广大学员、地震领域同行和朋友们提供一些技术帮助。

　　GEOIST 的开发原则是要保证跨平台的通用性，同时可以为其他应用提供后端支持。GEOIST 基于 Python3.X 开发，具有跨平台的特性，在设计过程中会考虑不同平台之间的兼容性，在代码中不包含任何 GUI 功能，如为加速使用 GPU 或多线程代码时，可为用户提供自由选择的条件参数设置。考虑到 Python 的性能问题，在需要加速时，采用 Fortran 或 C 为底层来提高性能。GEOIST 是基于 MIT 协议的开源项目，欢迎感兴趣的朋友加入。GEOIST 永远保持开放、免费和持续维护，请大家放心使用。

本书写作的初衷是帮助科研人员快速了解和掌握现代化软件开发技术的发展，同时以我们自 2018 年开始研发的 GEOIST 地球物理开源软件为基础，围绕当时软件平台研发工作中遇到的一些关键技术难题去梳理知识点并形成系统化的内容。如果你对上述的一些概念感兴趣，那么不妨继续读下去，相信本书的内容会对你有所启迪。

为什么写这本书

本书的出发点是为地球科学研究人员和刚接触科研的研究生们快速补齐信息化时代的专业知识短板提供一本参考书，书中的很多内容都来源于开源文化产物，在构思过程中，延续了该书姊妹篇《地震大数据分析与技术实践》中虚拟人物"小 G"的求学经历，旨在帮助科研或业务人员快速了解现代化编程技术的全貌，提高采用现代化软件技术优化软件性能、提高工作效率、解决专业问题的能力。此外本书在编写过程中，结合了一些特定的地球物理场景来描述技术应用，期望这样能更有的放矢地指导读者针对应用实践中的难题进行有针对性的学习。

本书有哪些内容

本书内容一共分为 20 章，前 7 章介绍了现代化软件开发的技术和理念，第 8 章到第 14 章介绍了与 Python 开发相关的必备知识，第 15 章到第 20 章围绕具体的 GEOIST 软件包讲解了如何使用该软件解决地球物理学问题。全书内容在编排上由浅至深，既可以从前往后逐章阅读，也可以选择具体章节来进行针对性学习。本书中的很多技术工作都以国家重点研发计划"深地资源勘查开采"专项"综合地球物理联合反演与解释一体化平台建设"项目为支撑。为让本书能更适合读者使用，我们围绕一个个关键技术概念去梳理了知识点，期望读者能更专注于技术本身，让本书介绍的内容在实践中得到应用。

本书的特点

初看感觉本书专业性内容有很多，可能每一章都应该有专门的一本教材或参考书去展开介绍，但本书的特色不是"专"，而是侧重应用性。之所以这样编写主要是因为我们相信很多新技术在不断发展，写得过细但没有应用场景的话，容易让读者很快遗忘。本书写作的出发点是帮助科研人员快速补齐信息化时代的专业知识短板，让科研人员能在了解现代化软件开发技术背景的前提下去提出问题、思考问题和解决问题。

本书从始至终以虚拟人物"小 G"在工作中遇到的各种信息技术或技能瓶颈穿针引线，通过对应用场景中演示案例的学习，在动手实践的过程中，让大家可以看到，小 G 逐渐掌握了多种有助于更好地解决科研和工作中实际问题的方法。通过本书提供的案例和构建的各种解决方案，读者可以更好地了解到小 G 在解决现实世界中遇到的科研工作问题的处理方法。

在线资源（示例数据集和代码）网址

在本书大部分章节中，都涉及到了代码，我们通过在线资源给出最新的下载链接。在开始阅读本书之前，期望读者能配置好实验环境，以便快速进入到场景中体会编程的乐趣。本书全部的代码和示例流程，都可以通过在线的开放 GIT 仓库下载，网址如下：https://gitee.com/cea2020/openbook2。

在学习之前，为使大家能了解到更多信息，请关注以下平台网址（别忘了点赞哦）：
①简书文集"现代化科研工作的必备技能"：https://www.jianshu.com/nb/42962037。
②码云项目库：https://gitee.com/cea2020/GEOIST。
③教学用示例数据源：https://cea2020.coding.net/p/geodataset。

看完以上准备知识，获取到地学家"GEOIST"工具，安装到你自己的计算机上，并下载示例数据，就可以开始学习本书内容了！

如何使用这本书

全书共分为 20 章，各章节划分相对独立，每章内容适合一天的阅读量。并且，本书内容的学习可以进一步结合在线资源来完成，具体方法当然是根据关键字来使用搜索工具查找啦！对于一些具体的技术细节可能会由于软件版本的不同而出现差异。

本书的部分内容最初以小短文的形式在简书网站（www.jianshu.com）上的"地学小哥"账号发表，该账号将持续介绍 GEOIST 开源软件方面的最新技术。我们还提供了一个在线的技术说明文档库，永久地址如下：https//cea2020.gitee.io/GEOISTdoc/。

致谢

在本书付梓出版之际，感谢所有对本书编写付出心血及认真阅读书稿理解书中代码并能反馈意见、建议的师友；感谢中国地震局地球物理研究所卢红艳高工、博士生吴旭对本书稿精心的文字校对和插图修改，正是他们的宝贵工作，使得本书质量得到提高；感谢中国地震局"时变微重力场建模与开源软件平台研发"创新团队的成员们，正是大家全身心地热情投入，才使本书如期顺利出版；没有大家的齐心协力，我们无法在这么短的时间内完成本书的编写。

在本书的编写过程中，中国地震局地球物理研究所侍文博士编写了第 8 章、第 9 章的内容，博士研究生李永波、杨锦玲、硕士研究生毛宁完成了本书第 15 章到第 20 章众多例子的编写，博士研究生吴旭完成了本书稿件的校排，成都超算中心郑亮博士、柴华、江核男编写了第 10 章到第 12 章的内容。

最后，感谢科技部重点研发"深地资源开采"专项"综合地球物理联合反演与解释一体化平台建设"项目（2018YFC0603502）和中国地震局地球物理研究所创新团队项目（DQJB21R30）对本书出版的资助。

目　录

篇首语：2020 年初的一场新冠肺炎疫情使不少人只能居家办公，数字化协同办公赋能社会生产组织成为办公方式创新的重要手段，并给企业协作方式带来全面变革。

随后，大中小学正式开学日的到来和越来越多的企业全面复工，让协作软件在 2020 年初迎来了"高光时刻"。毕竟在新冠肺炎疫情没有结束前，要做到"停课不停教、不停学"以及工作的正常开展，远程教学、远程办公已成为常态。

与其说是协同办公在 2020 年闪亮登场，倒不如说新冠肺炎疫情对其起到了"导火线""催化剂"的作用。

本书的主人公小 G 为了能更好地带动身边的科研工作人员开展远程办公，提高团队内部的协同工作效率，整理了一些现代化编程与科研工具的使用方法。每章不算很长，也未涉及任何公式和专业内容，阅读起来轻松易懂，期望能给广大学员和感兴趣的朋友们提供一些参考与帮助。

现代化编程方法 ▷▷▷▷▷▷
与地球物理开源软件实践 Modern programming techniques
and the practices for open source geophysical software

第1章　　**软件定义时代下的云资源**

2017 第二十一届中国国际软件博览会在北京召开，中国科学院院士梅宏在主论坛发言时表示，我们正在进入一个软件定义的时代。不同的人对这个时代赋予了不同的标签：从基础设施角度可以称之为互联网＋时代，从计算模式的角度可以叫作云计算时代，从信息资源的视角则是大数据时代或者人工智能时代。

从软件的发展开始谈起，过去的软件发展经历了三个阶段：早期我们称之为软硬一体化的阶段，从程序发展成的软件一直是作为硬件的一个附属品存在；20 世纪 70 年代中期软件开始成为独立的产品，并且开始逐步创造了一个巨大的产业，应用到我们生活的方方面面；90 年代中期随着互联网商用的起步，软件产品走向服务化、网络化，开始渗透到人类社会生活的每一个角落，至今无处不在的软件已经渗透到了我们生活的方方面面。

随着网络速度的不断增加，互联网工作模式逐渐流行。云存储、云应用不但可以让计算资源更容易获得，而且也彻底解放了硬盘，并让 U 盘逐渐失去用武之地。未来 5G 的应用与普及，手机等智能终端的逐渐强大，IoT 的兴起，相信云作为数据中心、存储中心、计算中心和服务中心，一定会发挥更大的作用。云技术在带来便利的同时，也将有利于企业为用户提供更精准的服务，带来更多附加价值。老牌软件企业微软也凭借云战略转型，将 Azure 的数据中心布满全球，并在 2019 年重回全球市值第一位置。如果你还不了解有哪些云，云能提供哪些服务，请继续向下阅读。

1.1　云平台的能力

在大数据、云计算和 AI 时代逐渐由概念变为现实的今天，如果一家公司的线上服务没有一点大数据分析和 AI 算法作为后台支撑，其实都不太好意思说自己是科技公司。

近年来，云计算作为发展最快的第三方 IT 服务，逐步受到大家的重视。企业 IT 系统是否上云，已经成为企业 CIO 构建企业 IT 系统优先考虑的问题。以 AWS/Microsoft Azure 为代表的厂商，每年的云计算收入高达几十亿美元。数据中心的发展也因此正在发生着巨大的变化，特别是在我国电力过剩的很多地方，若是集中搞一个数据中心提供云服务，这样算下来成本可能会更便宜。正是这样的市场需求变化，让大量的公有云服务商加速采购服务器集群，云服务如雨后春笋般地出现，各种概念和服务也不断涌现。IaaS，PaaS，SaaS 三种最基本的服务模式是必须了解的概念。

IaaS：Infrastructure-as-a-Service（基础设施即服务）提供给消费者的服务是对所有计算基础设施的利用，包括处理器 CPU、内存、存储、网络和其他基本的计算资源，用户能够部署和运行任意软件，包括操作系统和应用程序。

PaaS：Platform-as-a-Service（平台即服务）提供给消费者的服务是把客户采用或提供的开发语言和工具（例如 C#，python.Net 等）、开发的或收购的应用程序都部署到供应商的云计算基础设施上去。

SaaS：Software-as-a-Service（软件即服务）提供给客户的服务是运营商运行在云计算基础设施上的应用程序，用户可以在各种设备上通过客户端界面访问，如浏览器。消费者不需要管理或控制任何云计算基础设施，包括网络、服务器、操作系统、存储等等。

三者可以简单理解为 IaaS 是自己攒个电脑，从 CPU、硬盘到网卡自己都选好，机器拿回来，操作系统和软件后续都得自己装；而 PaaS 是品牌机直接预装了操作系统，装个软件就可以干活了；而 SaaS 那就是啥也不用管，软件都给你装好了，直接干活。

1.2　公有云、私有云及混合云

随着云计算的发展，如今，几乎每个企业计划或正在使用云计算，但不是每个企业都使用相同类型的云模式。实际上有三种不同的云模式，其中包括公有云、私有云和混合云（图 1-1）。为了帮助确定哪种云模式最适合企业的需求，以下探讨这三种模式进行比较和对比。

图1-1　公有云、私有云及混合云

1.2.1　公有云

公有云（Public clouds）是指第三方提供商通过公共 Internet 提供的计算服务，面向希望使用或购买的任何人。它可能免费或按需出售，允许客户仅根据 CPU 周期、存储或带宽使用量支付费用。这种云有许多实例，可在当今整个开放的公有网络中提供服务。公有云的最大意义是能够以低廉的价格提供有吸引力的服务给最终用户，创造新的业务价值。

现代化编程方法 >>>>>>
与地球物理开源软件实践 Modern programming techniques
and the practices for open source geophysical software

公有云作为一个支撑平台，还能够整合上游的服务（如增值业务，广告）提供给下游最终用户，打造新的价值链和生态系统。它使用户能够访问和共享基本的计算机基础设施，其中包括硬件、存储和带宽等资源。

优点：除了通过网络提供服务外，客户只需为他们使用的资源支付费用。此外，由于组织可以访问服务提供商的云计算基础设施，因此他们无需担心自己安装和维护的问题。

缺点：与安全有关。公有云通常不能满足许多安全法规遵从性要求，因为不同的服务器驻留在多个国家，并具有各种安全法规。而且，网络问题可能发生在在线流量峰值期间。虽然公有云模型通过提供按需付费的定价方式具有成本效益，但在移动大量数据时，其费用会迅速增加。

1.2.2 私有云

私有云（Private Clouds）是为一个客户单独使用而构建的，要求对数据、安全性和服务质量提供最有效控制。该公司拥有基础设施，并可以控制在此基础设施上部署应用程序的方式。私有云可部署在企业数据中心的防火墙内，也可以将它们部署在一个安全的主机托管场所。私有云极大地保障了安全问题，目前有些企业已经开始构建自己的私有云。

优点：提供了更高的安全性，因为单个公司是唯一可以访问它的指定实体。这也使组织更容易定制其资源以满足特定的 IT 要求。

缺点：安装成本很高。此外，企业仅限于合同中规定的云计算基础设施资源。私有云的高度安全性可能会使客户从远程位置访问也变得很困难。

1.2.3 混合云

混合云是公有云和私有云两种服务方式的结合。由于安全和控制原因，并非所有的企业信息都能放置在公有云上，这样大部分应用云计算的企业将会使用混合云模式，选择同时使用公有云和私有云。一方面因为混合云中的公有云只会向用户使用的资源收费，所以混合云将会变成处理需求高峰的一个非常便宜的选择。比如对一些零售商来说，他们的操作需求会随着假日的到来而剧增，或者是有些业务会有季节性的上扬。另一方面，混合云也可以为其他目的的弹性需求提供了一个很好的基础，比如，灾难恢复。私有云把公有云作为灾难转移的平台，并在需要的时候去使用它。这是一个极具成本效应的理念。跟此类似的理念是选择使用其中一个公有云作为平台，同时选择其他的公有云作为灾难转移平台。

优点：允许用户利用公共云和私有云的优势。还为应用程序在多云环境中的移动提供了极大的灵活性。此外，混合云模式具有成本效益，因为企业可以根据需要决定是否使用成本更昂贵的云计算资源。

缺点：因为设置更加复杂而难以维护和保护。此外，由于混合云是不同的云平台、数据和应用程序的组合，因此整合可能是一项挑战。在开发混合云时，基础设施之间也会出现兼容性问题。

公有云服务是方便，但是毕竟数据在外面，很多企业不放心，特别是涉及到核心商业机密的数据，如客户资料、订单、账号密码等，放到别人那里不安全吧。那就自己建立一个云平台，只给自己人用，这就是私有云。

在特定应用场景下，比如受限网络速度，计算量特别密集，这时私有云优势就体现出来了。毕竟大数据分析面对的就是越来越多的数据处理需求，企业的 IT 运营维护成本还是首先考虑的问题。

基于公有云的各种基础功能、运维等能力，可以大大降低私有云业务建设周期、投入成本、运维成本。合理的方案是让私有云业务能够更好地专注于自身业务核心竞争力上，而通过公有云来扩展业务，减少相关基础设施上的冗余投入。

1.3　主要品牌

1.3.1　国外品牌

AWS：亚马逊的云服务，体系成熟，长期都是在第一梯队，开发存储等服务性能比国内的好，在全世界都能快速访问。国际化多语言支持，如果考虑到国外用户，AWS 非常合适。价格不便宜。

Azure：微软的品牌，目标是为开发者提供平台，各种 Windows 的虚拟机、Microsoft SQL 数据库这些肯定都有。此外微软的各种 API 也都可方便使用。这几年微软在全球的数据中心也很多。在 Gartner 魔力象限，Azure 长期也是领导者。

Google Cloud：谷歌的云服务，技术不用怀疑，但是在中国市场是用不到了，原因你懂的。

当然，IBM 和 Oracle 这种大公司也有自己的数据中心和云服务，技术实力和服务都各有特色。

现代化编程方法 ＞＞＞＞＞＞
与地球物理开源软件实践 Modern programming techniques
and the practices for open source geophysical software

1.3.2 国内品牌

阿里云：依托于阿里巴巴，与 AWS 类似都是电商驱动。阿里云通过对其丰富的网络资源进行整合，拥有自己的数据中心，占据了大部分的市场份额，是国内云主机中的佼佼者，名气最大。

腾讯云：有即时通信的庞大用户需求，绑定 QQ、微信，还有很多游戏应用。算是阿里云的竞争对手，腾讯云为用户提供非常多的增值服务和丰富配置类型虚拟机，用户可以便捷地进行数据缓存、数据库处理与搭建 Web 服务器等工作。

华为云：华为云服务是面向企业、政府公共服务和 Startups，提供安全、可靠、中立的 IT 基础设施服务。目前已服务上万家企业客户，拥有数百家合作伙伴，将持续为互联网企业在大数据、视频、电商、移动 O2O 等领域创新护航，帮助金融、零售、软件等传统企业实现互联网化转型，为政府的区域信息集中化和公共服务提供大 IT 平台。

百度网盘（原百度云）：是百度推出的一项云存储服务，已覆盖主流 PC 和手机操作系统，包含 Web 版、Windows 版、Mac 版、Android 版、iPhone 版和 Windows Phone 版。用户可以轻松将自己的文件上传到网盘上，并可跨终端随时随地查看和分享。2016 年，百度网盘总用户数突破 4 亿。2016 年 10 月 11 日，百度云改名为百度网盘，此后会更加专注发展个人存储、备份功能。

当然，各大品牌也都有各自的特定市场用户群体。比如百度网盘，注册就给 2T 空间。总之，如果是一般的开发或者科研需求，以上四个足够用了。

1.4 软件定义资源

软件定义，"定义"了什么？软件定义，就是通过虚拟化将软件和硬件分离出来，将服务器、存储和网络三大计算资源池化，最终实现将这些池化的虚拟化资源进行按需分割和重新组合。软件定义的概念广泛，包含了软件定义网络（SDN）、软件定义存储（SDS）、软件定义数据中心（SDDC）等不同领域。

1.4.1 软件定义网络（SDN）

SDN（Software Defined Network）可以被视为一种全新的网络技术，它通过分离网络设备的控制面与数据面，将网络的能力抽象为应用程序接口（API）提供给应用层，从而构建了开放可编程的网络环境，在对底层各种网络资源虚拟化的基础上，实现对网络的集中控制和管理。

1.4.2　软件定义存储（SDS）

随着个性化、物联网的发展，数据以前所未有的速度迅猛增长，据 IDC 数据显示，预计 2020 年将达 44ZB 的数据量，因此，数据需要更高效，更省成本的方式存储。其次，虚拟化、云计算和硬件技术的发展，使得软件定义存储成为可能。

SDS 核心技术

（1）SSD 技术。

延时从磁盘的毫秒级缩短到亚毫秒级（0.1 毫秒），性能从单块 15K 磁盘的 180 IOPS，猛增到单块 SSD 的 8000 IOPS（外置磁盘阵列），甚至到单块 SSD 的 36000 IOPS。而且单位 GB 的 SSD 的价格还低于单位 GB 的 15K 磁盘的价格。

（2）CPU 多核技术。

服务器的 CPU 多核早已被业务应用利用起来，尤其在虚拟化环境里多核处理器功不可没。该技术既提高了处理器利用率，也提高了单台服务器上用户对更多 I/O 的需求，这其实也驱动着底层存储需要变革。

（3）高速网络技术。

分布式存储借助于节点之间的缓存（用 SSD 存放）的同步复制来确保数据的冗余性，这得益于近些年来网络的高速发展。通常推荐采用万兆网络，有的甚至采用 4 万兆（40GbE）的网络。

（4）大容量服务器和磁盘。

分布式存储借助于大容量的服务器和磁盘，还能够提供以往外置磁盘阵列才能支持的大存储容量。目前，单块的机械磁盘容量越来越大，在不远的未来，仅凭服务器内置磁盘，即可支持 100 多 TB 的裸容量。

1.4.3　软件定义数据中心（SDDC）

软件定义数据中心（SDDC）的概念最早于 2012 年由 VMware 首次提出。软件定义的数据中心，简单说就是虚拟化、软件化数据中心的一切资源，包括服务器、存储、网络、安全等。通过虚拟化的技术，构建一个由虚拟资源组成的资源池。

1. SDDC 面临的挑战

网络管理：大型云计算数据中心普遍具有上万台物理服务器和虚拟机，这样大规模的

现代化编程方法 >>>>>>
与地球物理开源软件实践 Modern programming techniques
and the practices for open source geophysical software

数据中心网络需要统一集中管理，以提高维护效率。

组网需求：数据中心网络规模大、组网复杂，在网络设计时，为了保障网络的可靠性和灵活性，需要设计冗余链路，部署相应的保护机制。

虚拟机部署：云计算数据中心部署了大量的虚拟机，并且虚拟机需要根据业务需求进行迁移，这就需要数据中心网络能够感知虚拟机。

IaaS 要求：在云计算数据中心中，云计算技术的引入，实现了计算资源和存储资源的虚拟化，为用户提供了计算资源和存储资源的 IaaS 服务。

2. SDDC 解决方案

（1）方案一。

VMware vCloud Suite 被看作是业界首个支持构建"由软件定义的数据中心"的解决方案。它将抽取、池化和自动化的虚拟化原则进一步运用到存储、网络、安全和高可用性领域。

技术优势

- 简化应用的部署过程，实现快速上市。
- 简化 IT 复杂度，实现自动化运维。
- 灵活选择资源供给方式。

（2）方案二。

华为公司推出的面向云计算的数据中心网络 SDN 方案——敏捷数据中心网络解决方案，旨在为客户构筑弹性、简单、开放的云数据中心网络，支撑企业云业务长期发展。

技术优势

- 弹性：实现下一代数据中心高效互联。
- 简单：云业务上线周期提速 10 倍。
- 开放：打造全方位开放云生态系统。

（3）方案三。

中兴通讯软件定义数据中心网络主要分为三大部分：承载转发功能的网络硬件设备和虚拟化转发设备，实现网络虚拟化的 SDN 控制器，以及统一网管。

技术优势

- 集中高效的网络管理和运维。
- 智能的虚拟机部署和迁移。
- 计算+存储+网络的 IaaS 服务。

● 异构云平台兼容管理。

1.4.4　专家观点

孙博凯　微软亚洲研发集团 CTO

软件将重新定义世界的方方面面：软件正将现实世界的各个方面，用虚拟商品或数字商品重新定义。未来，软件仍是将设备与服务无缝联系在一起的神奇钥匙。

张振伦　F5 大中华区技术总监

软件定义的数据中心需要"搅局者"："软件定义"这个概念更突出了软件的价值，将硬件设备中的智能化功能抽取出来，放到硬件之上的一个公共的平台之上。

周一平　富士通集团整合支持中心亚太区 CTO

"软件定义"为服务交付创新赋能：资源管理的标准化，虚拟化和自动化，以服务为导向的动态基础架构将是新一代 IT 基础架构和数据中心的发展必然趋势。

李映　EMC 公司全球副总裁

软件定义存储是下一个突破点：软件定义不是一个新概念，但是 ViPR 技术是具有突破性的。它首次实现了控制通道和数据通道的分离，这与传统的存储虚拟化有本质的区别。

孙小群　SAP 全球执行副总裁

看好跨界商业网整合：信息技术使得跨行业的资源整合成为可能，而 SAP 也将从原来的帮助企业优化资源，发展到帮助整个商业网实现资源的优化。

喻思成　阿里巴巴集团副总裁

软件定义当按需而为：软件定义是云计算不断发展和完善的必然要求。通过软件定义，可以实现云计算的自动化。软件定义当然也离不开硬件，更离不开商用化的硬件。

云平台的需求增长，直接促进了各种虚拟化的技术发展。以 VMWare 开发的虚拟机技术，解放了硬件的限制，一个服务器可以同时运行多个系统。软件定义存储、定义网络、定义资源的概念和能力越来越强，通过标准化的硬件，以及 SSD 等读写速度的优化，在云上开一个主机，释放一个资源已经非常方便。

记得 2013 年，小 G 自己在服务器上装了 Vmware 的 esxi 软件之后，就再也没去过机房。3 台服务器，可以跑 30 个不同的操作系统，每个系统只运行单一服务，出问题了就删除故障虚拟机，再重新装一个新的虚拟机。近年来，容器技术一枝独秀，开发完的软件直

现代化编程方法 >>>>>>
与地球物理开源软件实践 Modern programming techniques
and the practices for open source geophysical software

接可以采用 Docker 方式运行，不仅稳定性好，再加上 K8s 这类容器编排，让服务的弹性增减变得更加容易，也使得云平台上的软件更新和同步更加自动化。

（注：本小节中部分知识点定义引自 https://www.e-works.net.cn/report/2016SD/SD.html）

1.5 云安全和生态系统

在互联网＋时代，首先由于企业公有云、私有云的应用，云化趋势迫使安全需求越来越强烈，对之防范的难度也随之叠加。另外，攻防时间严重失衡，黑客入侵的周期非常短，74％的攻击可以在一天内破译，但检测以及修复漏洞却需要几天、几个星期甚至一个多月。受限于资源短缺、成本因素，企业 IT 安全预算相对缺乏，专业的安全运维人员不足，迫使企业需要利用更少的资源、更快地解决严重的安全威胁。云安全日益受到广泛关注，在此之下的网络安全策略也要不断更新。云安全需要构建生态体系。

随着国内云计算的发展，各大云计算厂商都在加强应用生态建设。

华为云属于国内较早建立应用生态的产商。华为云应用超市目前已经有超过 12 个应用品类。在安全品类中，安全狗是华为云重要的合作伙伴，安全狗与华为云服务达成合作协议，"安全狗加固系统环境"入驻华为云应用超市，目的是给平台用户提供完整的安全系统环境搭建和系统加固服务，解决用户在云服务器系统搭建过程中产生的安全问题，全面提升安全性能，也让更多的用户可以享受到云端安全服务。安全狗提供的云安全服务，从用户实际需求出发，提供安全防护、云管理、云监控等支持，帮助用户解决在云环境下各种安全和管理问题，减少投入成本和安全风险。安全狗云安全服务平台目前已经保护超过百万台的（云）服务器，日均为用户拦截超过千万次的攻击，是国内该领域用户量最大的一个云安全服务平台。"安全狗加固系统环境"主要集成了 IIS、PHP、MYSQL、Nginx 环境，可帮助用户实现快速搭建安全稳定的数据库及网站环境；同时对系统权限、目录权限、应用程序权限、磁盘权限、密码强度、账号权限、网站目录权限、网站应用程序权限、数据库权限进行安全加固；在此基础上还安装了服务器安全狗、网站安全狗两款防护软件，用于帮助用户有效抵御黑客入侵，帮助用户打造更高效、更便捷、更安全的服务器及网站系统应用环境。

腾讯副总裁丁珂在腾讯全球数字生态大会上也指出，"云已经成为安全攻防的主战场，而上云是应对数字时代安全问题的最优解"。云原生安全具备开箱即用、弹性、自适应、全生命周期防护等显著优势，让企业在应对安全挑战时更加从容。围绕云原生安全，目前腾讯安全已搭建了包含安全治理、数据安全、应用安全、计算安全、网络安全等五个领域的完备云原生安全防护体系，将云原生的安全产品开放给腾讯云上的客户，让每一位客户都能使用腾讯级的安全产品。在持续发力云原生安全研究的同时，腾讯云原生安全体系已经在实践中收获成果，护航腾讯自身业务及腾讯云用户的安全。疫情期间，腾讯会议在规模高速增长、产品迅速扩容的同时，也对安全防护提出了更高的要求。基于这一诉求，腾讯安全在腾讯会议产品设计之初就将安全体系内置产品之中，使安全能力能够伴随产品迭代升级，最终协同腾讯会议团队取得 8 天云主机扩容 10 万台、上线 2 个月日活突破 1000 多万、100 天更新 20 个版本等成绩，保障了腾讯会议在复工复产期间的大规模应用。此外，腾讯安全还与 GitHub 官方达成合作，帮助云上用户检测到数千次 API 密钥泄露事件并进行告警，快速响应协助用户修复，通过 KMS 白盒加密的方式对 API 密钥进行加密。累计帮助云上用户挽回数亿元潜在经济损失。

　　说到安全，这是不可逃避的问题。小 G 现在的一个原则就是能在公有云上部署的，自己尽量不再另外搞一套。一是没必要，二是系统的安全性还是要相信大厂商的服务能力。另外，小 G 还想谈谈对生态系统的想法。"生态"这个词可以说近年来用得越来越多。一个企业开发一个产品需要有人去用，才会有反馈，然后再去找下一步研发方向。就像腾讯从来没想过 QQ 能成为现在大家办公的必备工具，微信实质上革了短信的"命"。

　　生态能促进技术的发展，同理，小 G 认为搞科研也很类似。你的一个成果写成论文期望大家引用，一个好技术需要有人用才能不断发展，再好的产品如果没有用户，自己闷头开发再多的功能也只是闭门造车。那么，怎么建立用户生态呢？随着云时代的到来，公有云服务更加便捷，无疑会加速产品或科研成果从萌芽到装的全过程。自己建机房买服务器，运维的费用一般单位吃不消，即使是服务器托管，也会带来一大堆的固定资产投资和折旧，怎么才能找到适合自己、安全可靠且能够节省成本的 IT 方案呢？小 G 想，使用云是当今能找到的最好答案——不要重复制造轮子，人家有了，直接用就得了！

1.6　小结

　　在本章主要介绍软件定义时代下的云资源，我们了解到了在大数据、云计算和 AI 时代逐渐由概念变为现实的过程中，随之而来的是各种新的概念及服务的产生。云服务也渐渐形成了 IaaS（基础设施即服务）、PaaS（平台即服务）、SaaS（软件即服务）三种最基础的服务模式。随着云计算的发展，形成了公有云、私有云、混合云三种云模式，也逐渐促成了国内外各大云服务品牌的形成，如：亚马逊的云服务（AWS）、微软的品牌（Azure）、谷歌的云服务（Google Cloud）、阿里云、腾讯云、华为云、百度云等。云平台需求增长的同时，也促进了各种虚拟化的技术发展，VMWare 虚拟机技术更是解放了硬件的限制。通过虚拟化将软件和硬件分离出来，将服务器、存储和网络三大计算资源池化，最终将这些池化的虚拟化资源实现按需分割和重新组合。各大云计算厂商在加强应用生态建设时，云化趋势的形势也越来越复杂化，云安全日益受到更多关注，在此之下的网络安全策略也相应发生变化。

第 2 章　Markdown 与网络写作

在电影《阿凡达》里面，杰克每天对着屏幕记录自己的生活。起初他觉得这种 Video log 很无聊，但这种工作方式却对科研很有用。因为人都会遗忘，特别是有些时候，为了装一个复杂的软件查阅了很多命令，好不容易装完了，半年后计算机崩溃了。而且大多数情况下，我们常常会忘记自己当时是怎么安装的。这时候大家就会后悔，当初要是记录下来那该多好啊！

下面就来探讨一下高效写日志的方法。

2.1　学会写日志

在科研过程中，离不开学习，无论是阅读文献，学习软件，还是撰写论文，都需要面对未知的东西（图 2 - 1）。编写程序的时候，也需要记录一些相关文档，不然当别人拿到

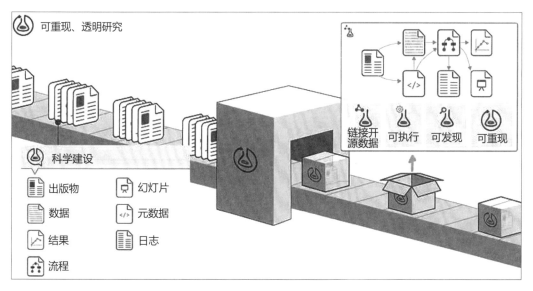

图 2 - 1　实现可重复的透明研究

你的代码之后，一头雾水，不知道该如何使用，这样软件就失去了它的复用价值。如果你是一个科学大 V，想必你肯定有自己的 Blog，通过写博客分享自己的认识与经验，再配以精美的排版，会吸引更多的读者。

写日志这样做的目的与意义就是：通过日志定期复盘，把整个事物经历发生的过程，通过大脑深加工去找到背后的真相及底层逻辑，找到事物规律及常理；而且帮助我们适时找到自己思维的缺陷并予以改正；且这种长此以往的日积月累，就是打破原先的单一思维、固定思维模式，从而达到思维模式及思维技能提升的过程。所以思维训练过程需要动脑、动手。

前一阵一个年纪比我小一些的朋友接到一个用程序画图的任务，可他自己不会用专业代码编程序绘图，于是他就在网上搜索各种相关的帖子。果然，网上有很多技术大家记录并分享了自己的代码。我的这位朋友借鉴之后，很快就画出图了。后来，他需要给自己配置一台 Ubuntu 的 Linux 操作系统的虚拟机，同样也是先在网站上找的帖子，然后完成了安装配置。除了文字说明及配图的帖子外，更令他惊喜的是，居然还有网友将整个操作安装过程用录屏的形式记录了下来，并进行了分享。这位朋友很是佩服这些爱思考、爱记录、勤动手以及无私分享自己经验的网友们。想到自己，决心在今后的工作生活学习当中也要学会归纳、总结和记录自己思考问题、解决问题的思路及方法，锻炼和提升自己的逻辑思维、写作输出以及回顾反思复盘的能力。

所以，很多时候写日志将会成为你生活中的常态。好记性不如赖笔头，每天写一点，时间长了滴水可以汇成江海。特别是在你毕业的时候，导师让你做工作交接，这时候要是有这样一套日志，你就完全可以直接交给师弟师妹们而不用再回过头去回忆当初自己是怎么做的了。如今，学会写日志也要成为可重复科学研究过程的必备技能啦！

2.2 怎么写最高效

如何高效书写日志呢？古语有云：工欲善其事，必先利其器。所以，首当其冲的应当是先选择一款容易上手的写日志工具。传统的在纸上奋笔疾书的方式，不仅效率低、费时费力不说，可传阅性还差。康奈尔笔记本什么时候淘汰！

你可能也会觉得用 Html 写代码太麻烦，记不住 Latex 那么多命令；用记事本干堆文字，没格式且不容易阅读；装个 Word 这种大软件又感觉很笨重。对于很多科研人员、程序员等，天天要大量敲字的键盘侠，可以采用现在非常流行的 Markdown 语法来记录自己想要的日志。

Markdown 是一种轻量级标记语言，可用于向明文文本文档添加格式元素，于 2004 年由 John Gruber 创建。Markdown 是一种文档的格式，文件名的末尾是 .md，正如我们常用的 word 文档格式是 .doc 或 .docx，需要对应的软件来打开这一种格式。我们放着这么好的 doc 文档格式不用，用 .md 这种新的文档格式是有一些原因的。

有人发现当他们用 Word 或者别的文本编辑器写好一篇文章，兴高采烈地发布到博客、论坛、网站上时，发现格式完全乱了，于是需要花费大量的时间来重新排版，处理图片、缩进、字体、加粗、标题等。三番五次之后，开始发现文章写作可能只花了半小时，重新排版就花了十多分钟。更让人不悦的是，当我们要把同一篇文章发布到另一个网页上时，这样的排版还要重新做一次。

还有一个原因，不想依赖鼠标写文章。大家可能在电视上看到"黑客"都喜欢在大黑框的电脑面前啪啪啪一通乱敲一行又一行看不懂的文字，一般都不太会像我们一般人一样用鼠标这里点一下、那里点一下。程序员习惯了非可视化界面，打字速度又超快，对他们而言使用鼠标操作意味着中断打字，是一个显著降低输入速度的动作，他们不喜欢在打字的时候被鼠标打断。

Markdown 最大特点就是简单高效。

- 简单纯文本，没有复杂的文件格式。
- 实现低成本排版：一边写文章一边顺手敲一两个符号就可以搞定排版。
- 流畅不打断地书写：可以把你的手一直放在键盘上，不用经常切换到鼠标，节省时间和注意力。
- 通用性：不管是本地，还是类似简书、博客、云笔记，都支持 Markdown。只要存一份就好，迁移文章时不用重新排版。因为这可以降低写作和管理文章的边际成本。在不同云笔记、博客网站上切换转移文章时，几乎不用修改。

像 Word 和 Html 这样的富文本格式，要实现相应的功能，不是一行一行地输入上述复杂的代码，而是需要插件来操作代码实现"加粗、标题、代码块、字体"等格式，这些插件都需要用鼠标操作。由于 Markdown 标记很简单，这就为我们直接操作代码提供了可能性。我们可以直接输入标记，不用鼠标就能完成排版，这就是 Markown 高效的原理所在。

Markdown 的语法简洁明了、容易学习，而且功能比纯文本更强。有很多人用它写日志或者操作说明，现在的很多博客平台也都支持 Markdown 语法。

像是在 GitHub 的常用仓库中，你可以采用 Markdown 的语法来编写说明文档，并且以"README. md"的文件名保存在软件的目录下面，这样仓库会默认把这个文件的内容渲

现代化编程方法 ▶▶▶▶▶▶
与地球物理开源软件实践 Modern programming techniques
and the practices for open source geophysical software

染好并显示在界面下方。

Markdown 的显示原理，还是要通过渲染才会变成 Html。后台会通过语法规则，将你写的内容变成有格式的 Html 后显示出来。其实，很多编辑工具都会有个预览，这个过程就是渲染。

2.3 Markdown 的用法

说起 Markdown 的语法，那是非常简单，分钟间就能够掌握。主要分为区块元素和区段元素。总结起来也不过十来条。下面我们一起来看看吧。

（1）区块元素，包含段落和换行、标题、区块引用、列表、代码区块、分割线。

①段落和换行。

一个 Markdown 段落是由一个或多个连续的文本行组成，它的前后要有一个以上的空行。

②标题。

用#标识符表示，例如：

一级标题 H1：# Heading

二级标题 H2：## Heading

三级标题 H3：### Heading

呈现效果见图 2 - 2。

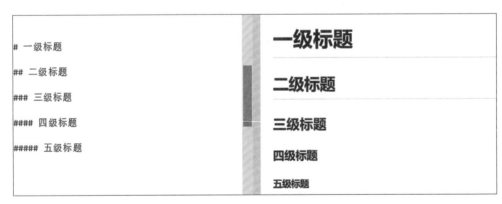

图 2 - 2　Markdown 的标题语法及效果

③区块引用。

在段落的第一行最前面加 " > "，区块引用可以嵌套（例如：引用内的引用），只要根据层次加上不同数量的"＞"即可，见图2–3。

图2–3　Markdown 的区块引用语法及效果

④列表。

Markdown 支持有序列表和无序列表。

无序列表使用星号、加号或是减号作为列表标记，效果一样，如图2–4。

图2–4　Markdown 的无序列表语法及效果

有序列表则使用数字接着一个英文句点，如图2–5。

图2–5　Markdown 的有序列表语法及效果

若列表需要多层嵌套，上一级和下一级之间敲三个空格即可。

现代化编程方法
与地球物理开源软件实践 Modern programming techniques
and the practices for open source geophysical software

⑤代码区块。

要在 Markdown 中建立代码区块很简单，只要简单地缩进 4 个空格或是 1 个制表符，或是一对三个反单引号就可以，如图 2-6 和图 2-7。

图2-6　Markdown 的代码区块语法及效果1

图2-7　Markdown 的代码区块语法及效果2

⑥分隔线。

可以在一行中用三个以上的星号、减号、底线来建立一个分隔线，行内不能有其他内容。星号或是减号中间可以插入空格。图 2-8 中的每种写法都可以建立分隔线。

图2-8　Markdown 的分隔线语法及效果

（2）区段元素，包含链接、强调、行列标记、插入图片。

①链接。

英文方块括号后面紧接着英文圆括号并插入网址链接即可，格式如图 2-9 所示。

链接：[百度网址](https://www.baidu.com/)　　　链接：百度网址

图2-9　Markdown 的链接语法及效果

②强调。

Markdown 使用星号 * 和下划线_作为标记强调字词的符号。

A. 斜体：单星号 * 和两个下划线_之间的文本会显示为斜体，见图 2 – 10。

图 2 – 10　Markdown 的斜体语法及效果

B. 粗体：双星号 * 和下划线_之间的文本会显示为粗体，见图 2 – 11。

图 2 – 11　Markdown 的粗体语法及效果

C. 斜粗体：三个星号 * 和下划线_之间的文本会显示为斜粗体，见图 2 – 12。

图 2 – 12　Markdown 的斜粗体语法及效果

D. 删除线：双波浪线之间的文本会被显示为删除，见图 2 – 13。

图 2 – 13　Markdown 的删除线语法及效果

（3）行内标记。

用一对反引号'把需要标记的文字或代码包起来，这一对反单引号只能标记单行代码，见图 2 – 14 所示：

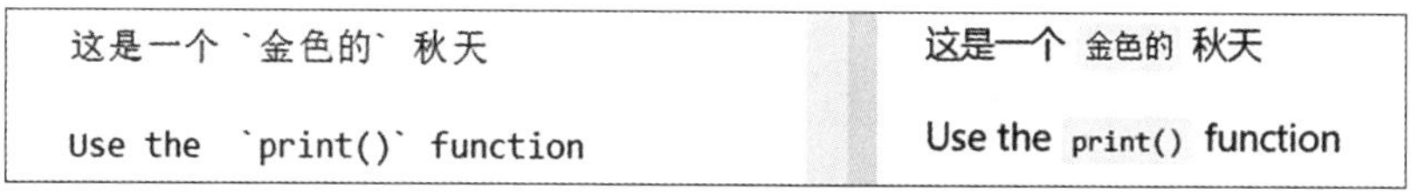

图 2 – 14　Markdown 的行内标记语法及效果

现代化编程方法 >>>>>>
与地球物理开源软件实践 Modern programming techniques
and the practices for open source geophysical software

（4）插入图片。

插入图片的格式为：！［名称］（图片地址），例如图 2 - 15 所示：

图 2 - 15　Markdown 的插入图片语法及效果

另外，需要注意的是要开启一个新段落的方法是：段落之间空一行。如果换行回车不行，插入换行符的方法是：一行结束时输入两个空格，再按回车进行换行。

由此我们可以看到 Markdown 是极度精简的，只用了非常必要的少量标记就能实现文档排版所需要的必要功能。

除此之外，由于我们有了 RStudio 这样的神级编辑器，我们还可以快速将 Markdown 转化为演讲 PPT、Word 产品文档、LaTex 论文，甚至是用非常少量的代码完成最小可用原型。在数据科学领域，Markdown 已经广泛使用，极大地推进了动态可重复性研究的发展进程。

2.4　小结

本章主要介绍了网络写作与 Markdown 轻量级标记语言的语法规则及特点。语法规则相对简单，很容易上手使用。这里想要特别说明的是：期望我的同事们、年纪小的朋友们、有广大研究生同学或是对写作有兴趣、想要提升自己写作水平的朋友们能够养成这样一种复盘梳理自己思路并记录自己生活、工作中相关重要事宜的良好习惯。

第 3 章　**开源文化的兴起与 GitHub 生态系统**

开放源码软件运动是计算机科学领域的一种文化现象，源自黑客对智慧成果共享、自由的追求。开放源码运动的史前史包括了整个 Unix，自由软件和黑客文化的历史。"开放源码"一词来源于 1997 年春天在加州 Palo Alto 召开的一个所谓"纯粹程序员"参与的战略研讨会。

开源在近十年来逐渐形成了一种趋势。开源让技术更迭更加快速，各种开源协议五花八门。现在想学编程技术，有看不完的代码，和层出不穷的各种优秀项目。由于自由开放源代码运动的快速发展，使开源文化及其影响力开始凸显，不仅在全世界如火如荼，而且在中国也进入快速发展期。开源文化的倡导者多是因特网创造者和因特网早期使用者，他们创造的开源文化奠定了因特网文化的基础，是因特网文化的前沿和先锋。

本章小 G 与大家仔细聊一聊开源文化和最值得一提的 GitHub 生态系统。

3.1　开源的意义

随着互联网、云计算、大数据、人工智能等前沿技术的陆续诞生，越来越多的企业转向开源软件，以至于大家都认为开源是天然正确的。开源社区使全球信息技术领域发生了全局性、持续性的重大变化，在社会基础设施建设方面也发挥着越来越重要的作用。

开源，也就是开放源代码。市场上开源软件层出不穷。开源面向的用户主要有两个群体：一个是程序员，他们会关心源代码能不能进行二次开发利用；另一个是普通终端用户，他们关心软件的功能够不够强。很多人认为开源软件最明显的特点是免费，但实际上并不是，开源软件最大的特点应该是开放。任何人都可以得到软件的源代码，在此基础上加以修改学习，甚至在版权限制范围之内重新发放。

开源软件是一种源代码免费向公众开放的软件，任何团体或个人都可以在其 License

现代化编程方法 》》》》》
与地球物理开源软件实践 Modern programming techniques
and the practices for open source geophysical software

的规定下进行使用、复制、传播及修改，并可以将该修改形成的软件的衍生版本再发布。

很多科研软件专业性强，涉及学科众多，其科研属性决定了这些软件需要不断创新与发展，而软件开源无论在激发用户创新动力方面，还是在促进软件不断成熟方面都具有重要的意义。

开源不仅有利于继承性创新，还有利于促进科研成果价值体现。开源社区的不断壮大是大势所趋。

维护开源软件生态是一项艰巨的任务，但做好了会对整个行业的发展起到推动作用。

- Unix 开源后，对 PC 操作系统产生了深远的影响。
- Android 开源后，对手机操作系统产生了深远的影响。
- 著名的 GitHub 社区，对开源代码管理标准化产生了深远的影响。

目前，一些公司正在通过与开发人员合作进一步推进开源。当前的开源软件运营模式分为三种：

- 软件完全免费，后续服务收费。这种模式并不是每一家开源企业都能使用的，一般只有行业领先者才有这样的资格。
- 软件免费，没有售后服务，在软件市场成熟后，靠出售专利谋生。
- 应用服务提供模式，在这种模式下，软件和服务都是免费的，企业按时间缴纳使用费用。

对一些发展中国家，或者说那些软件业欠发达国家来说，开源软件还为他们制造了后发优势，提供了追赶和超越发达国家软件业的机会，犹如站在巨人的肩膀。毕竟对于像中国这样的发展中国家，软件业的发展严重滞后，完全依靠国内的资金和人才要想赶超像美国这样的软件大国，是非常困难的。但是如果能在开源软件的基础上加大投入的话，这种理想就有了实现的可能性。

开源的本质是共享技术，而技术是生产资料的组成部分。随着开源软件的流行，给消费者带来了显而易见的利益。从安全角度上看，开源技术丝毫不逊色闭源技术，甚至更有优势。但开源也面临着可能被黑客关注，会被黑客攻击漏洞的问题。正因如此，开源的代码也会有源源不断的开发者加入对其优化，使它的漏洞尽早被发现并补全，从而避免遭受攻击。如果技术的共享开源可以称作是开源精神的诞生，那么商业模式的开源也可以算得上是开源精神的涅槃。

　　小 G 是一个坚定的开源支持者，对于开源还有一些你必须要知道的事情。下面就请随我一起了解一下相关具体内容吧！

3.2　开源协议有哪些

　　开源软件的优点是可自由使用、享有版权、特定 License、可获得源代码、无许可费、无任何担保。而且开源软件及源代码可以免费获取，且大多都有开源社区支持，可保证软件质量，协助问题解决及特性开发。

　　但每种开源软件在具体使用时的 License 并不完全一样，如果不遵守 License 会被投诉甚至起诉，还可能引入安全漏洞。此领域知识产权纠纷频频发生，若自行修改，可能形成"私有开源代码"，需自行维护全部开源代码，需有外部或内部团队掌握相关关键技术并获取社区支持。

　　另一方面，如果你要开源自己的代码，最好的选择是采用国际通用的开源协议。这样既有利于开展国际交流保护版权，也有利于促进国际同行之间的交流。

　　现今存在的开源协议很多，而经过 Open Source Initiative 组织通过批准的开源协议目前有 58 种（http://www.opensource.org/licenses/alphabetical）。我们常见的开源协议如 BSD、GPL、LGPL、MIT 等都是 OSI 批准的协议。

　　BSD、Apache、GPL、MIT 是最常用的开源协议，每种都有它们的适用范围，准备开源或者使用开源产品的开发人员应该对每种协议特点有一个基本了解。

1. BSD 开源协议（FreeBSD license、Original BSD license）

　　BSD 开源协议是一个给予使用者很大自由的协议，基本上可以"为所欲为"自由地使用，如修改源代码，也可以将修改后的代码作为开源或者专有软件再发布。但"为所欲为"的前提是，当你发布使用了 BSD 协议的代码，或者以 BSD 协议代码为基础做二次开发自己的产品时，需要满足三个条件：

- 如果再发布的产品中包含源代码，则在源代码中必须带有原来代码中的 BSD 协议。
- 如果再发布的只是二进制类库/软件，则需要在类库/软件的文档和版权声明中包含原来代码中的 BSD 协议。
- 不可以用开源代码的作者/机构名字和原来产品的名字做市场推广。

现代化编程方法 >>>>>>
与地球物理开源软件实践 Modern programming techniques
and the practices for open source geophysical software

BSD 协议鼓励代码共享,但需要尊重代码作者的著作权。BSD 由于允许使用者修改和重新发布代码,也允许使用或在 BSD 代码上开发商业软件发布和销售,因此是对商业集成很友好的协议。而很多的公司企业在选用开源产品的时候首选 BSD 协议,因为可以完全控制这些第三方的代码,在必要的时候可以修改或者二次开发。

2. Apache Licence 2.0(Apache License,Version 2.0、Apache License,Version 1.1、Apache License,Version 1.0)

Apache Licence 是著名的非营利开源组织 Apache 采用的协议。该协议和 BSD 类似,同样鼓励代码共享和尊重原作者的著作权,同样允许代码修改,再发布(作为开源或商业软件)。需要满足的条件也和 BSD 类似:

- 需要给代码的用户一份 Apache Licence。

- 如果你修改了代码,需要在被修改的文件中说明。

- 在延伸的代码中(修改和由源代码衍生的代码中)需要带有原来代码中的协议、商标、专利声明和其他原来作者规定需要包含的说明。

- 如果再发布的产品中包含一个 Notice 文件,则在 Notice 文件中需要带有 Apache Licence。你可以在 Notice 中增加自己的许可,但不可以对 Apache Licence 构成更改。

Apache Licence 也是对商业应用友好的许可。使用者也可以通过修改代码来满足自身需要并作为开源或商业产品发布/销售,无论你是以二进制发布还是以源代码发布。

3. GPL(GNU General Public License)

我们很熟悉的 Linux 就是采用了 GPL。GPL 协议和 BSD、Apache Licence 等鼓励代码重用的许可很不一样。GPL 的出发点是代码的开源/免费使用和引用/修改/衍生代码的开源/免费使用,但不允许修改后和衍生的代码作为闭源的商业软件发布和销售。这也就是为什么我们能用免费的各种 linux,包括商业公司的 linux 和 Linux 上各种各样的由个人,组织,以及商业软件公司开发的免费软件了。

GPL 协议的主要内容是只要在一个软件中使用("使用"指类库引用,修改后的代码或者衍生代码)GPL 协议的产品,则该软件产品也必须采用 GPL 协议,即也必须是开源和免费的。这就是所谓的"传染性"。GPL 协议的产品作为一个单独的产品使用没有任何问题,还可以享受免费的优势。

由于 GPL 严格要求使用了 GPL 类库的软件产品必须使用 GPL 协议,对于使用 GPL 协议的开源代码，商业软件或者对代码有保密要求的部门就不适合集成/采用 GPL 协议作为类库和二次开发的基础。

其他细节如再发布的时候需要伴随 GPL 协议等和 BSD/Apache 等类似。

4. LGPL（GNU Lesser General Public License）

LGPL 是 GPL 的一个主要为类库使用设计的开源协议。和 GPL 要求任何使用/修改/衍生 GPL 类库的软件必须采用 GPL 协议不同。LGPL 允许商业软件通过类库引用（link）方式使用 LGPL 类库而不需要开源商业软件的代码。这使得采用 LGPL 协议的开源代码可以被商业软件作为类库引用并发布和销售。

但是如果修改 LGPL 协议的代码或者衍生，则所有修改的代码，涉及修改部分的额外代码和衍生的代码都必须采用 LGPL 协议。因此 LGPL 协议的开源代码很适合作为第三方类库被商业软件引用，但不适合希望以 LGPL 协议代码为基础，通过修改和衍生的方式做二次开发的商业软件采用。

GPL/LGPL 都保障原作者的知识产权，避免有人利用开源代码复制并开发类似的产品。

5. MIT

MIT 是和 BSD 一样宽泛的许可协议，作者只想保留版权，而无任何其他限制。也就是说，你必须在你的发行版里包含原许可协议的声明，无论你是以二进制发布还是以源代码发布。

6. MPL

MPL 是 The Mozilla Public License 的简写，是 1998 年初 Netscape 的 Mozilla 小组为其开源软件项目设计的软件许可证。MPL 许可证出现的最重要原因就是，Netscape 公司认为 GPL 许可证没有很好地平衡开发者对源代码的需求和他们利用源代码获得的利益。同著名的 GPL 许可证和 BSD 许可证相比，MPL 在许多权利与义务的约定方面与它们相同（因为都是符合 OSIA 认定的开源软件许可证）。

认识了以上 6 种协议之后，再来看看针对目前主流开源协议的对比图（图 3 - 1）。无论你是用别人的开源代码还是日后也想开源自己的成果，都可以参考一下。

现代化编程方法 ▷▷▷▷▷
与地球物理开源软件实践 Modern programming techniques
and the practices for open source geophysical software ──────

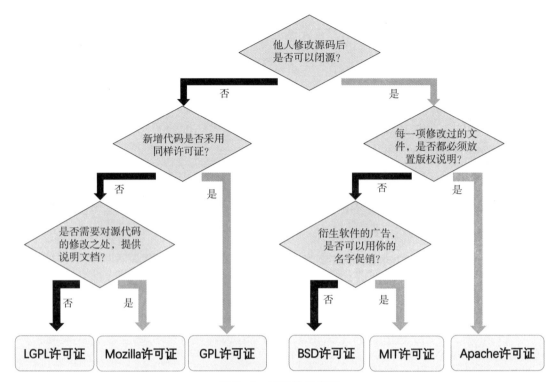

图 3－1　开源协议类型

3.3　GitHub 是什么

在 IT 界，或者说所有涉及到软件编程的工作岗位的人，估计都知道 GitHub 的大名。这是程序员世界的一个神器。

百度百科给出的定义是，GitHub 是一个面向开源及私有软件项目的托管平台，因为只支持 Git 作为唯一的版本库格式进行托管，故名 GitHub。简单说，GitHub 就是一个源代码版本管理工具。

实际上，现在很多公司的代码都托管于 GitHub，优势就是可以在任何有互联网络的地方开展工作。目前，GitHub 官网被称为全球最大的社交编程及代码托管网站。

GitHub 于 2008 年 4 月 10 日正式上线，由汤姆·普雷斯顿－维尔纳（Tom Preston－Werner）、克里斯·万斯特拉斯（Chris Wanstrath）等联合创始。2018 年 6 月，微软宣布通过 75 亿美元的股票交易收购 GitHub，目前微软作为最大股东行使管理及运营的权利。

Git 是一个分布式的版本控制系统，最初由 Linus Torvalds 编写，主要用作 Linux 内核代码的管理。在推出后，Git 在其他项目中也取得了很大成功，很快便被推广到其他项目中。

最开始的开源阵营中，很多人都是凭借爱好和热情来工作的，没有公司愿意把自己的成果拿出来供个人免费使用。更没有现在的所谓开源商业模式，仅靠一些开源组织的项目资助，并不富裕。所以，远程协作，拼凑基础设施都非常普遍。

这种情况下，面临的首要问题就是开源项目的代码或者数据放在哪里？还有各种不同版本怎么管理。以云为中心的技术和应用程序部署，对开源项目提出了新的问题：

竞争项目，通常有多个开源项目在相同的应用程序上工作，可能结果是注意力的分散。

变化率，开源项目通常每年都会有 2 个、3 个甚至 4 个版本，通常会对 API 和行为进行重大更改。使用这些版本费时费力，同时还要考虑下一个版本的变化问题。

版本兼容性，版本之间可能不会向后兼容，造成迁移和升级操作复杂化。

长期支持，开源项目的成功取决于广泛的社区支持，如果指定的项目失去社区支持，该项目可能会逐渐消亡，剩余的用户会被搁浅。

以上这些问题，开源和闭源软件都会遇到，但是对于开源软件来讲，更需要做好这些才能赢得用户的信任。这时候 Git 工具提供给了开源者非常大的帮助，在版本管理和多人协同方面，都很大程度上改善了开发者的工作模式，围绕 Git 工具加上云的不断发展，这时候出现了很多相关的服务提供商。

GitHub 是这一轮竞争中的优胜者。该公司自 2008 年以来，收入一直以每年 300% 的速度增长，2018 年以 75 亿美元被微软公司收购。

GitHub 提供给开发者们一套完整的生态工具，从代码托管，质量控制，可持续集成与部署，到自动化文档，都提供了很好的解决方案。所倡导的理念就是："只要你开源，我的服务就免费"。目前，GitHub 上面的开源软件仓库已经超过 1 亿个。

但 GitHub 的缺点是服务器在国外，国内有些地区访问速度很慢，后面我们会讨论这个问题以及相关的加速方案。

2018 年起，我们团队正式入住 GitHub。为了推动地球物理软件方面的教学和科研（图 3 - 2），计划通过 5 年时间，初步建立起一套从科研到应用的实用化生态链条。

现代化编程方法 >>>>>>
与地球物理开源软件实践 Modern programming techniques
and the practices for open source geophysical software

图 3 - 2　面向地球物理学的 GEOIST 开源软件包

　　同样，作为服务社会公益事业的美国地质调查局（USGS），他们也全部采用 GitHub
平台完成团队协作和软件开发管理（图 3 - 3）。

图 3 - 3　美国 USGS 项目的开源化管理

　　GitHub 将社会化编程的概念演绎到了极致，为全球开发者提供了空前的资源，从一个软件的 Stars 数量，到更新频率，让用户可以足不出户就直接了解到当前国际前沿最新发展趋势。

　　除了 Git 代码仓库托管及基本的 Web 管理界面以外，GitHub 还提供了订阅、讨论组、文本渲染、在线文件编辑器、协作图谱（报表）、代码片段分享（Gist）等功能。目前，其注册用户已经超过 350 万，托管版本数量也是非常之多，其中不乏知名开源项目 Ruby on Rails、jQuery、Python 等。

　　GitHub 项目本身自然而然地也在 GitHub 上进行托管，只不过是在一个公共视图不可见的私有库中。开源项目一般可以免费托管，但私有库则并不如此。GitHub 采取的是通过付费的私有库，在财务上支持免费库托管的运营策略。

　　GitHub 专门开发提供了 GitHub for Windows，为 Windows 平台开发者提供了一个易于使用的 Git 图形客户端。实际上，微软也通过 CodePlex 向开发者提供 git 版本控制系统，而 GitHub 创造了一个更具有吸引力的 Windows 版本。

　　GitHub 的横空出世，让程序员群体迅速抛弃了传统的代码管理工具，比如 SVN、TFS 等等，也催生了一批新的代码版本管理工具，比如国外的 SourceForge、Google Code 或国内的 Coding、OSChina 等。目前来看，GitHub 绝对是这个领域内一骑绝尘的存在。

3.4　小结

　　本章主要介绍开源文化的兴起与 GitHub 生态系统。在阅读本章节的过程中可以了解到，开源技术近十年来逐渐成为趋势。开源技术更迭不断加速，相应也形成了五花八门的开源协议。通过 Open Source Initiative 组织批准的开源协议目前有 58 种，本章中介绍了 BSD、Apache Licence、GPL、LGPL、MIT、MPL 等 6 种常用的开源协议的特点，希望能够给需要准备开源或是使用开源产品的开发人员一些参考。GitHub 是一个面向开源及私有软件项目的托管平台，是一个源代码版本管理工具。它从代码托管、质量控制、可持续集成与部署到自动化文档，都给开发者们提供了一套完整的生态工具及解决方案。GitHub 倡导的理念就是"只要你开源，我的服务就免费"。

现代化编程方法 >>>>>>
与地球物理开源软件实践 Modern programming techniques
and the practices for open source geophysical software

第 4 章　　Git 仓库和版本管理

上一章中介绍了 GitHub，但很多初学者分不清 GitHub 和 Git 的关系，会误认为 Git 等同于 GitHub，其实它俩完全是两码事，不能相提并论。要说有关系，那就是"魔兽争霸"与"对战平台"的关系。

简单来说，Git 只是一个命令行工具，一个分布式版本控制系统。Git 负责背后管理和跟踪你的代码历史版本，好比一个时光机，让你在代码出错时不致手忙脚乱，能快速回退之前的历史版本。类似的工具还有 SVN。

而 GitHub 是一个代码托管网站，背后使用 Git 作为版本管理工具（而非 SVN）。主要服务是将你的项目代码托管到云服务器上，而非存储在自己本地硬盘上。类似的网站还有 gitlab. com，bitbucket. com，coding. com（国内），gitee. com（国内）。

写代码，避免不了修改。多人一起写的时候难道用 QQ 来说明自己今天改了哪里吗？这些问题 Git 工具已经帮你想到解决方案了，这也就是版本管理的概念。今天小 G 聊聊 Git 的前世今生，以及普及一下 Git 的简单用法，顺便再深入聊聊 GitHub 有哪些功能，以便大家在用的时候有个对比。

4.1　版本控制与 Git

相信大家都用 Office，如果你用 Word 写过论文，那你一定有过这样的经历：想删除一个段落，又怕将来想恢复找不回来怎么办？有办法，先把当前文件"另存为……"一个新的 Word 文件，再接着改，改到一定程度，再"另存为……"一个新文件……这样一直改下去，最后你的硬盘不够了。

程序员写代码也是一样，有时候还要多人合作，版本太新了出 Bug 了，怎么找回原来的代码？这时候版本控制的需求就出来了。

版本控制是什么？版本控制（Revision control）是一种在开发的过程中用于管理我们对文件、目录或工程等内容的修改历史，方便查看更改历史记录，备份以便恢复以前版本的软件工程技术。

Git 是什么？找了半天还真不知道它是什么的缩写，百度上给出的是 The stupid content tracker，傻瓜内容跟踪器。

Git 是目前世界上最先进的分布式版本控制系统（没有之一）。要问 Git 有什么特点？简单讲就是：高大上！你如果说自己学过是会编程的，但是不知道怎么用 Git? Ok，那就只能呵呵了。

Git 应该算是 Linux 阵营里面的优秀成果，现在 Windows 也有图形界面的工具了，算是一大福音吧！

使用 Git 需要明白的几个事情：

Git 的应用场景重点在于多人协作，记录整个更改的过程和版本信息，以及维护整个软件开发周期的全过程。

因此，你要理解图 4 - 1 中的几个概念：

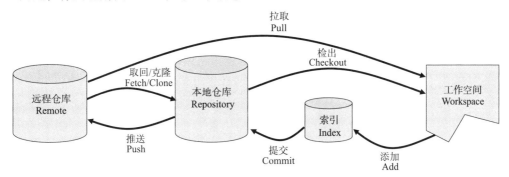

图 4 - 1　GIT 常见的几种动作

● Workspace：工作区，本地的一个目录，通过右键建一个就行了。

● Index/Stage：暂存区，把一个文件或者指令修改添加到 Git 索引。

● Repository：仓库区（或本地仓库），全部修改信息更新到本地仓库。

● Remote：远程仓库，在云上或内网服务器上的仓库，被授权的都能看见。

提示：如果是 Windows，在文件夹内右键，会出现一个菜单 Git bash here（图 4 - 2），点击后出现一个黑框

图 4 - 2　右键 Git bash here 菜单

现代化编程方法 >>>>>>
与地球物理开源软件实践 Modern programming techniques
and the practices for open source geophysical software

（图4-3），这里面就是输入命令的地方。

```
MINGW64:/c/Users/47142/Desktop                    —    □    ×

47142@LAPTOP-H84K75P6 MINGW64 ~/Desktop
$
```

图4-3　点击 Git bash here 后的命令窗口

图4-1里面的几个动作，也就是箭头线上的那些文字，与之相对应的命令形式如下：

常用的四个命令：

```
Git init   #初始化一个仓库,运行完会在你目录下生成一个.Git 的文件夹,这就
是仓库
Git commit 提交   #把提交目录里面的更改,推送到本地仓库(** 注意这是本地** )
Git push 推送   #推本地仓库更改信息到远程
Git pull 拉取   #把远程的仓库同步到本地
```

除了上面四个常用的命令外，还有下面这四个命令也需要记住：

```
Git add 添加   #添加一个文件到仓库,commit 是全部更改全部推本地
Git tag   #加一个标签,比如版本信息,有时候发布 release 的时候有用
Git log   #看操作信息,比如什么时候 commit 通过
Git status   #看库的状态信息
```

具体哪一条命令不会用，那就百度一下，信息很多。但千万要记住，这些操作不必专门看书学习，现用现查就行了。

4.2 协同开发与 GitHub

虽然前面已经介绍过 GitHub，在这里还想说说 GitHub 具体提供了哪些服务。另外，除了 GitHub，还有类似的 Gitlab，Bitbucket 服务，都是基于 Git 的托管服务网站。项目如果放到别人那里不安全怎么办？Gitlab 可以直接部署到本地服务器，在私有云环境提供类似服务。谈到服务，GitHub 除了 Git 仓库外，还究竟有哪些服务值得一提呢？

- Issues：为每一个仓库提供类似 bbs 的问题解答和交流功能。
- Wiki：为仓库项目提供要点知识库。使用方法、经验分享等都可以放到这里。
- Release：发布功能。当项目取得较大进展，有了里程碑成果，可以发布一下。
- Pages：静态网页托管。可以把你库里面的一些内容，直接以独立网站形式发布出来（我的个人博客站就是这样搭建的 https://igp-gravity.GitHub.io/，图 4-4，还有这种项目文档站 https://GEOIST.readthedocs.io）。

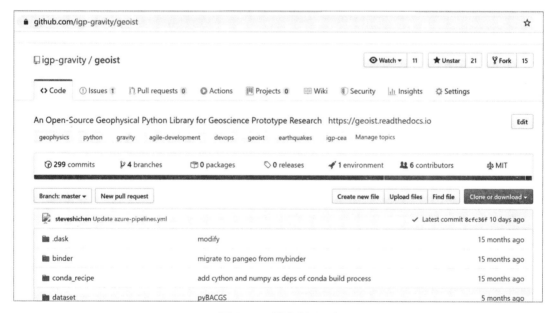

图 4-4 GEOIST 网站

- Gist：记录代码片段，但是 Gist 不仅仅是为极客和码农开发的。
- WebHooks：上传到 Git，后续触发什么任务都可以在这里扩展，比如后面要讲的自动化集成、测试和部署。
- Fork：看到好的库，copy 一个到你的仓库里面，供自己专门研究。

现代化编程方法 〉〉〉〉〉〉〉
与地球物理开源软件实践 Modern programming techniques
and the practices for open source geophysical software

当然，GitHub 还有很多其他优秀的功能，有些目前我也尚未涉及。科研领域我们通常比 SCI 数量，但在开源领域大家更喜欢比 GitHub 账号获得的 Star 数量。那种开源就几千颗星的项目，火爆程度可想而知。尤其是上了热搜和排行榜的项目，除了拥有更多的用户外，还有可能吸引投资人的关注。若是再扩展出来新的开源商业模式，这里面也是有很多新的玩法。

4.3 不用记命令的 GitHub Desktop

GitHub Desktop 是一个全新免费的 GitHub 官方桌面客户端，是一款非常出色的软件项目的托管平台。GitHub Desktop 官方版拥有直观的操作界面，内置强大的功能，且支持 Git 作为唯一的版本库格式进行托管。比起命令工具，方便了太多太多，是专门为不喜欢敲 Git 命令用户准备的。

官方下载地址为：https://desktop.GitHub.com/，下载你电脑对应的操作系统版本（图 4 - 5），直接安装，设置密码等信息后就可以 commit、push 和 pull 了（图 4 - 6），当然你也可以用这个工具管理其他的远程 Git 仓库。

图 4 - 5　GitHub 下载界面

图 4 - 6　开始页面

1. 创建新仓库

如果没有与 GitHub Desktop 关联的任何仓库，则会看到"让我们开始吧！"视图（图 4 - 6），你可以在其中选择创建和克隆教程仓库、从 Internet 克隆现有仓库、创建新仓库或从硬盘添加现有仓库。

2. 创建和克隆教程仓库

我们建议你创建并克隆教程仓库作为第一个项目以练习使用 GitHub Desktop。

（1）单击 Create a tutorial repository and clone it，创建教程仓库并克隆它（图 4 - 7）。

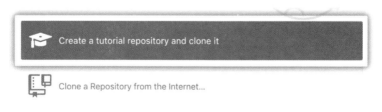

图 4 - 7　创建教程仓库并克隆它

现代化编程方法 >>>>>>
与地球物理开源软件实践 Modern programming techniques
and the practices for open source geophysical software

（2）按照教程中的提示安装文本编辑器、创建分支、编辑文件、进行提交、发布到
GitHub 以及打开拉取请求。

3. 创建新仓库

如果你不想创建并克隆教程仓库，可以创建一个新的仓库。

单击 Create a New Repository on your Hard Drive，在硬盘上创建新仓库（图 4 – 8）。

图 4 – 8 创建教程仓库并克隆它

按照界面要求填写字段（图 4 – 9），并选择你的首选项。

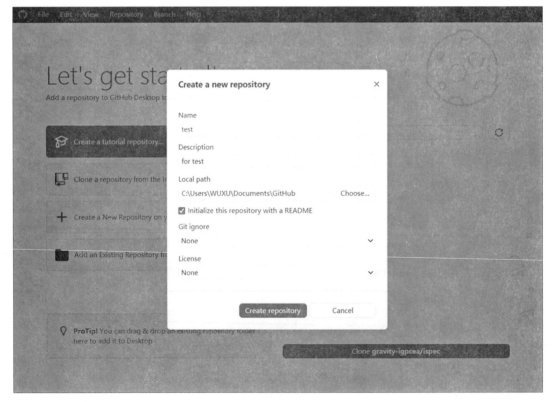

图 4 – 9 仓库基础信息填写

- "Name（名称）"定义仓库在本地以及 GitHub 上的名称。

- "Description（说明）"是一个可选字段，可用于提供有关仓库目的的更多信息。

- "Local path（本地路径）"设置仓库在计算机上的位置。默认情况下，GitHub Desktop 会在 Documents 文件夹内创建 GitHub 文件夹，用于存储仓库，你可以选择计算机上的任何位置。你的新仓库将是所选位置内的文件夹。例如，如果将仓库命名为 Tutorial，则会在为本地路径选择的文件夹内创建一个名为 Tutorial 的文件夹。下次创建或克隆新仓库时，GitHub Desktop 会记住你选择的位置。

- Initialize this repository with a README（使用自述文件初始化此仓库）创建包含 README. md 文件的初始提交。自述文件帮助人们了解项目的目的，因此建议选择此选项并加入有用的信息。当有人访问你在 GitHub 上的仓库时，自述文件是他们了解你的项目时看到的第一项内容。更多信息请参阅"关于自述文件"。

- Git ignore（Git 忽略）下拉菜单可让你添加自定义文件，以忽略本地仓库中你不想存储在版本控制中的特定文件。如你需要使用特定语言或框架，可以从可用的列表中选择。如果刚刚开始，敬请跳过此选择。更多信息请参阅"忽略文件"。

- License（许可证）下拉菜单可让你将开源许可证添加到仓库中的 LICENSE 文件里。有关可用开源许可证以及如何将它们添加到仓库的更多信息，请参阅"许可仓库"。

信息填写完成后，单击 Create repository 按钮，创建新的仓库。

4. 探索 GitHub Desktop

在屏幕顶部的文件菜单中，你可以访问在 GitHub Desktop 中可以执行的设置和操作。大多数操作有快捷键来帮助你提高工作效率。

（1）GitHub Desktop 菜单栏。

在 GitHub Desktop 应用程序的顶部，你将看到一个显示仓库状态栏，见图 4 - 10。

图 4 - 10　GitHub 状态栏

Current repository（当前仓库）显示你正在处理的仓库名称。可以单击 Current repository（当前仓库）切换到 GitHub Desktop 中的不同仓库。

Current branch（当前分支）显示你正在处理的分支的名称。可以单击 Current branch

现代化编程方法 ⟫⟫⟫⟫
与地球物理开源软件实践 Modern programming techniques
and the practices for open source geophysical software

（当前分支）来查看仓库中的所有分支、切换到不同的分支或者创建新分支。在仓库中创建拉取请求后，也可单击 Current branch（当前分支）查看它们。

Publish repository（发布仓库）会出现，因为你尚未将仓库发布到 GitHub，下一个步骤才发布。工具栏的这部分将根据你当前分支和仓库的状态而改变。不同的上下文相关操作将允许你在本地仓库与远程仓库之间交换数据。

（2）更改历史记录。

在左侧边栏中，你会看到 Changes（更改）和 History（历史记录）视图（图 4－11）。

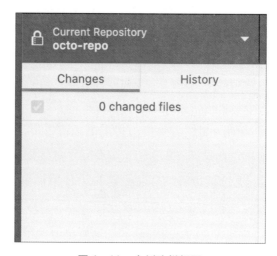

图 4－11　左侧边栏视图

Changes（更改）视图显示你对当前分支中的文件已经做出的更改但尚未提交到本地仓库。

History（历史记录）视图显示仓库当前分支上以前的提交。你应会看到在创建仓库时 GitHub Desktop 所创建的"初始提交"。在提交的右侧，根据你在创建仓库时选择的选项，可能会看到 . gitattributes、. gitignore、LICENSE 或 README 文件。你可以单击每个文件以查看该文件的差异，也就是提交中对该文件的更改。差异只显示文件已更改的部分，而不显示文件的全部内容。

5. 将仓库推送到 GitHub

创建新仓库时，它仅存在于你自己的计算机上，而且你是唯一可以访问该仓库的人。你可以将仓库发布到 GitHub，以便在多台计算机上保持同步，并允许其他人访问。要发布仓库，请将本地更改推送到 GitHub。

单击菜单栏中的 Publish repository，发布仓库（图 4 – 12）。

图 4 – 12　发布仓库

● GitHub Desktop 自动使用创建仓库时输入的信息填充"Name（名称）"和"Description（说明）"字段。

● Keep this code private（保持此代码为私有）可让你控制谁可以查看你的项目。如果你不选中此选项，GitHub 上的其他用户将都能够查看你的代码。如果选中此选项，你的代码将不会公开。

● Organization（组织）下拉菜单（如果有）可将仓库发布到 GitHub 上你所属的特定组织。

单击 Publish Repository，发布仓库按钮（图 4 – 13）。

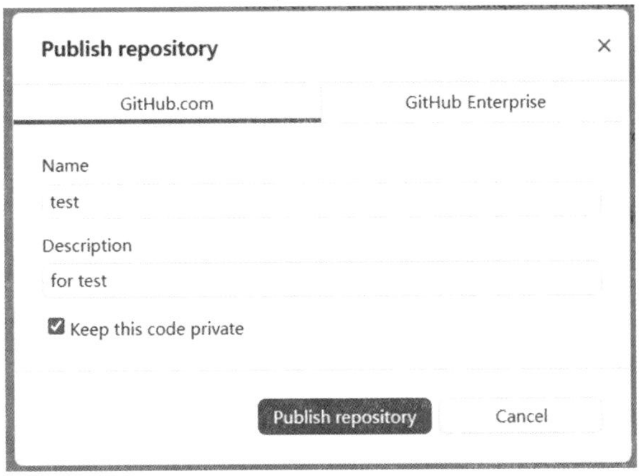

Publish repository　　　　　　　　　　　×

GitHub.com　　　　　　　GitHub Enterprise

Name

test

Description

for test

☑ Keep this code private

Publish repository　　Cancel

图 4 – 13　发布仓库

你可以从 GitHub Desktop 访问 GitHub. com 上的仓库。在文件菜单中，单击 Repository（仓库），然后单击 View on GitHub（在 GitHub 上查看）。这会直接在默认浏览器中打开仓库。

如此下来，就轻松地实现了仓库的创建及发布。

6. 进行更改、提交更改和推送更改

现在，你已经创建并发布仓库，已经准备好对项目进行更改，并开始创建第一个对仓

现代化编程方法 >>>>>>
与地球物理开源软件实践 Modern programming techniques
and the practices for open source geophysical software

库的提交。

要从 GitHub Desktop 启动外部编辑器，请单击 Repository（仓库），然后单击"Open in
Notepad ++"（图 4 - 14），在编辑器中打开。

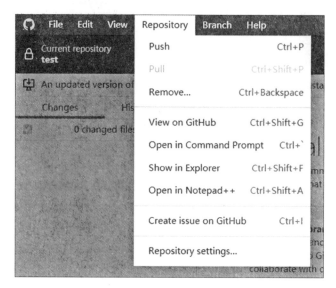

图 4 - 14　启动外部编辑器

对以前创建的 README. md 文件做一些更改。你可以添加描述项目的信息，比如它做
什么，以及为什么有用。当你对更改满意时，请将它们保存在文本编辑器中。

在 GitHub Desktop 中，导航到 Changes（更改）视图（图 4 - 15）。在文件列表中，你
应该会看到 README. md。README. md 文件左边的勾选标记表示你对文件的更改将成为
提交的一部分。以后你可能会更改多个文件，但只想提交对其中部分文件所做的更改，单
击文件旁边的复选标记，则该文件不会包含在提交中。

图 4 - 15　Changes（更改）视图

在 Changes（更改）列表底部，输入提交消息，在头像右侧，键入提交的简短描述

（图 4 – 16）。由于我们在更改 README.md 文件，因此"添加关于项目目的的信息"将是比较好的提交摘要。在摘要下方，你会看到"Description（说明）"文本字段，在其中可以键入较长的提交更改描述，这有助于回顾项目的历史记录和了解更改的原因。由于是对 README.md 文件做基本的更新，因此可跳过描述。

图 4 – 16　Changes（更改）列表底部视图

Commit to master 提交按钮显示当前分支，单击此按钮，你可以确保提交更改到所需的分支。

要将更改推送到 GitHub 上的远程仓库，请单击 Push origin 推送源（图 4 – 17）。

图 4 – 17　推送至远程仓库

Push origin（推送源）按钮就是你单击用以发布仓库到 GitHub 的按钮。此按钮根据 Git 工作流程中的上下文而变。现在改为 Push origin（推送源）了，其旁边的 1 表示有一个提交但尚未推送到 GitHub。

Push origin（推送源）中的"源"表示我们将更改推送到名为 origin 的远程库，在本例中是 GitHub.com 上的项目仓库。在推送任何新提交到 GitHub 之前，你的计算机上的项目仓库与 GitHub.com 上的项目仓库之间存在差异。这可让你在本地工作，仅在准备好后才能将更改推送到 GitHub.com。

4.4　GitHub 类似的国内相关服务

GitHub 的火爆，不是没有道理，因为它提供了一种媒介，大家从中可以学习先进，也可以去实践。从我近两年来 GitHub 的使用经历可得："只有你没想到，没有 GitHub 没有包含。"你想做什么研究或研发之前，先看看 GitHub 有没有，如果有，评估一下你是否可以比他们做得更好。其中最好的体现就是 GitHub 这几年所引导的生态系统。

由于 GitHub 服务器在国外，除了中科院的网络可以快速访问外，通过其他网络访问速度都很慢。在调研了国内的一些同类服务提供商后，我们总结体会如下：

关于使用软件研发环境 Gitee、Coding 和 GitHub 的说明：

考虑定位，如果你的团队有代码管理和协同开发需求。建议用 GitHub 面向国外用户，宣传和扩大影响力；用国内的仓库服务，面向国内用户。2020 年初，我们团队使用了国内的 Gitee 和 Coding 两个 DevOps 技术提供商产品，都是付费使用。

国内仓库的优缺点，首先速度都很快；其次，Gitee 功能多技术成熟度高，Coding 刚起步限制少是腾讯云支持；Gitee 价格更便宜，Coding 按照用户需求，收费空间不受限制。俗话说鸡蛋不放在一个篮子里面，为了以防万一，比如国外制裁网络故障等，我们两者都用。

1. Gitee：企业级 DevOps 研发管理平台，能够帮助开发者、团队、企业更好地管理代码，让软件研发更高效。Gitee 可以实现一站式闭环研发管理，真正打通研发流程和数据，降低管理成本。将 Gitee 企业版部署到企业内部，支持对接项目管理、测试、持续集成、部署以及基于容器化的运行平台等。目前，已助力 18 万家企业实现研发效能的提升，交付效率提升 185%，团队效能提升 123%，响应速度提升 162%，代码安全提升 336%（图 4 – 18）。

助力 18 万企业实现研发效能提升

185% ↑	**123%** ↑	**162%** ↑	**336%** ↑
交付效率提升	团队效能提升	响应速度提升	代码安全提升

招商银行 CHINA MERCHANTS BANK　　BYD 比亚迪汽车　　Bank 中国光大银行 CHINA EVERBRIGHT BANK　　南方智能 SOUTH SMART　　knowbox 小盒科技　　中信出版社 CHINA CITIC PRESS

图 4 – 18　Gitee 效能提升数据

（数据来源：https://gitee.com/enterprises，2021.10.14）

- Gitee 有很多限制，比如文件库大小，相比而言，coding 要宽松得多。
- Gitee 侧重内部开发，重点使用它的 issues 功能维护问题反馈，wiki 发布官方的解决方案和文档。
- Gitee 项目支持 notebook 的 ipynd 格式，可以提供用户看 python 用法教学。

2. Coding：Coding Pages 拥有强大的页面托管服务，而且为用户提供自定义域名、免费 SSL 证书、自动实时部署等功能。使用 Coding Pages 一键托管用户网站，通过实时自动发布用户在腾讯云开发者平台中托管的代码，面向世界介绍用户与用户的项目。

　　Coding 具有高度自动化、标准化的特点，从代码到生产发布，定义标准的端到端交付流程，自动化的 CI/CD 工具链帮用户轻松交付，提升需求响应效率。免部署、低成本实现持续交付，不需要本地搭建，在浏览器中集成用户 DevOps 开发环境，弹性调整运维配置，最低成本实现交付能力升级。Coding 具有丰富的扩展能力，除 Coding 代码仓库和制品库能力，可无缝集成 GitHub、GitLab 等第三方代码库、各类常见的运维系统和云原生环境来构建/发布用户的软件。Coding 开箱即用，能够快速开展研发管理与协作。实现先进的研发流程，提升研发效能。

　　目前，已有数万开发者、设计师、产品经理、团队与企业在使用 Coding Pages 托管他（她）们的个人网站、博客、企业与产品官网、在线文档等。

　　● Coding 的文件大小限制更宽松，单文件小于 300M，可用于发布一些示例数据文件，提供教学和演示用。

　　● Coding 具有静态页面功能，可以配合 sphinx 和 rtfd 来发布 python 项目的文档和各种成套教学类静态网站。

　　● Coding 可以支持导入 swagger 的 API，用于发布 API 接口文档。

　　我们团队的开源项目 GEOIST：https://GitHub.com/igp-gravity/GEOIST/

　　如果你访问 GitHub 太慢，请访问国内网站：https://gitee.com/cea2020

　　还有基于腾讯云的 Coding，里面的 Pages 很好用：https://cea2020.coding.net/，适合发布文档。

　　通过我们部署的静态网站"GEOIST"对官方文档使用测试，Coding 速度快而且没有广告。Coding 的 Pages（静态网页）服务由香港的腾讯云提供，估计是用了 CDN 加速，国内访问速度很快，相比托管到 readthedocs 上的网站，对于墙内的用户来说，访问速度简直慢如牛，有网络环境的时候可以试一下：https://GEOIST.readthedocs.io/，是不是超慢？

　　当然国内也还有很多类似 GitHub 的仓库服务 Vendor，如果你们团队资金充足，也可以直接买个虚拟机，在上面部署一套 Gitlab，功能是一样的。

4.5　小结

　　本章主要介绍 Git 仓库和版本管理。Git 这个命令行工具，能够进行分布式版本控制，用于管理和跟踪代码历史版本，能够使用户在代码出错后，还能够快速退回到之前的历史

现代化编程方法 >>>>>>
与地球物理开源软件实践 Modern programming techniques
and the practices for open source geophysical software

版本。Git 的应用场景重点在于多人协作，并且记录整个过程的更改和版本信息，以及维护整个软件开发周期的全过程。GitHub 是一个源代码托管网站，使用 Git 来做版本管理。开发者可以使用不敲 Git 命令的 GitHub Desktop 客户端，通过界面菜单轻松实现代码仓库的管理。国内与 GitHub 类似的服务有 Gitee 和 Coding 两个 DevOps 技术产品。Gitee 作为国内企业级 DevOps 研发管理平台，支持对接项目管理、测试、持续集成、部署以及基于容器化的运行平台等，能够帮助开发者、团队、企业更好地管理代码，让软件研发效率更高。Coding Pages 为用户提供了自定义域名、免费 SSL 证书、自动实时部署等功能，能够轻松实现一键式网站托管服务。

第 5 章　从 CI/CD 到 DevOps

在上一章谈完 Git 理念之后，本章小 G 跟大家一块看看有哪些具体工具可以帮助我们提高生产力。

持续集成 Continuous Integration（CI）、持续交付 Continuous Delivery（CD）和持续部署 Continuous Deployment（CD）是提高团队协同生产力的关键技术。很多时候一个软件发布后更新和维护是痛点，因为一个版本的迭代和升级往往不是平滑过渡的。但是在互联网时代，跟不上产品迭代节奏往往就要落伍。

DevOps 目前并没有权威的定义。网易云认为，DevOps 强调的是高效组织团队之间如何通过自动化的工具协作沟通来完成软件的生命周期管理，从而更快、更频繁地交付更稳定的软件。

5.1　可持续的概念

在当今世界，特别是在科学研究方面，新技术层出不穷。但好的技术方法如果不被人使用，不去做推广，那就永远是小众游戏。

有人调侃，科研高大上，生产用不上。科研成果不能转化的"痛点"问题越来越被重视。国家近年来一直期望通过政策引导穿越从基础研究、应用研究到产业化的"死亡之谷"，促进科研成果产业化。

我个人认为，地球科学技术要想服务社会，必须通过 IT 驱动来加速新方法和数据的流转，提升使用价值，让用户对科研成果更有获得感。

接下来就进入主题，谈谈当科研成果推到仓库里面后续还能干些什么。近年来，基于云设施的互联网软件的开发和发布，已经形成了一套标准流程，最重要的组成部分就是持续集成。

CI/CD 是一种通过在应用开发阶段引入自动化来频繁向客户交付应用的方法。CI/CD 的核心概念是持续集成、持续交付和持续部署。作为一个面向开发和运营团队的解决方

现代化编程方法 >>>>>>
与地球物理开源软件实践 Modern programming techniques
and the practices for open source geophysical software

案，CI/CD 主要解决集成新代码时所引发的问题，亦称："集成地狱"。

持续集成，可以帮助我们频繁地将代码变更自动合并到主干或共享分支。一旦变更被合并，负责集成的系统就会运行自动化测试（一般是单元测试，集成测试）来验证这些变更，确保这些变更不会对应用造成破坏，这也说明了测试环节尤为重要。若没有通过自动化测试或是代码有冲突，那么整个集成操作会失败，系统会给出反馈，此时相关的开发人员介入并进行修正，之后再开启新的一轮集成，直到这些变更被成功集成到主干或共享分支。

其终极目的就是让产品可以快速迭代，同时还能保持高质量。它的核心措施是，代码集成到 Git 仓库之前，必须通过自动化测试。只要有一个测试用例失败，就不能集成。

持续交付，指的是频繁地将软件的新版本，交付给质量团队或者用户，以供评审。可以让我们拥有一个可以随时部署的代码库。如果评审通过，代码就进入生产阶段。在持续集成的流程之后，引入更为复杂的测试流程（如功能测试），将代码库部署到测试服务器上，测试人员介入，进入测试环节。在这个过程中，测试人员会反馈测试情况，如果测试不通过，则再返回开发人员予以修正。

在大部分项目中，除了测试环境与生产环境，还会有一个预演环境。预演环境尽可能模拟生产环境，在通过了测试环境后，还需要通过预演环境的测试。这样，新增的变更才会允许在生产环境下使用。在流程的最后，我们得到了新的可用于部署到生产环境的代码库，这也就是用于交付的内容。

持续交付可以看作持续集成的下一步。它强调的是，不管怎么更新，软件是随时随地可以交付的。图 5-1 是代码推送到 GitHub 之后，通过工具可以帮你做的一系列工作。

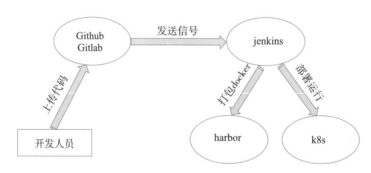

图 5-1 可持续集成与部署流程图

持续部署，是持续交付的延伸，在持续交付的流程后加入自动部署的环节，也就是说，如果你完整地实现了 CI/CD，你的代码变更会在数分钟之内被部署到生产环境。在最后的阶段持续部署没有手动控制发布的闸门。也就是说，一旦在测试环节有半点疏漏，没有完全覆盖新的变更，很可能会造成一起事故。因此，持续部署非常考验自动化测试的水平。

图 5 - 1 中很多词大家可能不认识，但是有些图标应该熟悉。最左边的小八爪鱼就是 GitHub 的 logo，当 push 到 GitHub 仓库后，通过 webhooks 设置，可以让你的项目通过既定测试和集成流程开展后续工作，没问题后打包成 docker 容器，再通过 k8s（kubernetes）等容器编排工具分发到云上。

你不用担心的是，只要配置好这些工具，后续一系列服务都是自动的。这样做能够解决了哪些问题呢？以前需要很多人力物力去测试、集成等一系列费力不讨好的工作，可以放心地交给生产力工具去完成。如果你对图 5 - 1 还不明白，就需要再好好琢磨理解呦。

5.2 哪些工具可以用

现在的 CI/CD 工具应该可以用眼花缭乱来形容，各大厂商说提供 DevOps 工具的广告里面，肯定涉及到这方面的内容。知道 CI/CD 的概念和用好这些工具是两码事，具体到如何配置复杂的脚本，根据不同语言和基础设施来调试、运行，更是比较花费精力的。

谁才是世界上最好的 CI/CD 工具？TeamCity、Jenkins、Travis CI、AppVeyor 还是 Azure Pipelines？

在回答这个问题之前，想先问问大家，什么是世界上最好的语言？PHP、Java、Python、JavaScript 或是 C++？都不是！不同的场景适合用不同的语言，不谈业务场景而讨论哪个语言好，都是一叶障目！

- 嵌入式：如果是在内存小于 128KB 的 MCU 上，相信 C 一定是你的首选。
- Web 前端：毋庸置疑，JavaScript 一定是绝大多数开发者的最爱。
- 高并发：高并发场景下，Java 或是 Go 是个不错的选择。

看到这里，读者已经明白，和编程语言一样，如果要讨论最好的 CI/CD 工具，一定要分具体的业务场景。不同的 CI/CD 工具适合于不同的场景。只有考虑清楚实际的使用场景，才能选出最合适的 CI/CD 工具。那么，我们就来看看不同的 CI/CD 工具各有哪些优势呢？

大体上我觉得可以分为两类，一种是需要你自己部署的，另一种是已经在云上可以直接用的。著名的 Gitlab CI 和 Jenkins 提供前者，部署到私有云中就可以直接用了。而 Travis 和 Azure Pipelines 是可以直接在云上用的，特别是 Travis 和 Azure Pipeline，对于开源项目可以免费使用。

On – Premise vs Hosted

On – Premise 需要用户搭建自己的服务器来运行 CI/CD 工具，而 Hosted CI/CD 工具是一个 SaaS 服务，不需要用户搭建自己的服务器。

TeamCity 和 Jenkins 属于"On – Premise"阵营。Travis CI 属于"Hosted"阵营。而 AppVeyor 和 Azure Pipelines 则是既能"On – Premise"又能"Hosted"。

如果在 CI/CD 过程中，你需要连接到不同的内网服务。那么 On – Premise 的 CI/CD 工具适合这样的使用场景，你可以把 Build Agent 部署在内网的机器上，这样可以轻松地连接内网资源。

如果你不需要连接内网资源，那么 Hosted CI/CD Service 就是你的最佳选择了，其有以下几个优势。

● 维护成本：Hosted CI/CD Service 可以说是零维护成本了，整个运行环境都由服务商托管。与 On – Premise 的 CI/CD 工具，使用者需要自己花大量时间搭建与维护服务器不同，Hosted CI/CD Service，使用者完全不需要担心背后服务器的维护。

● Clean 的运行环境：假设你在为你的 Python 项目寻求一个 CI/CD 工具，而你的 Python 项目需要同时对 Python 2.7，3.6，3.7 进行持续集成，那么 Hosted CI/CD Service 完全可以满足你的需要。On – Premise 的机器上，你会对不同的 Python 版本而烦恼，而 Hosted CI/CD Service 每次都会创建一个新的运行环境，想用哪个 Python 版本就用哪个。

● 预装的软件和运行时：每一个项目在做持续集成时，往往会需要依赖不同的运行时和工具链，Hosted CI/CD Service 会帮你预装好许多常用的软件和运行时，大大减少了搭建环境的时间。

价格成本也是我们在技术选型时要重点考虑的一点。先来看看 On – Premise 的 TeamCity 和 Jenkins，虽然他们都是免费使用的，但是使用者都需要搭建自己的服务器，不论是用自己的物理机、还是使用 Azure 或是 AWS 上的虚拟机，这都是一个花费。

On – Premise 的 TeamCity 和 Jenkins 看似免费，其实用户在服务器上有很大的花费，特别是大规模的持续集成的需求下，会是个很大的价格成本。如果是对于开源项目，Hosted CI/CD Service 有着很大的优势，Travis CI、AppVeyor 和 Azure Pipelines 对于开源项目都是完全免费的。

对于私有项目，Travis CI 和 AppVeyor 是收费的，而 Azure Pipelines 有一个月 1800 分钟的免费额度。可见，对于私有项目，Azure Pipelines 有很大的优势。

个人觉得，如果是科研还是直接用云上，它们都会构建和测试，免费给你提供虚拟机、网络带宽和各种环境资源，还不用担心稳定性，有啥不好呢？

5.3　结合一个实例来看看

在我们团队的 GEOIST 软件包中也用到了上面两个工具，请看下图 5 – 2：

图 5 – 2　GEOIST 项目中的 CI 技术应用

图 5 – 2 中最下面一排小标志，就是项目中用到的一些技术，最左边的是 Travis，最右边的是 Azure Pipelines。绿色的提示信息代表当前项目的测试状态，如果有问题会出现红色提示。要配置好 Travis 和 Azure Pipelines 这两个工具，需要在工程中使用 yml 文件进行配置，在 GEOIST 根目录下会发现有 . travis. yml 和 azure – pipelines. yml 两个文件，这两个文件里面可以设置测试环境的一些要求和依赖包。

让我们再看看，如果点开 Azure Pipelines 的图标，直接会出现下图 5 – 3 所示界面：

一般 Git 的 Push 命令执行后，根据项目要测试的内容多少，几分钟就可以完成测试，根据 yml 中设置的内容，每一阶段的结果如图 5 – 4 所示。

我们这个项目中，仅针对 Python3.6 环境进行了集成测试，通过后就直接发布到 Azure 的云上面去了，对于用户来讲下次打开浏览器的 Jupyter 就可以开始使用最新版本啦！对于科研人员来讲，算法写好，Git push 后啥事也不用管了，是不是很方便呢？

现代化编程方法 ▷▷▷▷▷▷
与地球物理开源软件实践 Modern programming techniques
and the practices for open source geophysical software

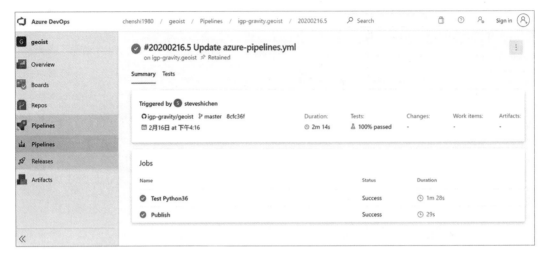

图 5 - 3　Azure Pipelines 的 CI 界面

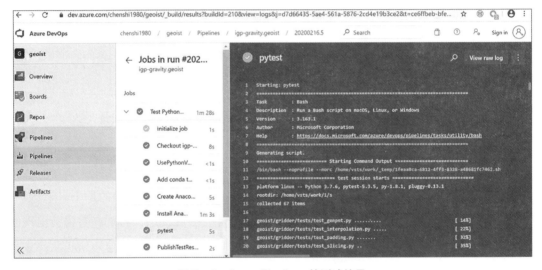

图 5 - 4　Azure Pipelines 的测试结果

5.4　什么是 DevOps

说完了 CI/CD，我们接着聊聊 DevOps，这个词大家听过吗？如果从字面上来理解，DevOps 只是 Dev（开发人员）+ Ops（运维人员）。实际上，它是一组过程、方法与系统的统称，其概念从 2009 年首次提出发展到现在，内容非常丰富，有理论也有实践，包括组织文化、自动化、精益、反馈和分享等不同方面。

　　组织架构、企业文化与理念等，需要自上而下设计，用于促进开发部门、运维部门和质量保障部门之间的沟通、协作与整合，简单而言组织形式类似于系统分层设计。自动化是指所有的操作都不需要人工参与，全部依赖系统自动完成，比如上述的持续交付过程必须自动化才有可能完成快速迭代。DevOps 的出现是由于软件行业日益清晰地认识到，为了按时交付软件产品和服务，开发部门和运维部门必须紧密合作。

　　那企业为什么需要 DevOps，DevOps 有什么依赖？我们认为：为了抓住商业机会，业务需要快速迭代，不断试错，因此，企业需要依赖拥有持续交付的能力。这些不仅包括技术需求还包括产品的需求。如何能拥有持续交付的能力，大而全的架构因为效率低下，显然是不合适的。于是演变出微服务架构来满足需求，通过把系统划分成一个个独立的个体，每个个体服务的设计依赖需要通过 12 要素的原则来规范完成。系统被分成了几十个甚至几百个服务组件，则需要借助 DevOps 才能很好地满足业务协作和发布等流程。DevOps 的有效实施需要依赖一定的土壤，即敏捷的基础设施服务，现实只有云计算的模式才能满足整体要求。

　　什么是 DevOps？其实没有一个严格的定义。我个人认为 DevOps 更强调一种理念/概念（图 5 - 5），与之配套的是一套生态工具，涉及到软件开发到运维整个过程。最开始应该是互联网的发展，用户需求也在不断变化，传统软件开发很难跟上需求变更。

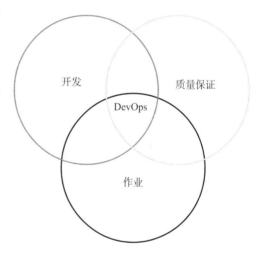

图 5 - 5　DevOps 的理念

　　核心意思就是开发与运维——对于一个软件公司，系统开发完交付后就是运维团队的事情了；而在实际运维过程中，往往会出很多问题，如当运维人员将问题反馈给开发人员，开发人员一看怎么是这么低级的问题啊，分明是你们运维没用好啊——然后两者互相看不惯，就会出现很多协作上的问题。但凡系统进行一次更新，就会给运维带来很多麻烦，特别是大系统，由于服务不能停，于是很多时候坚守的原则就是：能不改就不改，系统带病运行，而且系统越大问题越多。这时候一种新的软件工程理念就出来了，敏捷式开发。接下来逐渐有了很多工具，再然后就出现了 DevOps 的理念和一大批配套技术。

　　从此，一些大公司牵头，逐渐去针对运维和部署过程开发自动化工具，DevOps 理念也逐渐清晰，各种工具应运而生。

现代化编程方法 ▷▷▷▷▷▷
与地球物理开源软件实践 Modern programming techniques
and the practices for open source geophysical software

传统软件工程，强调在编码之前，先调研需求，再开始进行概要设计、详细设计，等软件出来之后还要进行测试，最后才能交付用户，这种开发模式也叫瀑布式开发（图 5 - 6）。这种过程看上去没什么问题，但是实际操作上过于繁琐，一个软件严格按照这套流程开发完，一年半载过去了，这时市场机会已经没有了，软件开发完，即被淘汰。

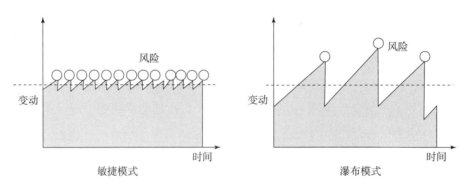

图 5 - 6 敏捷开发 vs 瀑布式开发

而现代化软件开发更强调敏捷（图 5 - 6），针对某一个功能点，快速实现并交付用户。据说国内的手机开发原则：只要发现友商有新功能，开发部要在一天之内拿出应对方案。俗话说：天下武功，唯快不破，在很多行业同样也是如此。

DevOps 把写完代码后的测试、集成、部署和运维过程，都实现自动化，与之配套的基础设施只要支持这种模式，那就能让你团队的成果快速具备交付能力。这难道不也是科研成果转化一直追求的目标之一嘛！

CI/CD 的出现改变了开发工程师和测试工程师发布软件的方式。从最初的瀑布模型，到之后的敏捷开发，再到现在的 DevOps。伴随着 DevOps 的兴起，出现了持续集成，持续交付和持续部署的新方法（CI/CD）。而最初传统的软件开发和交付方式迅速变得过时。过去的敏捷时代，大多数公司的软件发布周期是每月、每季度甚至每年。而现在 DevOps 时代，每周、每天甚至每天多次都是常态。当 SaaS 成为业界主流后尤其如此，你可以轻松地动态更新应用程序，而无需强迫用户下载更新组件。很多时候，用户甚至都不会注意到正在发生变化。

5.5 小结

本章介绍 CI/CD 与 DevOps。软件发布后更新和维护一直以来都是企业的痛点，期望版本的迭代与升级平滑过渡，但实际上却很难实现。DevOps 理念可以理解为开发与运维，以及与之配套的生态技术工具。CI/CD 就是为了提高团队协同生产力而出现的面向开发和运营的解决方案。TeamCity、Jenkins、Travis CI、AppVeyor，Azure Pipelines 都是常见好用的 CI/CD 工具。瀑布式开发模式已经不能应对快速变化的需求变更与响应速度，DevOps及持续集成部署工具的出现，实现了自动化的代码的测试、集成、部署和运维，使得开发团队具备了快速交付的能力，加速了需求到产品以及成果转化的目标实现。

现代化编程方法
与地球物理开源软件实践 Modern programming techniques
and the practices for open source geophysical software

## 第 6 章

自动化文档工具和发布

编完程序还要写文档？你还是饶了程序员吧！我不是写了注释嘛，自己看不行吗？还要将注释转换成一篇完整的文档，这该怎么实现呢？用快捷键 Ctrl + c、Ctrl + v 直接手动将注释拷贝到 Word 文档中？想到这里，搭在键盘上的一双手瞬间冰凉，心里不止一千万次地拒绝复制、粘贴这样机械化的重复操作。能否把注释直接变成文档呢？格式好看点，最好还能支持查找、分级目录，还要有例子。

这时就需要你知道一些文档自动化工具，本章小 G 就 Python 生态中的文档自动化工具做一点介绍。在 Python 中有很多很好的工具来生成字符串文档（Docstring），比如说：Epydoc、Doxygen、Sphinx。大名鼎鼎的 Numpy，Scipy 等 Python 扩展库都是使用 Sphinx 来自动生成文档的。就连 Python 的官方帮助文档也是使用 Sphinx 来发布的，由此可见 Sphinx 的流行和实用。

6.1 Sphinx 是什么

Sphinx，这个单词本身的英文释义就是埃及的狮身人面像，别名斯芬克斯狮身人面像，其位置在埃及吉萨的金字塔墓区。狮身人面像有时被喻为古代世界的第八大奇迹，它将人的智慧与狮子的勇猛集合于一身，象征着古埃及的辉煌文明。

但在 Python 生态里面，Sphinx 是一种基于 Python 的文档工具，它可以让人轻松地撰写出清晰且优美的文档。借助这个第三方工具，可以提取 Python 代码中的说明文档，并生成 Html 文件。

在使用 Python 的过程中，我们一般会在模块、类、函数下使用 Docstring 添加字符串说明性文档，便于开发人员更好地看懂此代码是做什么用的。有人可能会问，什么是"Docstring"？说白了，Docstring 就是一堆代码中的注释。任何编程语言都有注释，但是，Python 的 Docstring 可以通过 Help 函数直接输出成为一份有格式的文档，这个操作就很厉害了。代码写完，注释写完，一个 Help 调用，就有文档可看了。

一起来看看官方的介绍吧。Sphinx 是一种文档工具，它可以让人轻松地撰写出清晰且优美的文档，由 Georg Brandl 在 BSD 许可证下开发。新版的 Python 文档就是由 Sphinx 生成的，并且它已成为 Python 项目首选的文档工具，同时它对 C/C++ 项目也有很好的支持；并计划对其他开发语言添加特殊支持。它的官网（https：//www.sphinx.org.cn/）当然也是使用 Sphinx 生成的，是采用 reStructuredText 源创建的。

Sphinx 还在继续开发，下面列出了其良好特性，这些特性在 Python 官方文档中均有体现：

- 丰富的输出格式：HTML（包括 Windows HTML 帮助），LaTeX（适用于可打印的 PDF 版本），ePub，Texinfo，手册页，纯文本；
- 完备的交叉引用：语义化的标签，并可以自动化链接函数、类、引文、术语及相似的片段信息；
- 明晰的分层结构：可以轻松地定义文档树，并自动化链接同级/父级/下级文章；
- 美观的自动索引：可自动生成美观的模块索引；
- 精确的语法高亮：又称语法突显，根据关键字类别来显示不同的颜色与字体以增强可读性；
- 开放的扩展：支持代码块的自动测试，并包含 Python 模块的自述文档（API docs）等；
- 贡献的扩展：用户在第二个存储库中贡献了 50 多个扩展，其中大多数可以从 PyPI 安装。

Sphinx 使用 reStructuredText 作为标记语言，其许多优点来自 reStructuredText 及其解析和翻译套件 Docutils 的强大功能和直接性。

reStructuredText 是扩展名为 .rst 的纯文本文件，含义为"重新构建的文本"，也被简称为：RST 或 reST；是 Python 编程语言的 Docutils 项目的一部分，Python Doc-SIG（Documentation Special Interest Group）。该项目类似于 Java 的 JavaDoc 或 Perl 的 POD 项目。Docutils 能够从 Python 程序中提取注释和信息，格式化成程序文档。

.rst 文件是轻量级标记语言的一种，被设计为容易阅读和编写的纯文本，并且可以借助 Docutils 这样的程序进行文档处理，也可以转换为 HTML 或 PDF 等多种格式，或由 Sphinx-Doc 这样的程序转换为 LaTex、man 等更多格式。

6.2　Sphinx 怎么安装，怎么使用

Sphinx 运行前需要安装 Python 2.4 或者 Python 3.1，以及 Docutils 和 Jinja2 库。Sphinx

现代化编程方法 >>>>>>
与地球物理开源软件实践 Modern programming techniques
and the practices for open source geophysical software

必须工作在 0.7 版本及一些 SVN 快照（不能损坏）。如果需要源码支持高亮显示，则必须安装 Pygments 库。如果使用 Python 2.4，还需要 uuid。

上一节介绍了 Sphinx 及它的优点。既然是这么好用的工具，就请大家跟着我一起安装使用吧。安装命令如下：

```
pip install sphinx
```

对，这一行就够了。如果你安装过 Anaconda，Python 环境将会自带了 Sphinx，这一步便可以省略了。

会有读者惊叹：啥？这也太简单了。还有复杂点的命令不？当然有，请看下面这条命令：

```
pip install sphinx sphinx - autobuild sphinx_rtd_theme recommonmark
```

这个命令实际上增加了一些网页主题的依赖安装。

接下来我们来生成文档吧！

第一步：建立一个工程目录。

```
mkdir project        #新建文件夹
cd project           #新建工程
sphinx - quickstart  #快速启动 sphinx
```

运行 sphinx - quickstart 命令后，会出现一些交互式信息填写。主要填下面信息，其他默认按回车键就行。

```
Project name:     #工程名称
Author name(s):   #作者名称
```

一次不行，下次修改本地配置也可以对这些信息进行修改。运行结束后，会在 project 目录下，产生一些文件和目录。

- build 目录，运行 make 命令后，生成的文件都在这个目录里面
- source 目录，放置文档的源文件
- make.bat，批处理命令

- makefile

在 source/_static 目录放一些静态文件，如 image 等；source/conf. py 为配置文件；source/index. rst 文档中定义目录结构。这些目录和文件就是后面生成 Html 的关键。

第二步：修改 conf. py 配置。

一般 Python 项目都会用经典的 sphinx_rtd_theme 主题，由于默认网站比较原始，建议修改网页主题。找到 project 目录下 source/conf. py 文件，用记事本打开，修改 conf. py 文件。找到 html_theme 的代码，然后按下面所示代码修改，即可更换网页的主题。推荐主题 html_theme ='sphinx_rtd_theme'，是 ReadtheDoc 的主题风格。

```
# html_theme = 'alabaster'
import sphinx_rtd_theme
html_theme = "sphinx_rtd_theme"
html_theme_path = [sphinx_rtd_theme.get_html_theme_path()]
```

Sphinx 默认不支持 MarkDown。如果你期望 Sphinx 文档能够支持 Markdown 源文件，需要在前面的配置文件中找到 source_suffix，并将其修改成下面所示的配置即可。

```
# source_suffix = '.rst'
from recommonmark. parser import CommonMarkParser
source_parsers = {
'.md':CommonMarkParser,
}
source_suffix =['.rst','.md']
```

第三步：从代码生成 rst 文件。

对 Python 代码的文档，一般使用 sphinx - apidoc 来自动生成文档。运行下面所示命令：

```
sphinx - apidoc - o outputdir packagedir
```

其中：outputdir 是 source 的目录，packagedir 是代码所在的目录。请注意错误提示，有问题的要及时修改，warning 可以不用管。

现代化编程方法 〉〉〉〉〉〉
与地球物理开源软件实践 Modern programming techniques
and the practices for open source geophysical software

sphinx – apidoc 语法如下：

```
Usage:sphinx - apidoc - script.py[options]- o < output_path ><module_
path >[exclude_paths,...]

Look recursively in < module _ path > for Python modules and
packages and create
one reST file with automodule directives per package in the <
output_path >.

Note:By default this script will not overwrite already created files.

Options:
  -h, --help          show this help message and exit
  -o DESTDIR, --output - dir = DESTDIR
                      Directory to place all output
  -d MAXDEPTH, --maxdepth = MAXDEPTH
                      Maximum depth of submodules to show in the TOC
                      (default:4)
  -f, --force         Overwrite all files
  -n, --dry - run      Run the script without creating files
  -T, --no - toc       Don't create a table of contents file
  -s SUFFIX, --suffix = SUFFIX
                      file suffix(default:rst)
  -F, --full          Generate a full project with sphinx -
quickstart
  -H HEADER, --doc - project = HEADER
                      Project name(default:root module name)
```

```
        -A AUTHOR, --doc-author=AUTHOR
                        Project author(s),used when --full is given
        -V VERSION, --doc-version=VERSION
                        Project version,used when --full is given
        -R RELEASE, --doc-release=RELEASE
                        Project release,used when --full is given,
defaults
                        to --doc-version
```

第四步：生成静态 html 文件。

在项目主目录里执行 make html 命令，编译发布 html 网页。

```
make html
```

运行成功后，会在本地生成 build/html/index. html 等文件。在浏览器中打开 html 文件，就可以看到下面的页面了，也就是说把本地的文档源文件（. md. rst 等）渲染成一个网站（图 6 -1）。

图 6 -1　GEOIST 项目的帮助文档

现代化编程方法 >>>>>>
与地球物理开源软件实践 Modern programming techniques
and the practices for open source geophysical software

Sphinx 生成的 Html 渲染页面，是纯静态的，在本地直接可以使用浏览器打开。当然，这些文档代码也可以在 GitHub 中托管，通过 Pages 服务，不需要服务器自己就可以轻松构建一套文档服务了。readthedocs. org 这个网站就提供此类服务，程序员要做的就是提交代码到 GitHub，剩下的更新全部交给自动化配置完成，是不是很简单。

6.3　小结

本章介绍了 Sphinx 的基础知识，安装、使用方式及相关配置文件修改。通过阅读完本章节，我们可以了解到它是一款 Python 生态中的文档自动化生成工具。著名的 Numpy，Scipy 等 Python 扩展库，以及 Python 的官方帮助，都是用 Sphinx 来自动生成文档的。Sphinx 使用轻量级的 reStructuredText 作为其标记语言。reStructuredText 的解析和翻译套件 Docutils，可以将 Python 程序中的注释和信息提取出来，并格式化成程序文档，文档输出格式支持 HTML、PDF、纯文本等。

第 7 章　微服务理念和 API 协同

以前学习软件工程的时候，书上说代码要"高内聚、低耦合"，曾经看过 Numpy 的代码，其规范程度和接口设计确实让人佩服。前面讲过 Docker，CI/CD，DevOps 这些技术概念。这个时代确实发展太快，新名词每天都会出现。回头想想学会这些技术后，我们怎么改进以前的软件设计呢？这章小 G 想说的就是基于 Rest 的微服务架构软件设计。

7.1　什么是微服务

"微服务（英语：Microservices）是一种软件架构风格，它是以专注于单一责任与功能的小型功能区块（Small Building Blocks）为基础，利用模块化的方式组合出复杂的大型应用程序，各功能区块使用与语言无关（Language-Independent/Language agnostic）的 API 集相互通信。"（摘自 wiki 对微服务的定义。注意这几个关键词：软件架构风格，小型功能区块，模块化，语言无关。）

微服务架构正在各种规模的企业中获得广泛的关注；它们是目前设计软件应用程序最流行的方法之一。与传统的单体应用开发方法相比，微服务架构可以更快地更改和开发新的应用程序，因此可以提供更高的敏捷性。Netflix、Google、亚马逊和许多其他 IT 企业已成功采用此架构，并引导其他人模拟这种模式。

微服务是系统或应用程序中的自包含独立组件。每个微服务都应该有明确的作用域和责任，理想情况下，一个微服务只做一件事。它应该是无状态的或有状态的，如果它是有状态的，它应该带有自己的持久层（即数据库），不与其他服务共享。软件开发团队基于微服务架构以更分散的方式开发可重用的独立组件。他们可以为每个微服务使用自定义框架、依赖关系集，甚至是完全不同的编程语言。微服务也有助于实现可扩展性，因为它们本质上是分布式的，并且每个微服务都可以独立增长或复制。

对于大多数企业而言，微服务架构的采用和过渡将是一个渐进的过程，基于微服务的应用程序将与传统的应用程序共存和交互。微服务必须与传统应用程序、现有系统和业务

现代化编程方法
与地球物理开源软件实践 Modern programming techniques
and the practices for open source geophysical software

流程，当前的企业运营，以及合规性的要求同时存在。

此外，微服务在带来好处的同时也引入了一些负面性，例如服务蔓延，复杂性增加，以及冗余工作风险的增加。企业和组织需要微服务和 API 共同有效地实施 IT 架构。

对于许多公司而言，挑战在于学习如何将微服务架构与企业中已部署的众多其他架构模式相结合。在控制复杂性的同时，管理微服务提供的速度和灵活性的一种方法是采用 API。

实际上，微服务本身并没有一个严格明确的定义，普遍的观点是：微服务是一种简单的应用，大概有 10~100 行代码。有一点值得注意，那就是微服务规模通常都很小，有时候甚至是微型的。简单和轻量级成为当今的主题，这意味着你不会在大型的框架上看到很多微服务。

从物理角度来说，这些微服务都很小，可以在同一台机器上大量服务，而不需要担心内存或者是资源等问题。本质上，微服务是自我托管的，它们获取一个端口，然后监听。

微服务是相对于传统的紧耦合软件架构而言，近年来随着云基础设施建设，虚拟机和容器编排技术不断发展，而产生的一种新的软件架构形式。微服务倡导的就是功能之间尽量解耦，特别适合于多个小规模团队之间的协同。大家只需要知道接口，通过标准的协议形式就可以实现交互，至于内部是怎么实现的，服务使用者并不需要关心。

微服务架构基本理念如图 7-1 所示，该理念的要点是每个服务都运行于自己独立资源环境中，可以通过精简配置，达到最大化利用系统资源的目的。

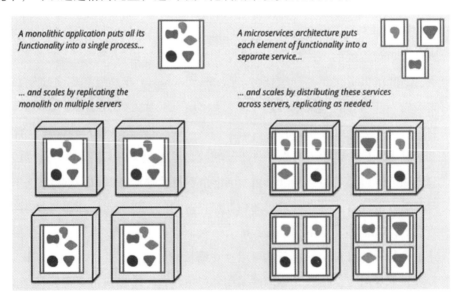

图 7-1　微服务架构

记得很久以前，一位管理大型国企计算资源的朋友问我，说："你知道怎么管理服务器机群最可靠吗？"要知道十几年前，有一台服务器跑点服务，那是挺奢侈的事情。我当时想那肯定是尽量多地装软件，再把反病毒各种安全软件多装几个啊！但是他告诉我，一台服务器尽量跑一个服务就行了（他服务器上是从来不装杀毒软件的）。他的解释是：因为这样稳定，服务器上软件装得越多，就越容易出错。如果 FTP 服务，Web 服务，邮箱服务，统统都放到一个服务器，一旦出问题全完蛋。

我自己理解的，这就是微服务思想的起源。那时候也有 VmWare 这种虚拟机，但是这几年云平台普及后，网络速度越来越快，各种容器环境获取更加方便，我认为这时候微服务架构流行恰逢其时。

现在的各种机器学习算法、模型层出不穷，绝大多数用户没时间去验证你的核心模块多先进，原创算法有多少。如果你是做图像识别，拿起手机照一张照片，本来是一只猫，结果识别是一个老虎，那基本就不会有以后了。

7.2　Restful 的 API 好处有哪些

了解微服务之后，我们要问微服务必须要满足什么条件？微服务接口之间的信息传递靠什么协议实现？

Sam Newman 的著作《微服务设计》中指出，微服务设计需要遵循：

- 标准的 REST 风格接口（基于 HTTP 和 JSON 格式）。
- 独立部署，避免共享数据库（避免因为数据库而影响整个分布式系统）。
- 业务上的高内聚，减少依赖（从设计上要避免服务过大或者过小）。

REST 风格啥意思？REST 英文是 Representational State Transfer，即：资源在网络中以某种形式进行状态转移。所谓状态的转移，可参考《HTTP 权威指南》一书中对协议的详细解释，此处不过多赘述！简单来说，REST 是一种系统架构设计风格（而非标准），一种分布式系统的应用层解决方案。

早期的网页端是前后台一起的，比如 PHP、JSP 等。而随着近几年移动端的快速发展和分布式架构的应用，各种 Client 层出不穷，这个时候就需要有个统一的机制，来为前后端通信提供服务。而 RESTful API 就是目前比较成熟的一套应用程序 API 设计理论，其目的在于对 Client 和 Server 端进一步解耦。最为经典的应用莫过于 GitHub API。

API 曾经是底层的代码编程接口，但现在它们已成为产品本身，遵循一定的 API 标准，例如 REST，使他们对开发人员更友好，并具有更强的管理和治理能力。API 提供商们现在互相竞争，以引起开发人员的注意。并且，API 经济，一个围绕着 API 使用者和 API 提供者之间价值交换的新经济模式正在日渐增长。

许多公司采用这样一种 API 策略来开放所有的服务（无论他们是基于微服务还是单体架构；是在本地部署还是基于云端部署）：由 API 主导的连接。这种以 API 为主导的集成方法是一种明确的整体策略：它使用不同功能的、可重用的 API 来开放服务，并且使用 API 来组合和重构出不同类型的服务，以创建易于更改和演进的业务需求。

随着微服务架构的应用变得更加普及，尤其对于具有传统 IT 技术栈的老牌组织而言，集成所有这些服务并从中获取价值变得越来越重要。这就是实施以 API 主导的系统集成策略，从而使微服务架构在企业内部生效的重要原因。

API 不仅弥合了微服务和传统系统之间的差距，还使得构建和管理微服务变得更加容易。通过制定 API 策略，公司可以将微服务提供的功能公开为产品，同时带来内部和外部的业务价值。

标准化的、产品化的 API 还有助于减少 SaaS 应用程序与传统 IT 系统之间构建点对点集成的相关成本。这使得组织可以根据业务需求快速插拔微服务，而无需大量定制化的开发。API 可以在整个企业中以标准化方式为流量管理和监控、日志记录、审计和安全等提供标准化的机制，同时保留业务所需的灵活性。

这些管理良好的 API 还可以实现微服务的重用和可发现性。开发团队构建了可能对更广泛的消费用户有益的微服务，API 接口使它们可被发现。然后，这些微服务可以向更广泛的受众开放，内部或外部并且作为可重用的功能进行管理。

基于微服务架构构建的应用程序或 API 不仅要把自己完全暴露出来，还需要在内部组件（微服务）之间建立连接。由于每个微服务都可以使用不同的编程语言实现，我们需要依赖标准协议（如 HTTP）来建立微服务之间的连接。这个时候我们就回到了 API 上（图 7 - 2）。

最基本的形式是每个微服务都公开一个 API，让其他服务可以向这个 API 发出请求并获取数据。也可以使用其他不同的方法，比如消息队列。微服务 API 是私有 API，仅限用在单个应用程序中。它通常不提供公共 URL，而是使用组织内部专用网络的私有 IP 或主机名，甚至是单个服务器集群内的 IP 或主机名。不过，这些 API 可以遵循类似公共 API 那样的设计范式或协议。尽管它们的消费者数量有限，也应该遵循开发者体验的基本规则。也就是说，它们应该拥有相关的、一致的、可演化的 API 设计和文档，让其他团队（甚至是你自己）知道如何使用这些微服务。因此，你可以而且应该使用类似的工具来创建你的微服务 API。

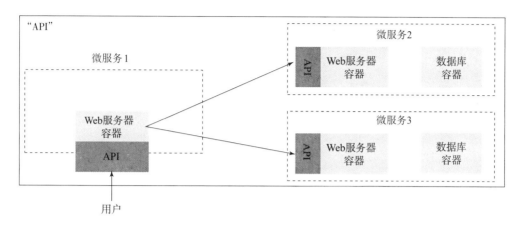

图 7-2 微服务之间的通信

微服务和 API 是不同的东西，就像微服务和容器也不是同一种东西一样。不过，这两个概念以两种不同的方式协同工作：首先，微服务可以作为部署内部、合作伙伴或公共 API 后端的一种方法。其次，微服务通常依赖 API 作为与语言无关的通信手段，以便在内部网络中相互通信。开发团队可以使用相似的方法和工具来创建公开 API 和微服务 API。

RESTful 的特征和优点：

①客户端－服务器（Client－Server）：提供服务的服务器和使用服务的客户端分离解耦。

优点：提高客户端的便捷性（操作简单）；简化服务器提高可伸缩性（高性能、低成本）；允许客户端服务端分组优化，彼此不受影响。

②无状态（Stateless）：来自客户的每一个请求必须包含服务器处理该请求所需的所有信息（请求信息唯一性）。

优点：提高可见性（可以单独考虑每个请求）；提高可靠性（更容易故障恢复）；提高了可扩展性（降低了服务器资源使用）。

③可缓存（Cachable）：服务器必须让客户端知道请求是否可以被缓存？如果可以，客户端可以重用之前的请求信息发送请求。

优点：减少交互连接数；减少连接过程的网络时延。

④分层系统（Layered System）：允许服务器和客户端之间的中间层（代理，网关等）代替服务器对客户端的请求进行回应，而客户端不需要关心与它交互的组件之外的事情。

现代化编程方法 ⟫⟫⟫⟫⟫
与地球物理开源软件实践 Modern programming techniques
and the practices for open source geophysical software

优点：提高了系统的可扩展性；简化了系统的复杂性。

⑤统一接口（Uniform Interface）：客户和服务器之间通信的方法必须是统一化的，例如：GET、POST、PUT、DELETE。

优点：提高交互的可见性；鼓励单独优化改善组件。

⑥支持按需代码（Code – On – Demand，可选）：服务器可以提供一些代码或者脚本并在客户的运行环境中执行。

优点：提高可扩展性。

在 REST 体系中，通过 URL 来设计系统，每个 URL 都代表一个 Resource，而整个系统就是由这些 Resource 组成的。上述理念可由图 7 – 3 简单示意。因此，如果 URL 是设计良好的，那么系统的结构就也应该是设计良好的。

REST 风格的功能设计主要包括：通过 URL 定位资源（就是一个浏览器中用的地址），用 HTTP 动词（GET、POST、DELETE、DETC）描述操作。用户使用这些操作就可以看作是 API 接口调用。

一般接口的返回值是 JSON 字符串，是一组用大括号描述的字段和数值集合。

用 HTTP Status Code 传递 Server 的状态信息。比如最常用的 200 表示成功，500 表示 Server 内部错误，403 表示 Bad Request 等。

那这种风格的接口有什么好处呢？前后端分离。前端拿到数据只负责展示和渲染，不对数据做任何处理。后端处理数据并以 JSON 格式传输出去，定义这样一套统一的接口，你完全不用考虑用户使用什么系统，无论在 web、ios、android 三端都可以用相同的 API 接口，是不是很牛？

7.3 微服务和单体优缺点对比分析

在实际开发中，需要考虑多种因素来决定采取哪种架构模式才适合当前业务发展情况需要。

毕竟微服务也不能"包治百病"，不要把它当作万能药。企业研发哪里得病了，觉得只要把"微服务"这副药给用上，就药到病除。哪有这么简单的事情。

微服务有它自身的特点、优缺点、适用范围等，并不能解决所有问题，所以它也有不适用的场景。

你需要综合考虑一些情况，比如：

● 业务所处发展阶段：判断是开始探索期、高速发展期还是成熟期。

- 业务的复杂度：业务访问量是多还是少；用户量是多还是少。
- 开发人员：开发人员素质是初级还是高级；开发人员的数量。
- 产品的形态：判断是 APP、web、小程序或是否三者都有。

下表（表 7 - 1）内容是对比微服务架构和单体架构的优缺点。其中：√代表优，×代表劣。

表 7 - 1　微服务与单体架构优劣对比

序号	对比项	微服务架构	单体架构	优劣对比
1	调用难度	API 接口调用	数据库共享或本地程序调用	API 都是远程调用，出问题情况更多，微服务：× 单体：√
2	系统设计 - 可扩展性	每个业务可以独立一个微服务，用 api 进行通信，可扩展性强	由于是一个单体应用，整个应用都在一起，耦合度高，可扩展性下降	微服务：√ 单体：×
3	系统设计 - 可维护性	每个团队独立负责一个或者几个微服务，业务复杂度降低，可维护性高	所有开发人员都在一个单体上进行开发，所以业务整合在一起，可维护性差	微服务：√ 单体：×
4	系统设计 - 高性能	一个微服务可能调用几个其他的微服务，网络通信变多，性能下降	在单体内进行通信，性能高	微服务：× 单体：√
5	业务开发复杂度	由于把单体拆分成多个微服务，业务复杂度也随着分解到多个服务中	在一个单体里，业务都糅合在一起，容易牵一发而动全身	微服务：√ 单体：×
6	开发效率	早期设计和沟通的工作量加大，随着项目规模和时间的推移，效率变化不大	早期工作量小，随着项目规模和时间的推移，效率大幅度下降	随着时间复杂度上升：微服务√，简单项目：单体√，复杂项目：微服务√
7	需求变更响应速度	各个微服务只负责自己的业务部分，独立变更，敏捷开发更好	单体变更，有可能牵一发而动全身，导致其他模块出事故	微服务：√ 单体：×
8	运维难度	大系统拆分成多个小系统，导致系统变多，服务一多，部署和运维难度就加大，所以需要 DevOps	由于是单体，运维相对来说简单	微服务：× 单体：√

现代化编程方法 》》》》》》
与地球物理开源软件实践 Modern programming techniques
and the practices for open source geophysical software

序号	对比项	微服务架构	单体架构	优劣对比
9	交付效率	拆分成多个小系统，小系统打包编译快，交付也随之变快。配合 DevOps 会更快	大单体比较大，编译打包慢，导致交付也慢	微服务：√ 单体：×
10	服务治理	服务变多，治理复杂	单体应用治理简单	微服务：× 单体：√
11	业务复用性	微服务更好	单体复用性差	微服务：√ 单体：×
12	代码复用性	可以用组件形式复用，微服务形式复用	一般是共享库形式复用	微服务：√ 单体：×
13	开发成本	前后期开发成本一样	前期开发成本低，后期业务复杂度上来成本变高	一个变化的过程，前期：单体√ 后期：微服务√
14	职责划分	由于每个微服务由独立团队负责，职责划分明确	开发人员都在一个单体上开发，功能交叉，职责模糊，容易产生甩锅行为	微服务：√ 单体：×
15	开发人数	由于划分为多个微服务，1 个或几个微服务由独立团队负责，开发人数会上升	人数增加没有微服务那么明显	微服务：× 单体：√
16	风险	由于划分为多个独立的微服务，风险被分担给各个服务，控制在各个小系统内	单体系统是一个整体，一个小错误可能导致整个系统不可用，千里大坝，溃于蚁穴	微服务：√ 单体：×
17	分布式开发情况	困难增加，比如分布式事务，分布式一致性，数据库拆分之后的联合查询	数据库拆分后的联合查询	微服务：× 单体：√
18	系统整体复杂度	整体复杂度变高，因为拆分微服务比较多	整体复杂度稍低	微服务：× 单体：√

从表中各项分析，可以看出，对于微服务和单体，各有优缺点。

业务简单项目：单体优势为开发效率、调用难度、服务治理、运维难度、开发成本。

比如刚开始展开业务，还不知道业务是否可行，需要验证业务模型时，可以用单体快速简单开发验证业务模型，跑通业务模型。

业务复杂项目：微服务的优势明显上升也明显增多，但是治理复杂度也随着上升。

7.4　什么场景下适合采用微服务

从上面的单体和微服务对比的优缺点分析来看，微服务架构也不是"包治百病"，它也有适用的场景。怎么判断这个适用场景？对照微服务和单体优缺点的对比表格，就可以判断当前项目是否适合微服务架构。这也是架构选型所要考虑的情况。

一个简单的应用会随着时间的推移逐渐变大。在每次的敏捷开发过程中，开发团队都会面对新的"事故"，然后开发许多新的代码。几年后，这个小而简单的应用会变成一个巨大的"怪物"。

面对这个巨大的"怪物"，开发团队必然会很痛苦。敏捷开发和部署将会举步维艰。面临的最根本的问题就是：这个应用太复杂了，以致任何单独的开发者都很难弄明白，从而使修正 Bug 和添加新的功能都变得异常艰难。

Martin Fowler 曾经说过："……除非你的系统复杂到难以管理，否则不要考虑采用微服务……"换句话说，相比其他因素，复杂性是采用微服务架构最关键的考虑因素。

微服务架构需要额外的开销，比如服务设计、服务通信、服务管理和系统资源的使用。采用微服务架构是有代价的，如果一个应用程序无法充分利用微服务的优势，那么采用微服务架构所付出的代价就有点太高了。

做个简单的比喻，当你们团队的业务发展越来越大、队伍不好带的时候，那只能进行任务拆分了。管理者不需要关心细节实现，简单将系统设计分成：前台、后台（现在还有中台的概念），前者用于处理页面渲染、用户请求；后者是处理业务逻辑的实现。

还有一种情况就是需求经常变更，这时候耦合在一起的软件体系"牵一发而动全身"。我见过一些复杂软件，管理员的说法是真不敢动啊，出错了都不知道应该算是谁的责任。对于微服务架构的软件系统，每个 API 接口的更新都是分布式的。不同的微服务版本有不同的接口文档，即使出问题也是局部性的，并不会影响整个系统运行。

微服务适用场景还会出现下面几种情况：

- 响应需求变慢，需求开发时间变长。
- 交付的效率变差，bug 越来越多。
- 业务复杂度变高，应用达到 3 个或 3 个以上，或者模块达到 5 个或以上。

- 团队人数变多，开发至少有 5 人，运维至少 2 人。

- 项目需要长期迭代维护，至少一年。

什么时候适合引入微服务的考量因素：

- 业务角度：

  ○ 业务需求开发是否经常延迟；

  ○ 产品交付是否能跟上业务发展；

  ○ 业务维护周期长；

  ○ 业务复杂度；

  ○ 业务量有多少。

- 研发质量：

  ○ 代码是否因为修改而经常出现 bug；

  ○ 代码臃肿庞大，变得越来越臃肿；

  ○ 响应需求变化时间变长；

  ○ 交付时间变长。

- 技术人员：

  ○ 有技术，有意愿；

  ○ 团队人数足够。

- 业务发展期：

  ○ 刚创立公司初期；

  ○ 高速发展期；

  ○ 成熟期。

　　微服务架构的案例如电商类的、微博类的、微信类、社交类的、支付类的、直播类的、游戏类、互联网类的、广告类到处都是。这背后反映了架构的拆分，本质上反映的是业务的一个拆分，业务的快速发展技术也一定要快速发展，技术架构快速迭代，才能去适应业务的快速发展，这是它的本质的特征。

　　总而言之，微服务用于解决应用的复杂性，它将应用分解为小的、互相连接的微服务。一个微服务一般完成某个特定的功能，且每个微服务都有自己的业务逻辑和适配器。一个微服务还会发布 API 给其他的微服务和应用客户端使用。微服务架构的每个服务都有自己的数据库，因此，这种服务模式也深刻地影响了应用和数据库之间的关系，这种思路也影响到了企业级的数据模式。

那回过头来，哪些系统不适合微服务呢？当然是那些不需要变更需求，功能很稳定的系统。还有就是对性能要求比较高的系统，比如股票软件。概括起来，以下这五种场景是不适合采用微服务的：①复杂性不足；②小团队，大工作；③小到无法拆分；④与遗留系统共舞；⑤紧密集成。

用一句话结语：科研产品和技术由于功能的升级和发展，是经常不断变更的，用了解点新技术，别让自己落伍，越早越好。

7.5 小结

本章主要介绍了微服务理念和 API 协同。阅读完本章节，我们可以了解到微服务和 API 是两种不同的东西。微服务是一种新的软件架构，倡导功能之间低耦合，相比于传统的单体开发方法，它能够更加快速敏捷地更改和开发新的应用程序。曾经是底层代码编程接口的 API，现如今发展成为了产品本身。通过 API 策略可以开放服务，或者通过组合和重构出不同的服务。API 的出现，弥合了微服务和传统系统之间的差距。本章还对比了微服务与单体开发之间的优缺点，以及适用和不适用采用微服务的场景。

现代化编程方法
与地球物理开源软件实践　Modern programming techniques
and the practices for open source geophysical software

第 8 章　Python 语言基础

Python 是极少数能够兼顾操作简单与功能强大的编程语言。相比其他语言，Python 程序的代码更简洁、更易阅读、更易调试和扩展。它可以帮你快速且毫不费力地完成诸多事情，使得编程充满了乐趣。Python 是一门优秀的语言，值得你去学习！本章小 G 旨在帮助你了解和学习这一美妙的编程语言。

8.1　Python 概述

Python 语言从诞生的那一刻起，便注定了它的不平凡。自 1991 年第一个 Python 解释器诞生以来，它已逐渐发展成为一门开放协同、合作共赢、资源共享、不断更新、应用广泛的现代化编程语言，下面我们简单回顾一下 Python 语言的历史、特点、应用领域和发展趋势。

8.1.1　Python 历史

1989 年，Python 语言由荷兰程序员吉多·范罗苏姆（Guido van Rossum）创立，该语言的特点是简洁、实用。

1991 年，第一个 Python 解释器诞生，它是用 C 语言实现的，能够调用 C 语言的库文件。

1994 年 1 月，Python 1.0 发布。

2000 年 10 月，Python 2.0 发布，加入了内存回收机制，构成了现在 Python 语言框架的基础。

2006 年 9 月，Python 2.5 发布。

2008 年 12 月，Python 3.0 发布。

2014 年 11 月，官方宣布 Python 2.x 将于 2020 年停用。

2015 年 9 月，Python 3.5 发布。

2016 年 12 月，Python 3.6 发布。

2018 年 6 月，Python 3.7 发布。

2019 年 10 月，Python 3.8 发布。

2020 年 1 月，Python 2.x 停止更新。

2020 年 10 月，Python 3.9 发布。

在 Python 的开发过程中，Python 科学社区起到了重要的作用。Guido 自认为自己不是全能型的程序员，所以他只负责制订框架。如果遇到太复杂的问题，他会选择绕过去。这些问题最终由社区中的其他人解决。社区中的人才是异常丰富的，有来自各行各业、形形色色充满激情的程序员（这些人中有年轻的大学生、干练的工程师，也有严谨的科学家）。开源以及合作共赢的理念让 Python 语言充满了活力。

8.1.2　Python 特点

Python 是一种面向对象、解释型的脚本语言，同时也是一种功能强大而完善的全场景编程语言。与其他编程语言相比，Python 具有一些明显的特点，概括如下：

1. 开源

Python 是 FLOSS（自由/开放源码软件）之一。你可以自由地发布这个软件的拷贝，阅读它的源代码，对它做改动，把它的一部分用于新的自由软件中。FLOSS 是一个基于团体分享知识的概念，这也是为什么 Python 会如此优秀的原因之一，它是由一群希望 Python 更加优秀的人创造并持续改进的。

2. 易于学习

Python 具有相对较少的关键字以及一个明确定义的语法体系，结构简单，学习起来更加简单。我们在开发 Python 程序时，往往专注的是解决问题，而不是搞明白语言本身。

3. 易于阅读

Python 采用强制缩进的方式使得代码层次清晰，功能明确，具有极佳的可读性。

4. 易于维护

Python 的源代码很容易维护。Python 的排布风格是固定的，程序员不按此格式编写，程序将没有办法运行。这就使得无论什么人编写的代码，都会有着统一的视觉感受，便于理解程序的结构，便于不同团队的程序员进行维护。

5. 丰富的库

Python 的最大优势之一是具有庞大而丰富的标准库。这些库是跨平台的，在 UNIX，Windows 和 Macintosh 下具有很好的兼容性。Python 标准库可以帮助用户处理各种工作，包

现代化编程方法 >>>>>>
与地球物理开源软件实践 Modern programming techniques
and the practices for open source geophysical software

括正则表达式、文档生成、单元测试、线程、数据库、网页浏览器、FTP、电子邮件、XML、HTML、WAV 文件、密码系统和其他与系统有关的操作。除了标准库以外，还有许多其他高质量的库，如 wxPython、Twisted 和 Python 的图像库等。

6. 互动模式

Python 除了有脚本模式外，还支持互动模式。在此模式下，用户可以从终端输入单行代码或者代码块，并立即获得运行结果，互动地测试和调试代码片断，方便而高效。

7. 可移植

由于 Python 开放源代码，它已经被移植在许多平台上。如果小心地避免使用某些依赖系统的特性，所有 Python 程序无需修改就可以在大部分主流平台上运行，包括：Linux、Windows、FreeBSD、Macintosh、Solaris、OS/2、AROS、AS/400、BeOS、Z/OS、Palm OS、QNX、PlayStation、Sharp Zaurus、Windows CE 等，甚至还有 PocketPC、Symbian 以及 Android 平台。

8. 可扩展

Python 具有高可扩展性，存在许多使用 C、C++ 和 Fortran 编写扩展的方法。如果用户需要一段运行很快的关键代码，或者是想要编写一些不愿意公开的算法，用户可以使用 C、C++ 或 Fortran 编写那部分程序，然后利用 Python 程序进行调用。

9. 数据库

Python 提供的数据库接口支持其使用非常多的数据库，包括目前所有的主要商业数据库，功能强大，使用简便。

10. GUI 编程

Python 提供了多个图形开发界面库，包括 Tkinter、wxPython 和 Jython 等。这些库允许程序员方便地创建完整、功能键全的 GUI 用户界面，并可以移植到许多系统中调用。

11. 可嵌入

Python 具有可嵌入性，你可以将 Python 嵌入到 C 或 C++ 程序中，让你的程序用户获得"脚本化"的能力。

8.1.3 Python 应用领域

Python 是开源的编程语言。它为我们提供了丰富而完善的基础代码库，覆盖了网络、文件、GUI、数据库、文本等大量内容。用 Python 开发，许多功能直接使用现成的即可。如今，Python 已经成为一门流行的编程语言，广泛应用于以下领域：

1．科学计算和大数据分析

随着 NumPy、SciPy、Matplotlib 等众多程序库的开发和完善，Python 越来越适合用来做科学计算和数据分析。它不仅支持各种数学运算，还可以绘制高质量的二维和三维图像。与科学计算领域最流行的商业软件 Matlab 相比，Python 比 Matlab 所采用的脚本语言的应用范围更广泛，可以处理更多类型的文件和数据。

2．云计算

构建云计算平台的 IasS（Infrastructure as a Service）（基础设施即服务）的 OpenStack 就是使用 Python 开发的，云计算的其他服务也都是在 IasS 服务之上的。

3．WEB 开发

随着 Python 的 Web 开发框架逐渐成熟，比如耳熟能详的 Django 和 flask，你可以快速地开发功能强大的 Web 应用。

4．人工智能

Python 在人工智能领域内的机器学习、神经网络、深度学习等方面都是主流的编程语言，得到广泛的支持和应用。最流行的神经网络框架如 Facebook 的 PyTorch 和 Google 的 TensorFlow 都采用了 Python 语言。

5．自动化运维

Python 是运维工程师首选的编程语言。在很多操作系统里，Python 是标准的系统组件。Python 编写的系统管理脚本在可读性、性能、代码重用度、扩展性几方面，往往都优于普通的 shell 脚本。

6．网络编程

Python 能方便快速地开发分布式应用程序。很多大规模软件开发计划，例如 BitTorrent 和 Google 都在广泛地使用它。

7．网络爬虫

网络爬虫的作用是从网络上自动获取有用的数据或信息，可以节省大量人工时间。Python 是编写网络爬虫的主流编程语言之一。

8．游戏开发

因为 Python 有很多的开源项目，很适合游戏开发新手学习开发一些简单的游戏。

目前最有竞争力的企业和单位，越来越热衷于使用 Python 语言。比如：美国国家航空航天局（NASA）大量使用 Python 进行数据分析和运算；美国国家科学基金会启动的"地球立方体"计划中，用于大数据处理的开源软件共享平台 Pangeo，是用 Python 开发的；美

现代化编程方法 >>>>>>
与地球物理开源软件实践 Modern programming techniques
and the practices for open source geophysical software

国中央情报局（CIA）网站是用 Python 开发的；Python 是 Google 的第三大开发语言（Google App Engine、code.Google.com、Google earth、谷歌爬虫、Google 广告等项目都在大量使用 Python 开发）；全球最大的视频网站 YouTube 是用 Python 开发的；美国最大的在线云存储网站 Dropbox，全部用 Python 实现，网站每天处理 10 亿个文件的上传和下载；美国最大的图片分享社交网站 Instagram，全部用 Python 开发；美国知名社交网站 Facebook，通过 Python 实现大量的基础库；世界上最流行的 Linux 操作系统 Redhat，其中的 yum 包管理工具是用 Python 开发的；国内的"豆瓣"公司几乎所有的业务都由 Python 开发。除此之外，还有知乎、搜狐、金山、腾讯、盛大、网易、百度、阿里、淘宝、土豆、新浪、果壳等公司都在使用 Python 完成各种各样的任务。

8.1.4　Python 发展趋势

Python 因为其开源、易读写、简洁等特点，赢得了广泛的群众基础，被无数程序员热烈追捧。

编程问答网站 Stackoverflow 的一项调查显示：在高收入国家，Python 格外受欢迎，在过去五年中，Python 的使用量出现了惊人的增长（年均增长率达到 27%）。该调查揭示，Python 是近年来增长最快的主流编程语言。

在未来的十年里，Python 还会继续有一个很好的发展趋势。据 TIOBE 官网专家预测，Python 可能在 3 到 4 年内取代 C 语言和 Java，成为世界上最流行的编程语言。

8.2　Python 使用方法

我们在上节中介绍了 Python 语言的基本概况，让大家对 Python 这门功能强大的语言有一个基本认识。本节我们将给大家介绍 Python 语言的使用方法，包括：Python 操作界面，Python 基础的入门语法和 Jupyter Notebook。通过本节的学习，大家就可以用 Python 编写简单的程序了。

8.2.1　Python 操作界面

一款优秀的编译器能够帮助你更轻松地编写 Python 程序，使你的编程之旅更加舒适。这些编译器支持语法高亮，能够通过对代码标以不同颜色来帮助你区分 Python 程序中的不同部分，从而能够让你更好地看清程序，并使程序的运行模式更加形象化。通过这些编译器，你可以将 Python 程序保存为文件，从而便于多次地运行和修改这些程序，实现你的编程目标。

如果你对编译器还没有概念，我们推荐你使用目前比较流行的 Python 编译器：Anaconda，Spyder（https：//pypi. python. org/pypi/spyder）（如图 8－1 所示）或者 Enthought Canopy（https：//www. enthought. com/products/epd/）。这两款编译器界面相似，都沿用了 MATLAB 的图形界面风格。Anaconda，Spyder 和 Enthought Canopy 的操作界面都采用"三窗口"模式，包括：（ⅰ）编辑器（Editor），（ⅱ）变量管理器（Object/Variable Explorer），（ⅲ）控制台（Console）。"编辑器"用于编写代码；"变量管理器"用于查看代码中定义的变量；"控制台"用于评估代码并且在任何时候都可以看到运行结果。在一个大显示器上，同时使用这三个窗口，你可以快速、高效地编写、调试和测试 Python 程序。

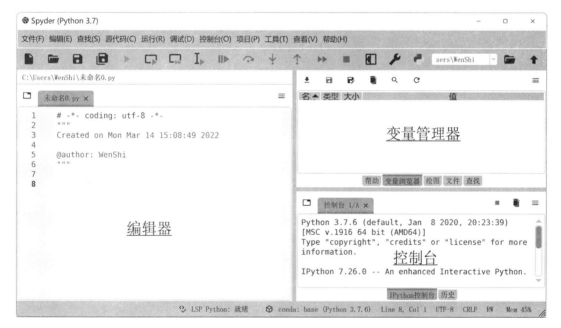

图 8－1　Anaconda 开发环境下的 Spyder 操作界面截图

左侧窗口为：编辑器（Editor）

右上窗口为：变量管理器（Object/Variable Explorer）

右下窗口为：带有图形输出的控制台（Console）

8.2.2　Python 语法入门

Python 的语法简单易学，但是却又和其他编程语言的语法有所不同，编写 Python 程序之前需要对其语法有所了解，才能编写出规范、高效的 Python 程序。本节我们将向大家介

现代化编程方法
与地球物理开源软件实践 Modern programming techniques
and the practices for open source geophysical software

绍 Python 语法中的基础知识、运算符与表达式、控制流、函数、模块和数据结构。

1. 基础知识

本小节将向大家介绍的 Python 语法基础知识包括：注释、代码缩进、保留字和标识符、代码编写规范、字面常量、数字、字符串、变量、数据类型、类和对象。

（1）注释。

注释是对代码的解释和说明，是为了别人、或者若干年后的你自己能看懂你曾经写过的程序而准备的笔记。Python 语言中，注释是存在于#号右侧的所有文字。注释的内容，不是写给电脑看的，所以编译器在编译时注释会被自动忽略。

举个例子：

```
1. print('hello world')  #函数 print 用于打印出'hello world'字样
```

或者：

```
2. #函数 print 用于打印出'hello world'字样
3. print('hello world')
```

你应该在你的程序中尽可能多地使用有用的注释，用于解释假设条件、解释重要的细节、说明程序想要解决的问题、标注说明容易产生歧义的代码块，等等。

（2）代码缩进。

Python 采用代码缩进量和冒号（:）区分代码之间的层次。对于类定义、函数定义、流程控制语句、异常处理语句等，行尾的冒号和下一行的缩进表示一个代码块的开始，而缩进结束则表示代码块结束。

比如：

```
1. if a > b:
2.    # 新块从这里开始
3.    print('a is larger than b.')  # 此行代码前需要缩进
4.    # 新块在这里结束
```

Python 对代码的缩进要求非常严格，同一级别代码块的缩进量必须相同，否则容易报错或产生歧义。

（3）保留字和标识符。

① 保留字。

保留字是 Python 语言中一些已经被赋予特定意义的单词（表 8 - 1）。编写程序时，不可以把这些保留字作为变量、函数、类、模块和其他对象的名称来使用。Python 中所有保留字都需要区分字母大小写。

表 8 - 1　Python 语言中的保留字

and	as	assert	break	class	continue
def	del	elif	else	except	finally
for	from	False	global	if	import
in	is	lambda	nonlocal	not	None
or	pass	raise	return	try	True
while	with	yield			

② 标识符。

标识符可以简单地理解为一个名字，用来标识变量、函数、类、模块和其他对象的名称。它由字母、下划线或数字组成，第一个字符不能是数字，也不能使用保留字作为标识符。和保留字类似，标识符也需要区分字母大小写。

（4）代码编写规范。

在编写 Python 程序时，有一个好的代码编写规范是很重要的。规范的代码有助于保证代码的一致性，减低维护成本，促进团队合作，减少 bug 处理，帮助程序员成长等。下面我们就给出几点有助于 Python 代码编写规范的建议：

① 添加合理的注释。一个好的、可读性强的程序一般包含 30% 以上的注释。

② 添加必要的空格与空行。运算符两侧建议使用空格分开，逗号建议在其后面添加一个空格，不同功能的代码块之间、不同的函数定义之间建议增加一个空行以提高可读性。

③ 区分字母大小写。

④ 导入模块时，建议每个 import 只导入一个模块。建议首先导入 Python 标准库模块，如：os、sys、re；然后导入第三方扩展库，如：numpy、scipy；最后导入自己定义和开发的本地模块。

⑤ 如果一行语句太长，可以在行尾加上 \ 来换行分成多行，但是更建议使用括号来包含多行内容。

现代化编程方法 >>>>>>
与地球物理开源软件实践 Modern programming techniques
and the practices for open source geophysical software

⑥软件应具有较强的可测试性，测试与开发齐头并进。

⑦适当使用异常处理结构提高程序容错性。

（5）字面常量。

字面常量是指其值不能被改变的量。在程序中，你用的就是它字面意义上的值或是内容，而非其他含义。比如：3、3.15 这样的数字，或"这是一个字符串（This is a string）"这样的文本，都是字面常量。

（6）数字。

数字主要分为两种类型：整数（int）与浮点数（float）。

整数是正整数、零、负整数的集合，比如：3、-3。

浮点数是小数点可以任意浮动的数字，比如：3.25、3.25E-4。

Python 语言中，没有单独的 long 类型，int 类型可以指任何大小的整数。

（7）字符串。

字符串（str）是字符的序列，是由数字、字母、下划线组成的一串字符。基本上，字符串就是一串词汇。

①单引号、双引号。

单引号可以用来指定字符串，例如'我是一个字符串'或'I am a string '。所有单引号内的空间，包括空格与制表符，都将按原样保留。

Python 语言中，单引号括起的字符串和双引号括起的字符串是一样的，它们不存在任何区别。

②三引号。

三个引号（'''或'''）可以用来指定多行字符串。你可以在三引号之间自由地使用单引号和双引号。

比如：

```
1.'''这是一段多行字符串。(这是它的第一行)
2. This is the second line.
3. "How is going? Jhon",I asked.
4. Jhon said "Going well"
5.'''
```

③转义序列。

转义序列是指编程语言中有特殊意义的符号标记。Python 中常用转义序列如下（见表 8 - 2）：

表 8 - 2　Python 中常用转义序列

转义字符	功能
\\	反斜杠（\）
\'	单引号（'）
\"	双引号（"）
\a	ASCII 响铃符（BEL）
\b	ASCII 退格符（BS）
\f	ASCII 进纸符（FF）
\n	ASCII 换行符（LF）
\r	ASCII 回车符（CR）
\t	ASCII 水平制表符（TAB）
\v	ASCII 垂直制表符（VT）

（8）变量。

变量是在程序执行过程中可改变其值的量。变量可以用来存储程序运行时用户输入的数据、特定运算的结果、或者要在窗体上显示的一段数据等。简而言之，变量是用于跟踪几乎所有类型信息的简单工具。在使用变量时，你需要为它命名，并通过这个变量名来访问它。

举个例子：

```
1. Message = 'Hello world!'   # Message 是一个变量
2. print(Message)
```

程序的输出结果是：

```
Hello world!
```

需要注意的是：①变量名只能包含字母、数字和下划线。②变量名第一个字符必须是字母表中的字母（大写 ASCII 字符或小写 ASCII 字符或 Unicode 字符）或下划线（_）。③变

现代化编程方法 >>>>>>
与地球物理开源软件实践 Modern programming techniques
and the practices for open source geophysical software

量名不能包含空格。④不要将 Python 关键字和函数名用作变量名。⑤变量名区分大小写。例如，eMessage 和 emessage 并不等同。要注意到前者是大写字母 M 而后者是小写字母 m。

（9）数据类型。

变量可以将各种形式的值保存为不同的数据类型（Data Type）。Python 语言基本的数据类型就是之前介绍过的数字与字符串。此外，我们还可以通过类（Class）来创建我们自己的类型（Type）。

（10）类（Class）与对象（Object）简介。

面向对象编程是效率最高的软件编写方法之一。Python 语言就是一种面向对象的编程语言，类（Class）和对象（Object）的使用是这类编程语言的主要特点。

一个类（Class）能够创建一种新的类型（Type），其中对象（Object）就是类的实例。可以这样类比：当我们创建一个变量 a，并给它赋值为整数 5 的时候，实际上我们是创建了一个 int 类型（类）的对象 a。你可以通过运行 help（int）来了解 int 类的更多信息。

一个类（Class）可以带有一些方法（Method）供我们使用，这些方法就是和这个类相关的一些函数。只有当你拥有一个属于该类的对象时，你才能使用这些函数的功能。

一个类（Class）同样也可以具有字段（Field）。字段其实就是一些变量，这些变量是为了实现这个类所提供的一些功能而量身打造的。只有当你拥有一个属于该类的对象时，你才能够使用这些变量或名称。字段也是通过点号（.）来访问。

类（Class）的使用案例：

```
1. class Person:
2.   def __init__(self,name):
3.       self.name = name
4.
5.   def say_hi(self):
6.       print('Hello,my name is',self.name)
7.
8. p = Person('Pascal')
9. p.say_hi()
10. # 前面两行同时也能写作
11. # Person('Pascal').say_hi()
```

输出：

```
Hello,my name is Pascal
```

案例代码的工作原理如下：

在本例中，我们创建了一个名叫 Person 的类。在这个类里面，我们定义了一个接受 name 参数（当然也接受 self 参数）的__init__方法（Method）。在这里，我们还创建了一个字段（Field），同样称为 name。尽管它们的名字都是 "name"，但它们是两个不相同的变量。这并不会造成互相干扰的问题，因为 self. name 中的点号意味着这个叫作 "name" 的东西是某个叫作 "self" 的对象的参数，而另一个 name 则是一个局部变量。

当我们在 Person 类下创建新的实例 p 时，我们采用的方法是先写下类的名称，后跟括在括号中的参数，形如：p = Person（'Pascal'）。

在实例 p 被创建后，我们使用了方法 say_hi。之后，方法 say_hi 又使用了方法__init__ 中的 self. name 字段。

2. 运算符与表达式

运算符用于执行程序代码的运算操作，会针对一个以上的操作数进行运算。例如：1 + 2，其运算符是 " + "，而操作数则是 1 和 2。Python 常用运算符见表 8 - 3。

表 8 - 3　　Python 中常用运算符速览

运算符	功能	实例
+ （加）	两个对象相加	2 + 5 输出 7。 'a' + 'c' 输出 'ac'
- （减）	从一个数中减去另一个数，如果第一个操作数不存在，则假定为零	60 - 14 输出 46 - 7.2 输出 - 7.2
* （乘）	两个数的乘积，或返回字符串重复指定次数后的结果	2 * 3 输出 6 'ha' * 3 输出 'hahaha'
** （乘方）	x ** y，代表 x 的 y 次方	2 ** 4 输出 16（即 2 * 2 * 2 * 2）
/ （除）	x/y，代表 x 除以 y	17/3 输出 5. 666666666666667
// （整除）	x 除以 y 并对结果向下取整至最接近的整数	17//3 输出 5 - 17//3 输出 - 6
% （取模）	返回除法运算后的余数	17% 3 输出 2 - 27.5 % 3.25 输出 1. 75

现代化编程方法 >>>>>>
与地球物理开源软件实践 Modern programming techniques
and the practices for open source geophysical software

续表

运算符	功能	实例
<<（左移）	将数字的位向左移动指定的位数（每个数字在内存中以二进制数表示，即 0 和 1）	2 << 2 输出 8（2 用二进制数表示为 10，向左移 2 位会得到 1000 这一结果，表示十进制中的 8）
>>（右移）	将数字的位向右移动指定的位数	11 >> 1 输出 5（11 在二进制中表示为 1011，右移一位后输出 101 这一结果，表示十进制中的 5）
&（按位与）	对数字进行按位与操作	7 & 3 输出 3
|（按位或）	对数字进行按位或操作	7 | 3 输出 7
^（按位异或）	对数字进行按位异或操作	7^3 输出 4
~（按位取反）	x 的按位取反结果为 -（x + 1）	~7 输出 -8
<（小于）	x < y，返回 x 是否小于 y（所有的比较运算符返回的结果均为 True 或 False）	7 < 3 输出 False 3 < 5 输出 True
>（大于）	x > y，返回 x 是否大于 y	7 > 3 输出 True
<=（小于等于）	x <= y，返回 x 是否小于或等于 y	x = 2；y = 7；x <= y 输出 True
>=（大于等于）	x >= y，返回 x 是否大于或等于 y	x = 4；y = 7；x >= y 输出 False
==（等于）	比较两个对象是否相等	x = 5；y = 5；x == y 输出 True x = 'our'；y = 'ouR'；x == y 输出 False x = 'our'；y = 'our'；x == y 输出 True
!=（不等于）	比较两个对象是否不相等	x = 3；y = 5；x != y 输出 True
not（布尔"非"）	not x，如果 x 是 True，则返回 False；如果 x 是 False，则返回 True	x = True；not x 输出 False
and（布尔"与"）	x and y，如果 x 是 False，则 x and y 返回 False，否则返回 y 的计算值	x = False；y = True；x and y 输出 False x = True；y = 3；x and y 输出 3
or（布尔"或"）	x and y，如果 x 是 True，则返回 True，否则它将返回 y 的计算值	x = Ture；y = False；x or y 输出 Ture x = False；y = 3；x or y 输出 3

　　表达式是由运算符、操作数和数字分组符号（括号）等组成的组合。例如：1 + 2、3 * (1 + 2) 就是简单的表达式。

　　Python 的数值运算和赋值可以由快捷方式实现：

　　"变量 = 变量 运算表达式"可简化成"变量 运算 = 表达式"。

比如：

```
1. a = 3
2. a = a * 5
```

可简化成：

```
1. a = 3
2. a * = 5
```

与其他编程语言类似，Python 中，运算是存在先后顺序的。下面给出 Python 运算符的优先级表，见表 8 - 4。

表 8 - 4　Python 运算符优先级排序

优先级	运算符及描述
由上至下，优先级逐渐降低	（）：括号
	**：求幂
	+x，-x，~x：正、负、按位取反
	*，/，//,%：乘、除、整除、取余
	+，-：加与减
	<<，>>：移动
	&：按位与
	^：按位异或
	|：按位或
	in, not in, is, is not, <, <=, >, >=,!=, ==：比较，包括成员资格测试（Membership Tests）和身份测试（Identity Tests）
	not x：布尔"非"
	and：布尔"与"
	or：布尔"或"

在上表第二列中，位列同一行的运算符具有相同的优先级。同一优先级的运算符，结合次序是由左至右，即从左向右依次运算。

3. 控制流

控制流就是控制代码执行的流程，它能使得整个程序运行有条不紊，顺利地按照一定

现代化编程方法 »»»»»
与地球物理开源软件实践 Modern programming techniques
and the practices for open source geophysical software

的方式执行。本小节主要给大家介绍 Python 常用的程序控制流语句：if、while 和 for 循环。

（1）if 语句。

if 语句是用来判定所给定的条件是否满足，根据判定的结果（真或假）决定执行给出的一种操作。如果条件为真（True），程序将运行一块语句（称作 if – block），否则程序将运行另一块语句（称作 else – block）。其中 else – block 是可选可不选的。

if 语句的使用案例：

```
5. number =18
6. age = int(input('Enter your age:'))
7.
8. if age >= number:
9.   # 新块从这里开始
10.   print('You can buy the wine.')
11.   # 新块在这里结束
12.
13. elif age < number:
14.   # 另一代码块
15.   print('Sorry,you cannot buy the wine.')
16.
17. print('Done')
18. #这最后一句语句将在
19. # if 语句执行完毕后执行。
```

在上述案例中，如果某人大于等于 18 岁（条件为真），他/她将被允许购买白酒（程序将运行 if – block）；如果他/她小于 18 岁（条件为假），他/她将不被允许购买白酒（程序将运行 else – block）。

（2）while 语句。

while 语句是一种基本循环语句。当满足条件时进入循环，重复执行某块语句；进入循环后，当条件不满足时，跳出循环。

while 语句的使用案例：

```
1. hat_price =100
2. expensive = True
3.
4. while expensive:
5.
6.   print(hat_price,'is too high,if you can bring down the price,
I will buy one?')
7.
8.   hat_price = hat_price -10
9.
10.  if hat_price <=60:
11.    expensive = False
12.    print('OK,',hat_price,'is a good price,I want to buy the
gray one.')
13.
14. print('Done')
```

输出：

```
100 is too high,if you can bring down the price,I will buy one?
90 is too high,if you can bring down the price,I will buy one?
80 is too high,if you can bring down the price,I will buy one?
70 is too high,if you can bring down the price,I will buy one?
OK,60 is a good price,I want to buy the gray one.
Done
```

在上述例子中，某人打算买顶帽子，正在和衣帽店老板还价，当价格大于 60 元时（即，满足条件 expensive = True 时），进入循环，重复执行还价语句（hat_price, 'is too high, if you can bring down the price, I will buy one?'），之后老板每次降价 10 元（hat_price = hat_price - 10）。当价格小于 60 元时（即不满足条件 expensive = True 时，此时，

现代化编程方法 >>>>>>
与地球物理开源软件实践 Modern programming techniques
and the practices for open source geophysical software

expensive = False)，程序跳出循环。最终他/她以 60 元的价格购得一顶灰色帽子。

（3）for 语句。

for... in 语句是另一种循环语句，它会在一系列对象上进行迭代（Iterates），换句话说，它会遍历序列中的每一个项目。

for 语句的使用案例：

```
1. for i in range(1,5):
2.    print(i)
3. print('The for loop is over')
```

输出：

```
1
2
3
4
The for loop is over
```

在上述例子中，我们通过 for... in 语句打印了一个数字序列。数字序列由 range（1，5）函数生成。for... in 语句遍历并打印了该数字序列中的每一个项目。

另外，请注意第二行 print 函数之前的空白区，这就是"缩进"。Python 对代码的缩进要求非常严格，同一级别代码块的缩进量必须一样，否则解释器会报错。

4. 函数

函数（Functions）是可重复使用的程序片段。Python 允许你为某个代码块赋予名字，你可以通过这个名字在你程序的任何地方调用并运行这个代码块，并可以重复调用任何次数。这个带有名字的代码块就是函数。它的名字就是该函数的函数名。Python 自身带有许多内置的函数，例如 len 和 range。

函数可以通过关键字 def 来定义：def 后跟一个函数名，再跟一对圆括号，圆括号中可以包括一些变量的名称，再以冒号结尾，结束这一行，完成定义。

举个例子：

```
1. def show_max(m,n):
2.   if m > n:
3.       print(m,'is maximum')
4.   elif m == n:
5.       print(m,'is equal to',n)
6.   else:
7.       print(n,'is maximum')
8. #调用函数
9. show_max(7,9)
```

在上述案例中，show_max 是函数名。m，n 是函数的参数。2 到 7 行是可以重复使用的代码块。第 9 行调用函数，并将 7 和 9 分别赋予参数 m，n。

5. 模块

在上一节已经了解到，为了避免重复编写实现同样功能的代码，我们可以在程序中定义一个函数。那么，如果你不仅想让自己写的某个程序可以多次重复利用自己定义的函数，还想让自己所编写的其他程序也可以重用这些函数，应该怎么办呢？这个时候，你可以利用模块（Modules）来达到这个目的。

编写模块有很多种方法，其中最简单的一种便是创建一个文件，这个文件的文件名以 .py 为后缀。在这个文件里，你可以包含任何你想让其他程序重复使用的变量和函数的定义。

另一种方法与所运行的 Python 的解释器相关。Python 是一种需要解释器来执行代码的语言，它可以拥有多种解释器，并且这些解释器是分别基于不同编程语言开发的。你可以使用编写 Python 解释器本身的编程语言来编写你自己的模块。举例来说，你可以使用 C 语言来撰写 Python 模块，并且在成功编译后，通过 Python 解释器在你的 Python 代码中使用这些模块。

为了在其他程序中使用一个模块，首先需要将此模块导入（import）到程序的代码当中，这样就可以使用此模块中已经定义好的变量或者函数了。除了你自己可以编写一些属于自己的模块以外，Python 本身也已经为你编写了一些模块（Python 标准库）以供使用。

首先，我们来了解一下如何使用标准库的模块。

```
1. import sys
2. print('The first three builtin module names are:')
3. for i in sys.builtin_module_names[0:3]:
4.     print(i)
5. print('\nThe PYTHONPATH is',sys.path,'\n')
```

输出：

```
The first three builtin module names are:
_abc
_ast
_bisect

The PYTHONPATH is['C:\Users\shiwen\Desktop',
'C:\ProgramData\Anaconda3\python37.zip',
'C:\ProgramData\Anaconda3\DLLs','C:\ProgramData\Anaconda3\lib',
'C:\ProgramData\Anaconda3','','C:\ProgramData\Anaconda3\lib\site-
packages','C:\ProgramData\Anaconda3\lib\site-packages\win32',
'C:\ProgramData\Anaconda3\lib\site-packages\win32\lib',
'C:\ProgramData\Anaconda3\lib\site-packages\Pythonwin',
'C:\\ProgramData\\Anaconda3\\lib\\site-packages\\IPython\\
extensions',
'C:\Users\shiwen\.ipython']
```

上面这个例子中是示例如何使用 Python 提供的 sys 模块里面功能。

首先，我们通过 import 语句将 sys 模块导入到你的代码中。这句代码的作用在于告诉 Python 我们想使用 sys 这个模块里面提供的功能。sys 模块包含了与 Python 解释器及其运行环境相关的功能，也就是所谓的系统相关的功能（system）。

当 Python 解释器运行 import sys 这一条语句时，它会自己去寻找 sys 模块所在的位置。由于 sys 是 Python 内置的模块（在安装 Python 的时候，它已经被安装在了你的电脑中），所以 Python 解释器自己知道去哪里找到这个模块，不需要我们担心。

如果它不是一个已经编译好的模块，即你自己用 Python 编写的模块，那么 Python 解释器将会尝试从一个目录清单中依次搜索这个模块。sys. path 变量的值就是这个目录清单。如果解释器在清单里面的某个文件夹下找到了对应的模块，则该模块中的语句就开始执行了。当模块中的语句执行完成后（即，初始化完成后），模块中定义的变量以及函数就可以使用了。需要注意的是，模块的初始化工作只需要执行一次即可，也就是在我们第一次导入模块的时候。

在上述的例子中，为了使用 sys 模块中的 builtin_module_names 变量，我们使用了点符号，也就是 sys. builtin_module_names。这里的点号很清晰地表明了这个变量是 sys 模块的一部分。用这样的方式访问 sys 模块的变量，还有另一个优点。那就是，如果在你自己编写的代码中，也有一个变量名为 builtin_module_names 的变量，那么这个 builtin_module_names 的变量不会和 sys. builtin_module_names 这个变量出现冲突。因为 builtin_module_names 前面的点说明了这个 builtin_module_names 是属于 sys 的变量，而不是你自己的那个 builtin_module_names。

sys. builtin_module_names 变量是一个存有多个字符串的列表（List）（列表将在后面的章节予以解释）。

至于 sys. path，它也是一个列表变量。在这个列表中，罗列了一些目录的路径。目录中的这些路径表示，当 Python 在引用一个模块时，可以尝试从那些目录中寻找这个模块。你可能观察到了，sys. path 的第一段字符串是空的——这一空字符串代表当前目录。它和其他目录路径（即，PYTHONPATH 环境变量）是一样的，也是 sys. path 列表中的一项。第一项的这个空字符串也意味着你可以直接导入程序启动时候所在目录下的模块。如果你没有打算把自己的模块放到当前目录下，你必须将你的模块放置在 sys. path 内所列出的其中一个目录中，Python 解释器才可以使用你的模块。

需要注意的是，这里的当前目录是指的程序启动时候的目录。你可以通过运行 import os;print(os. getcwd()) 来查看你的程序目前所处在的目录。

接下来，我们讨论一下如何编写你自己的模块。

编写你自己的模块很简单，这其实就是你一直在做的事情，因为每一个 Python 程序同时也是一个模块，你只需要保证它以 . py 为扩展名即可，下面的案例会作出清晰的解释。

案例（记住，保存为 mynewmodule. py）：

```
1. def say_hi():
2.   print('Hi,My name is Wen Shi.')
3. __version__ = '1.0'
```

这就是一个简单的模块。它与我们一般所使用的 Python 程序相比，其实并没有什么特殊的区别。我们接下来将看到如何在其他 Python 程序中使用这一模块。

请记住该模块应该与即将使用这个模块的程序在同一目录下，或者是放置在 sys. path 所列出的其中一个目录下。这样 Python 才可以正常找到这个模块的位置，并载入它。

另一个导入了 mynewmodule 的模块（保存为 mynewmodule_show. py）：

```
1. import mynewmodule
2. mynewmodule. say_hi()
3. print('Version',mynewmodule. _version_)
```

输出：

```
Hi,My name is Wen Shi.
Version 1.0
```

上面这个例子中，你会注意到我们使用了点号来访问模块中的成员（mynewmodule. say_hi() 和 mynewmodule. _version_）。这种方式可以使我们非常有效地对代码进行重复使用，并且这样的风格充满了"Pythonic"式的气息，所以我们没有必要不断地学习新的方式来完成同样的事情。

6. 数据结构

数据结构（Data Structures）是存储数据的结构。不同类型的数据结构是一系列用来存储数据的工具。在 Python 中，有四种内置的数据结构：列表（List）、元组（Tuple）、字典（Dictionary）和集合（Set）。

（1）列表（List）。

List 是一种用于保存一系列项目的数据结构。这里的项目指列表当中所存储的每一样东西（比如一个数字，一个字符串等等）。假设你有一张购物清单，上面存储了你需要购买的商品（和现实生活中唯一不同的是在购物清单上你可能为每件物品都单独列一行，而在 Python 的 list 中每件物品是由一个逗号隔开，而不是单独的一行）。同时，列表也是一种有序存储的数据结构。这里的有序是指列表不仅仅可以存储项目，它还可以记住每一个项目所在的位置。所以，你可以对特定位置的项目进行修改删除，或者将一些新的项目插入到你想让它去的位置。

在语法上，一个完整的列表应该用方括号括起来，这样 Python 才能理解到你正在创建一个列表。一旦你创建了一张列表，你可以添加、移除或检索列表中的项目。因为在创建了这个列表之后，我们还可以添加或删除其中的项目。所以，我们说列表是一种可变的（Mutable）数据类型。

list 本身是一种类，这个类中提供的一种方法为 append。此函数提供的功能就是，你可以向列表的末尾添加一个项目。假设你有一个 list 类的对象，它的名字是 mylist。如果你想向这个列表的末尾添加一个字符串，可以这样做 mylist. append('an item')。在这里，我们用点号（.）调用了属于这个对象（mylist）的函数 append。

一个类（Class）同样也可以具有字段（Field），字段其实就是一些变量，这些变量是为了实现这个类所提供的一些功能而量身打造的。只有当你拥有一个属于该类的对象时，你才能够使用这些变量或名称。字段也是通过点号（.）来访问的，例如 mylist. field。

举个例子：

```
1. mylist =['passport','ticket','laptop']
2.
3. print('I have',len(mylist),'items to prepare.')
4.
5. print('These items are:',end = '')
6. for item in mylist:
7.    print(item,end = '')
8.
9. print('\nI also have to prepare my jacket.')
10. mylist. append('jacket')
11. print('My list is now',mylist)
12.
13. print('I will sort my list now')
```

现代化编程方法 >>>>>>
与地球物理开源软件实践 Modern programming techniques
and the practices for open source geophysical software

```
14. mylist.sort()
15. print('Sorted list is',mylist)
16.
17. print('The first item I will prepare is',mylist[0])
18. olditem = mylist[0]
19. del mylist[0]
20. print('I prepared the',olditem)
21. print('My list is now',mylist)
```

输出：

```
I have 3 items to prepare.
These items are:passport ticket laptop
I also have to prepare my jacket.
My list is now['passport','ticket','laptop','jacket']
I will sort my list now
Sorted list is['jacket','laptop','passport','ticket']
The first item I will prepare is jacket
I prepared the jacket
My list is now['laptop','passport','ticket']
```

上面这个例子中，我们定义变量 mylist 是一份某人要出差开会时需要准备物件的清单。在 mylist 中，我们存储了一些字符串，用这些字符串来代表需要准备的物品名称。不过，你其实可以向列表中添加任何类型的对象。比如，数字和其他的列表（也就是列表中可以再存储列表）。

我们还使用 for... in 循环来遍历并且打印出列表中的每一个项目。在打印每个项目的时候，我们给 print 函数额外输入了一个参数，那就是 end。在输出完一个项目时，我们用 end 在它的末尾添加一个空格。如果我们不这样指定，那么这个函数会使用它的默认设定：在每一项的末尾添加一个换行。

接下来，按照我们之前讨论的，通过列表对象的 append 方法，往列表中添加一个对象，表示新的需要准备的项目。然后，打印出新的列表，检查我们是不是已经成功地把新的项目加入到这个列表中了。

接着，我们使用 sort 方法对列表中的项目进行排序。使用这个方法会影响到列表本身，它会直接改变这个列表内部的存储顺序，并不会返回任何结果。可以看出，列表是可变的（Mutable）。

随后，当我们已经准备好某件物品时，我们需要从列表中移除它，这个删除操作可以通过使用 del 语句来完成，只需要在 del 语句后面写上我们想删除的项目。

想了解更多列表的使用方法，可以通过 help（list）查看更多细节。

（2）元组（Tuple）。

元组（Tuple）也可以将多个对象保存到一起。你可以将它近似地看作列表，但是区别在于，元组所能提供的功能是有限的，它没有列表提供的功能多。元组的一大特征类似于字符串，它们是不可变的，也就是说，你不能编辑或更改元组里面的内容。

在定义一个元组时，项目与项目之间是用逗号隔开的。你也可以给这个元组最左边和最右边分别添加左右括号（不过是否加括号是可选的）。

由于元组内的数值是不会改变的，所以它通常被用在下面这种情况：当你编写一个语句或者自己定义的一个函数的时候，你希望可以确保某些数据在程序运行时不会发生改变（即元组中所存储的项目不会被改变）。

举个例子：

```
1. shoplist = ('cake','apple','orange')
2. print('Number of items purchased is',len(shoplist))
3.
4. fridge = 'milk','eggs',shoplist
5. print('Number of items in the fridge is',len(fridge))
6. print('All items in the fridge are',fridge)
7. print('New items bought from shop are',fridge[2])
8. print('Last item bought from shop is',fridge[2][2])
9. print('Number of items in the fridge is',
10.   len(fridge) -1 +len(fridge[2]))
```

输出：

```
Number of items purchased is 3
Number of items in the fridge is 3
All items in the fridge are('milk','eggs',('cake','apple','orange'))
New items bought from shop are('cake','apple','orange')
Last item bought from shop is orange
Number of items in the fridge is 5
```

在上述案例中，变量 shoplist 是一个包含一些项目的元组，可以通过 len 函数来获取元组的长度。

现在，我们需要将新买的东西放入冰箱 fridge 中。因此，fridge 这一元组不仅包含了一些已经拥有的食物，还包括了新买的东西（在购物单上的东西）。在这里需要注意的是，在这个元组（fridge）里面，其中一项就是 shoplist 所对应的元组，即元组之中存储着另一个元组。

我们访问元组中的项目，可以像访问列表中的项目那样。我们可以通过在方括号中指定项目的位置来访问元组中的项目。这种方括号的形式被称为索引（Indexing）运算符。我们通过指定 fridge[2] 来指定 fridge 中的第三个项目，我们也可以通过指定 fridge[2][2] 来指定 fridge 元组中第三个项目中的第三个子项目。

（3）字典（Dictionary）。

字典就像一本地址簿，如果你知道了某人的姓名，你就可以在这里找到他/她的地址或更详细的联系信息。Python 中的字典也是用类似的方式运行的，我们在往字典里面存储信息的时候，会存入一个数据对、键值（Keys）（即类似于地址簿中人的姓名）和值（Values）（即地址簿中与这个人相对应的更详细的信息）。在这里要注意的是，一个字典里面的每一个键值必须是唯一的，不能出现重复。正如在现实中那样，如果两个人完全同名，没有办法正确地找出有关他们的信息。

另外，你只能使用不可变的对象（如字符串）作为字典的键值（Keys）。不过，你可以使用可变或不可变的对象作为字典的值（Values）。

你可以用这样语句来创建一个字典：d = {key：value1，key2：value2}。在这里，成对的键值与值之间是使用冒号分隔的，而每一对键值与值则使用逗号进行区分。最后，它们由一对花括号括起来。

我们创建的字典对象，实际上是属于 dict 类的一个实例。

举个例子：

```
1. AddressBook = {
2. 'Lucy' : 'Lucy@gmail.com',
3. 'Nusu' : 'Nusu@gmail.com',
4. 'Gray' : 'Gray@ruby-lang.org',
5. 'Wendy' : 'Wendy@hotmail.com'
6. }
7.
8. print("Lucy's email is",AddressBook['Lucy'])
9.
10. # 删除一对键值—值配对
11. del AddressBook['Wendy']
12.
13. print('\nWe have {} contacts in the address-book\n'.format(len
(AddressBook)))
14.
15. for name,email in AddressBook.items():
16.    print('Contact {} at {}'.format(name,email))
17.
18. # 添加一对键值—值配对
19. AddressBook['Wen'] = 'WenShi@gmail.com'
20.
21. if 'Wen' in AddressBook:
22.    print("\nWen's email is",AddressBook['Wen'])
```

输出：

```
Lucy's email is Lucy@gmail.com


We have 3 contacts in the address-book


Contact Lucy at Lucy@gmail.com
Contact Nusu at Nusu@gmail.com
Contact Gray at Gray@ruby-lang.org


Wen's email is WenShi@gmail.com
```

在上述案例中，我们首先使用了之前介绍的语句创建了一个字典 AddressBook。然后我们通过使用索引运算符访问了键值'Lucy'相对应的值。

我们还可以通过 del 语句，删除某一对键值与值。你只需在 del 后面指明想对哪一个字典进行操作，同时，把想要删除项目的键值放到索引运算符（方括号）中就可以了。在删除字典中某一对键值与值的时候，只需要知道键值（Keys）就可以把与其对应的值（Values）一并删掉。

接着，我们展示了如何访问存在字典里面的信息。在这里我们需要使用到字典的 item 方法。这个方法将会返回一个列表，列表中的每一个项目都是一个元组。其中，每一个元组包含两个项目（键值及其对应的值）。在我们的例子中，通过 for...in 循环把每一个元组提取了出来，并且把键值和其对应的值分别赋值给了 name 和 email 变量，并把它们打印了出来。

假如你想向现有的字典里面添加一些新的信息，我们只需要把新信息的键值放到索引运算符里面，然后在等号右边写上相应的值。案例中，我们添加了'Wen'的相关信息。

想了解更多关于 dict 的信息，请运行 help（dict）。

（4）集合（Set）。

一个集合（Set）也可以存储一系列简单的对象。与前面所介绍的列表有所不同。集合是一种无序存储的数据结构。这里的无序是指集合在存储项目的时候，它没有记住每一个项目在进入集合时候的顺序是什么。所以，当你只关心要把一个项目存储起来，或者判断将要存储的项目有没有已经存在于某个数据结构中，而不关心它是什么时候在里面或者在里面出现过多少次的时候，可以考虑使用集合。

通过使用集合，你可以检查某个对象有没有在里面已经存在了，也可以检查一个集合是不是另一个集合的子集，或者找到两个不同集合之间的交集等等。

案例：

输入 1：

```
1.lunch = set(['rice','beef','soup'])
2.'rice' in lunch
```

输出 1：

```
True
```

输入 2：

```
1.lunch = set(['rice','beef','soup'])
2.'wine' in lunch
```

输出 2：

```
False
```

输入 3：

```
1.lunch = set(['rice','beef','soup'])
2.lunch2 = lunch.copy()
3.lunch2.add('cauliflower')
4.lunch2.issuperset(lunch)
```

输出 3：

```
True
```

输入 4：

```
1. lunch = set(['rice','beef','soup'])
2. lunch2 = lunch.copy()
3. lunch2.add('cauliflower')
4. lunch.remove('rice')
5. lunch & lunch2
```

输出 4：

```
{'beef','soup'}
```

如果你还记得在数学课上学到的关于集合的知识的话，那应该会很快明白这些例子。如果你不记得这些知识了，可以谷歌搜索一下"set theory"和"Venn diagram"来更好地帮助你理解在 Python 中怎么运用集合。

8.2.3　Python 和 Jupyter Notebook

通过 Jupyter Notebook 工具，我们可以在本机上连接远端的高性能计算机，并利用此高性能计算机运行计算量较大的 Python 程序，节约计算时间，见图 8-2。

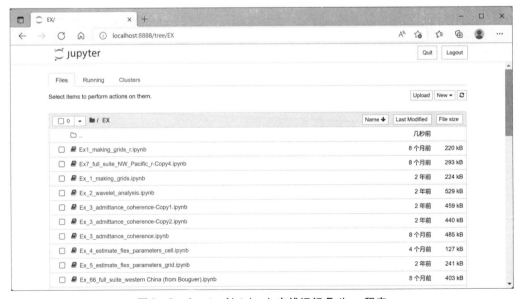

图 8-2　Jupyter Notebook 在线运行 Python 程序

8.3　Python 中的科学栈

科学栈（Scientific Stack）由一系列重要的库集合而成。Python 语言除了开发源码、易于阅读和编写外，更重要的在于其背后有着强大的科学栈支撑，这就是为什么它可以代替 Matlab 或者 R 等领域专用语言和工具集的原因所在。当今的许多科技领域，通过第三方的 Python 包，几乎可以提供给不同类型用户任何所需要的功能。常用的科学栈包括：

（1）NumPy，提供多维数组对象，实现同构或者异构数据的存储；提供操作这一数组对象的优化函数和方法。

（2）SciPy，它是一组子库和函数，实现科学数据分析中常用到的重要标准数值函数功能。如三次样条插值和数值积分的函数。

（3）Matplotlib，它提供了功能强大的绘图和可视化库，可以实现丰富的二维和三维可视化功能。

（4）PyTables，它是当今十分流行的 HDF5 数据存储的封装器，实现了基于层次数据库和文件格式的优化磁盘 I/O 操作。

（5）Pandas，其在 NumPy 基础上构建，提供更加丰富的时间序列和表格数据管理及分析类；并在绘图方面与 Matplotlib 库、在数据存储和读取方面与 PyTables 紧密结合。

8.4　小结

本章概述了 Python 语言的历史和发展趋势、简单介绍了 Python 的使用方法。通过这一章的学习，希望你能够了解并简单地使用 Python 这一美妙的编程语言！

本章在写作过程中参考了 Swaroop C H 编写的《A Byte of Python》和漠伦的译本《简明 Python 教程》。如果你想了解更多 Python 的知识，可查阅英文原版书。

第 9 章   Python 中的可视化

鉴于人脑处理信息的方式，我们绝大部分人通过图表或图形获取信息要比直接查看数字表格或描述数据的文字来得容易。数据可视化技术就可以使繁杂的数据变得一目了然，易于理解，有助于我们快速、轻松地获取和分析各类信息。在这一节中，我们将介绍 Python 语言中功能强大的数据可视化工具包，包括：Matplotlib、Seaborn 等，并展示如何使用这些工具包绘制各种图表和图形。

9.1　Matplotlib 基础

Matplotlib 是 Python 中一个用于绘制图表的库（library）。这个库是开源的，我们可以免费使用。一般情况下，我们通常使用 Matplotlib 中的子模块 Pyplot 来满足我们的画图需求。因此，本小节将着重介绍如何使用 Pyplot 这个工具来画图。

下面快速展示一个例子来说明如何使用 pyplot 画折线图。首先，我们先用如下代码将 pyplot 这个模块载入进来，并且给他起一个比较简短的别名 plt。当然，你也可以给它起别的别名，但是目前业内比较流行的别名是使用 plt。

```
1. import matplotlib.pyplot as plt
```

当这个子模块加载成功后，我们就可以开始画图了。假设现在我们有四个数字，[1，2，3，4]。我们直接把这个 4 个数字传达给 pyplot 的画图函数 plot，并且通过 show 函数把这个图展示出来，即：

```
1. plt.plot([1,2,3,4])
2. plt.show()
```

那么我们会得到图 9 - 1，可见输入到 plot 函数的 4 个数字被连成了一条直线。为了让

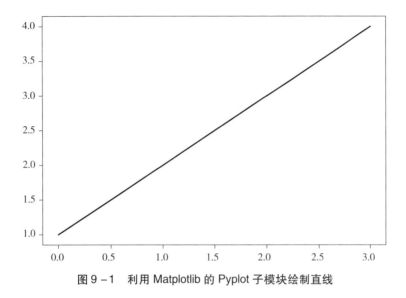

图 9 – 1   利用 Matplotlib 的 Pyplot 子模块绘制直线

这幅直线图更清晰易懂，我们可以为 y 轴加上标签（如图 9 – 2 所示），标明 y 轴数字的具体含义，代码如下：

```
1.plt.plot([1,2,3,4])
2.plt.ylabel('一些数字')
3.plt.show()
```

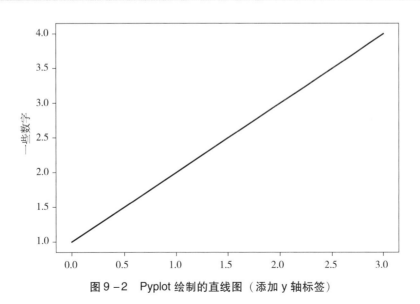

图 9 – 2   Pyplot 绘制的直线图（添加 y 轴标签）

现代化编程方法 >>>>>>
与地球物理开源软件实践 Modern programming techniques
and the practices for open source geophysical software

你可能会感到好奇，为什么这幅图 x 轴上的数字范围是 0 到 3，y 轴上的数字范围是 1 到 4。因为如果你给 plot 函数提供一个列表 list 或者数组 array 的数字，Matplotlib 会自动假设你提供的这些数字要放到 y 轴上。而 Matplotlib 会自动为你生成一组数字放到 x 轴上面。在 Python 中，数字是从 0 开始数的，所以 Matplotlib 为你自动生成的 x 轴上面的数字也会从 0 开始。同时，x 轴上面生成数字的长度和 y 轴上数字的长度会保持一致。所以 x 轴上自动生成的数据为 [0, 1, 2, 3]。当 x 轴和 y 轴的数据都有了之后，我们就得到了二维空间的 4 个点，Matplotlib 便会自动将这 4 个点用直线连接起来。

其实，plot 是一个很通用的函数，因为你不仅可以给它提供一组数字作为这个函数的输入，你还可以给它多种多个输入。举个例子，如果你有 x 轴和 y 轴上的数据需要显示，可以利用如下代码进行绘图，代码如下：

```
1.plt.plot([1,2,3,4],[1,16,81,256])
```

执行结果如图 9 - 3 所示。

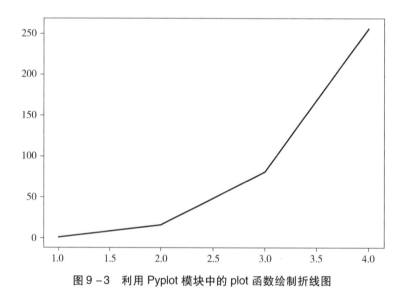

图 9 - 3　利用 Pyplot 模块中的 plot 函数绘制折线图

除了能够显示数据之外，Matplotlib 库还可以格式化图表的风格，使数据显示得更加地美观。在上一个简单的例子中，我们为 plot 函数提供了 x 轴上面的 4 个数字和 y 轴上面的 4 个数字，plot 自动把这 4 个二维空间的点用直线连了起来。其实，在 plot 函数中，除了提供我们想展示的数字，还有一个参数可以使用。这个参数可以用来控制图表的一些格式，例如图表中线的颜色和类型等等。使用这个参数的方法和 MATLAB 是一样的。你只需要把想使用的颜色和线的风格拼成一个字符串提供给 plot 函数就可以了。如果我们不刻意给 plot 函数指定这个参数的值，那么 plot 函数画出来的图默认的风格是'b－'。它的意思是说：画出来的颜色是蓝色的（blue，b），并且线是一条实心的直线（'－'）。我们再举一个例子，如果你想在展示数字的时候使用红色的星号，你可以这样写：

```
1. plt.plot([1,2,3,4],[1,16,81,256],'r*')
2. plt.show()
```

执行结果如图 9 - 4 所示。

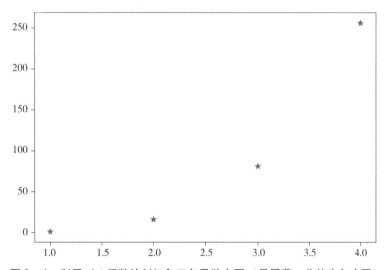

图 9 - 4　利用 plot 函数绘制红色五角星散点图（见屏幕，此处为灰度图）

其中'r'的意思是红色（red），'＊'代表实心五角星。如果你想查看更多的展示风格和格式上的参数设置，可以查看 plot 的官方文档（"https：//matplotlib. org/stable/api/_as_gen/matplotlib. pyplot. plot. html#matplotlib. pyplot. plot"）。

在这里我们介绍另一个使用 plot 的小技巧。我们可以看出来，在上图中 x 和 y 轴显示的范围是自动生成的，x 和 y 轴范围分别接近于 1 到 4 和 1 到 256。如果你想指定显示的范围，我们可以使用 axis 来实现。

现代化编程方法 》》》》》》
与地球物理开源软件实践 Modern programming techniques
and the practices for open source geophysical software

```
1. plt.plot([1,2,3,4],[1,16,81,256],'r* ')
2. plt.axis([0,6,-100,400])
3. plt.show()
```

在 axis 函数中，我们传入了一个 list，在这个 list 中，每个位置的数字代表的含义分别是：[x 轴最小的数字，x 轴最大的数字，y 轴最小的数字，y 轴最大的数字]。当运行完这段代码之后，可以得到（图 9 - 5）：

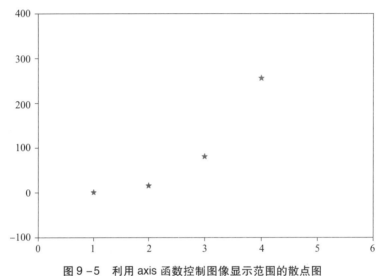

图 9 - 5　利用 axis 函数控制图像显示范围的散点图

其实，我们不仅可以在 Matplotlib 中使用 list，我们还可以使用 Numpy 中的数组作为 Matplotlib 模块中函数的输入。实际上，前面我们使用的 python list 的输入在传入 Matplotlib 的函数中时，已经在内部被转换成了 Numpy 的数组 array 类型了。

在下面这个例子中，我们展示了如何在同一个图上绘画不同风格的线，同时我们也使用了 Numpy 中 array 类型的数据作为输入：

```
1. import numpy as np
2.
3. # evenly sampled time at 200ms intervals
4. t = np.arange(0.,5.,0.2)
```

```
5.
6.plt.plot(t,t,'b--',t,2* t,'rs',t,t* * 2,'g^')
7.plt.show()
```

执行结果如图 9 - 6 所示。

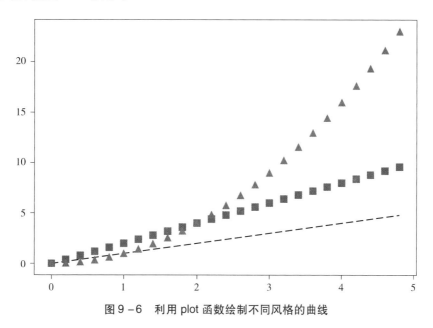

图 9 - 6 利用 plot 函数绘制不同风格的曲线

现在我们解释一下上面的代码是如何运行的。我们首先使用import 命令把 Numpy 工具包载入进来,然后给它起了别名 np。然后为了演示,我们使用 Numpy 的 arange 命令随机产生了一组数据。在产生这组数据的时候,从 0 开始产生,以 0.2 为步长逐渐递增。并且生成的数据不能大于5.0。我们把生成的这组数据存入变量 t 中。生成的具体数据如下:

```
array([0.,0.2,0.4,0.6,0.8,1.,1.2,1.4,1.6,1.8,2.,2.2,2.4,2.6,2.8,
3.,3.2,3.4,3.6,3.8,4.,4.2,4.4,4.6,4.8])
```

9.1.1 使用关键字字符串绘图

如果你使用过其他的一些 Python 工具包,你可能还记得你可以把一些数据存入到特殊的变量中。并且,可以通过字符串去访问这些变量中的更具有针对性的数据。例如

现代化编程方法 >>>>>>
与地球物理开源软件实践 Modern programming techniques
and the practices for open source geophysical software

numpy. recarray 或者 pandas. DataFrame。

Matplotlib 也是可以处理这些变量的。如果你为 Matplotlib 提供了这些变量，你就可以根据字符串来可视化你想展示的数据了。这里，我们还是用代码来展示一个例子：

```
1. data = {'a':np.arange(60),
2.        'c':np.random.randint(0,50,60),
3.        'd':np.random.randn(60)}
4. data['b'] = data['a'] +10* np.random.randn(60)
5. data['d'] = np.abs(data['d'])* 120
6.
7. plt.scatter('a','b',c = 'c',s = 'd',data = data)
8. plt.xlabel('入口 a')
9. plt.ylabel('入口 b')
10. plt.show()
```

运行结果如图 9-7 所示：

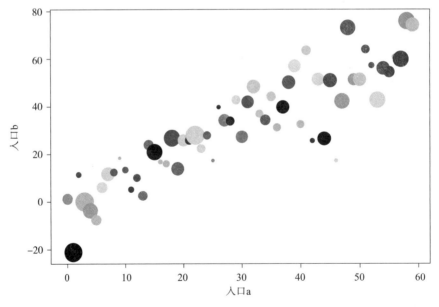

图 9-7　Matplotlib 使用关键字字符串绘制散点图

在上述代码中，我们先随机生成了一些数据放到了 data 这个变量当中，你可以把 data

这个变量想象成一个大表格，并且这个表格存放了 60 条数据。同时，这个表格有 4 列内容。每一列的名字分别叫作：a，b，c，d。在 a 这一列中，存放的是从 0 到 59 一共 60 个整数。在 c 这一列中，存放的是随机生成的 60 个整数。这 60 个整数所在的范围在 0 到 49 之间。在 d 这一列中，存放的是 60 个小数。这些小数是从标准正态分布中随机采样生成的。为了随机生成 60 个数放到 b 这一列中，我们先随机从标准正态分布中生成了 60 个小数，然后将它们乘以 10，然后再将得到的结果加上 a 列的数字。最后，我们把 d 这一列的数据做一个小变动。我们先对 d 列中的数据取绝对值，然后将这些绝对值的结果乘以 120。

在构建完数据之后，我们用 plot 的 scatter 函数来绘制一个散点图（如图 9 - 7 所示）。在代码中，'a' 和 'b' 分别表示我们使用 data 变量中 a 和 b 这两列的数据，它们分别代表数据在图中 x 轴和 y 轴上的值。我们把 data 中 c 这一列数据传入参数 c 中，表示每个数据点采用不同的颜色；把 data 中 d 这一列的数据传入参数 s 中来控制每个数据点实心圆圈尺寸的大小。

9.1.2 绘制分类图

我们也可以使用 Matplotlib 来绘制分类（Categorical）变量。Matplotlib 是允许我们直接将分类变量传入到一些绘图函数的。举个例子：

```
1. names =['第一组','第二组','第三组']
2. values =[10,200,1000]
3.
4. plt. figure(figsize =(12,4))
5.
6. plt. subplot(131)
7. plt. bar(names,values)
8.
9. plt. subplot(132)
10. plt. scatter(names,values)
11.
12. plt. subplot(133)
13. plt. plot(names,values)
```

现代化编程方法 >>>>>>
与地球物理开源软件实践 Modern programming techniques
and the practices for open source geophysical software

```
14.
15. plt.suptitle('分类绘图')
16. plt.show()
```

执行结果如图 9-8 所示。

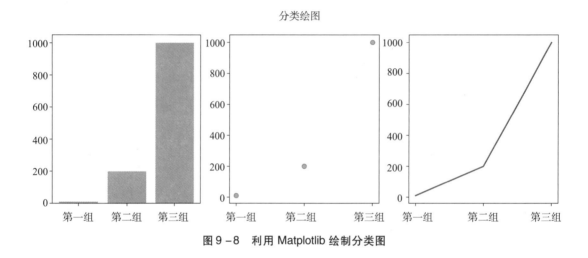

图 9-8　利用 Matplotlib 绘制分类图

在这个例子中，我们有三个类别，group_1，group_2 和 group_3，每个类别我们有一个数值 10，200 和 1000。然后我们开始绘图。首先，我们设定要绘制的图件的尺寸为 1200 乘以 400 像素，就好像我们取出来一张空白的画纸。然后我们在画纸上相应的位置填上我们要绘制的三幅图：柱状图，散点图和折线图。绘制这三幅图的函数分别是 plt. bar，plt. scatter 和 plt. plot。这些函数的输入为类别的名称 names 以及每个类别对应的值 values。在上面的代码中，plt. subplot 函数指定了图件的总体结构及子图的摆放位置。比如上述代码中 plt. subplot(131) 代表，我们把这张画纸分成了 1 行 3 列，并且在第 1 个位置上摆放柱状图。类似地，我们通过 plt. subplot(132) 在这张 1 行 3 列的画纸的第 2 个位置摆放散点图；以及我们通过 plt. subplot(133) 在这张画纸的第 3 个位置绘制折线图。

9.1.3　控制图中线的属性

我们在绘图中绘画的直线其实有很多可以自定义设置的属性，比如线的粗细，展示的风格等等。你可以通过 Matplotlib 提供的官方用户指南（https://matplotlib. org/stable/users/index. html），查看 matplotlib. lines. Line2D，获得更多设置这些属性的方法。下面介绍几个具体的例子。

方法 1：通过函数中的关键字设置线条属性

在下面的例子中，我们通过设置 linewidth 参数来控制线的粗细。在 plot 函数中给 linewidth 参数赋予对应的值，就可以调整线条的粗细了。

```
1.x =[1,2,3,4]
2.y =[1,4,9,16]
3.plt.plot(x,y,linewidth =5.0)
4.plt.show()
```

执行结果如图 9 - 9 所示。

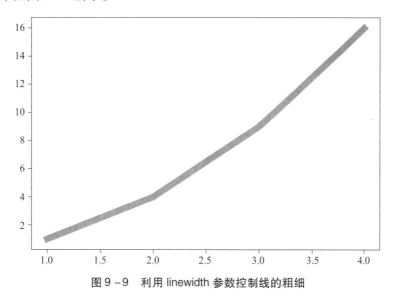

图 9 - 9 利用 linewidth 参数控制线的粗细

方法 2：通过执行 plot 函数返回的 Line2D 实例来控制线条的样式

其实执行 plot 函数时是有返回值的，这些返回值中包括我们所画的直线。通过这个返回值我们可以直接控制线的样式。例如，在下面这个例子中，我们通过 plot 的返回值将线条粗细设置为 5，并将透明度设为 0.5。

```
1.x =[1,2,3,4]
2.y =[1,4,9,16]
3.line, =plt.plot(x,y,'-')
```

现代化编程方法 ▷▷▷▷▷▷
与地球物理开源软件实践 Modern programming techniques
and the practices for open source geophysical software

```
4. line.set_linewidth(5)# set line width to 5
5. line.set_alpha(0.5)# set transparency
```

执行结果如图 9 - 10 所示。

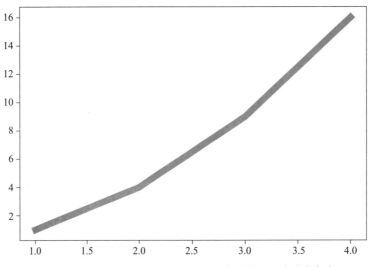

图 9 - 10   通过 Line2D 实例关闭反锯齿功能和设定线条颜色

方法 3：通过 plt 的 setp 函数来控制线条的样式

```
1. x1 = [1,2,3,4]
2. y1 = [1,4,9,16]
3. x2 = [1,2,3,4]
4. y2 = [2,3,6,8]
5. lines = plt.plot(x1,y1,x2,y2)
6. # use keyword args
7. L1,L2 = lines
8. plt.setp(L1,color = 'r',linewidth = 2.0)
9. # or MATLAB style string value pairs
10. plt.setp(L2,'color','b','linewidth',2.0)
```

在这个例子中，我们使用 plot 画了两条线（图 9 - 11），所以 plot 这个函数的返回值 lines 中包含了两条 Line2D 类型的实例，分别代表图中的 2 条直线。当我们得到这两个实

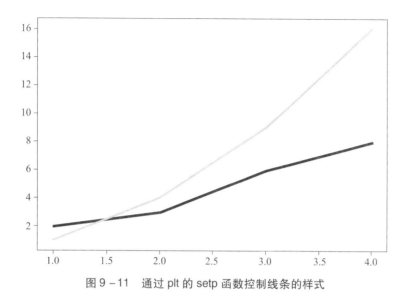

图 9 – 11　通过 plt 的 setp 函数控制线条的样式

例之后，可以把它们传入 plt. setp 函数，以便修改这些线的格式。在例子中，我们把线 L1 的颜色设红色，把线 L2 的颜色设成蓝色。同时我们又把这些线的线宽变成了 2.0。在这个例子中，我们也展示了如何使用 MATLAB 风格下的关键词参数设置线条样式（方法 3 的第 10 行代码）。

通过 plot 函数绘制曲线时，返回的 Line2D 实例还有许多其他属性，通过 setp 函数可以进行查看。代码举例如下：

```
1. lines = plt. plot([1,2,3])
2. plt. setp(lines)
```

9.1.4　绘制多个图表

在实际应用中，可能需要将一组相关联的图片按照一定的排列顺序组合成一整张图片，matplotlib 软件包为我们提供了相应的功能，可以让我们在一张图上灵活部署不同的子图。

在下面这个例子中，我们展示了如何在一个画布上绘制 2 个图表。

```
1. import matplotlib. pyplot as plt
2. import numpy as np
```

现代化编程方法 ▷▷▷▷▷▷
与地球物理开源软件实践 Modern programming techniques
and the practices for open source geophysical software

```
3. def f(t):
4.     return np.exp(-t)* np.cos(2.5* np.pi* t)
5. t1 = np.arange(0.0,5.0,0.1)
6. t2 = np.arange(0.0,5.0,0.02)
7. plt.figure()
8. plt.subplot(211)
9. plt.plot(t1,f(t1),'bo',t2,f(t2),'m')
10. plt.subplot(212)
11. plt.plot(t2,np.cos(2* np.pi* t2),'r--')
12. plt.show()
```

执行结果如图 9 – 12 所示。

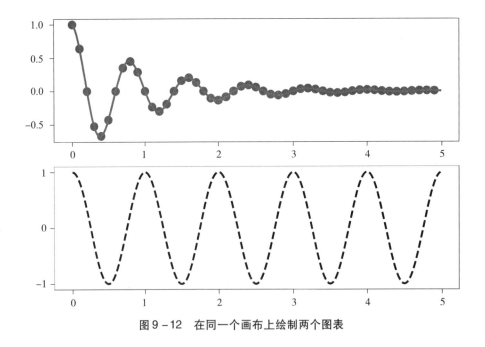

图 9 – 12   在同一个画布上绘制两个图表

在上面的例子中，我们首先生成了一些数组数据作为 x 轴坐标。这些 x 坐标上的数字分别为 t1 和 t2。然后我们通过 plt.figure 函数调用并初始化了一个新的空白画布。我们把这个画布分隔成 2 行 1 列，在代码中，plt.subplot(211) 表示把这个画布分割成 2 行 1 列，并且我们在第一行的位置上绘制第一个子图。我们为 plt.plot 这个函数提供了 2 组输入。

一组输入为 t1，f(t1)，'bo'，第二组输入为 t2，f(t2)，'m'。在第一组输入中，t1 和 f(t1) 分别表示数据点在 x 轴和 y 轴的位置，'bo' 表示蓝色的圆点。在第二组输入中，t2 和 f(t2) 分别表示在折线图中关键点在 x 轴和 y 轴的位置，'m' 表示我们画出来的线是红色的。

上面的画完后，我们可以开始画下面的图表。在下面这个图中，我们为 plt.plot 这个函数提供的输入为，x 轴的数字 t2，y 轴的数字为通过 cos 函数产生的值，以及 'r--' 表示红色的虚线。

在这里我们对 subplot 函数进行更详细的解释。在 subplot 中的 3 个数字代表的含义分别为有多少行，有多少列，以及子图的位置。其中，代表子图位置的数字是一个 1 到子图总数的数字。子图总数的计算方式为行的数量乘以列的数量。

9.2　Matplotlib 进阶

9.2.1　在图中添加文字

在实际应用有时需要对图形数据进行解释，添加额外信息等。text 函数可以被用来在图表中的任意位置来添加文字，下面我们展示了一个简单的例子。你可以在相关的官网链接①中，找到更多详细的解释和复杂的例子。

```
1. mu,sigma =100,15
2. x =mu +sigma* np. random. randn(10000)
3.
4. # the histogram of the data
5. n,bins,patches = plt. hist ( x,50,density = 1,facecolor = 'g',
alpha =0.75)
6.
7.
```

---

① https://matplotlib. org/stable/tutorials/text/text_intro. html

现代化编程方法 ≫≫≫≫≫
与地球物理开源软件实践 Modern programming techniques
and the practices for open source geophysical software ────

```
 8. plt.xlabel('智商')
 9. plt.ylabel('概率')
10. plt.title('智商分布柱状图')
11. plt.text(60,0.025,r'$\mu =100,\ \sigma =15$')
12. plt.axis([40,160,0,0.03])
13. plt.grid(True)
14. plt.show()
```

执行结果如图 9 – 13 所示。

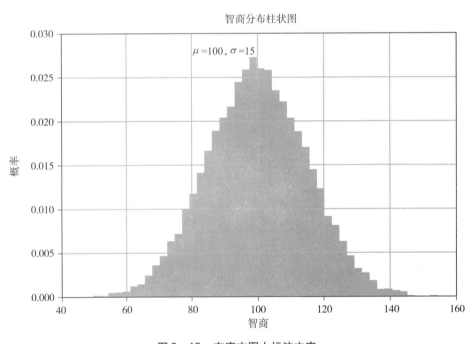

图 9 – 13　在直方图上标注文字

在这个例子中，我们首先绘画了一个符合正态分布的直方图。这个直方图是根据随机生成的 x 来决定的。然后我们调用了 plt. hist 函数来绘制这个直方图。在调用 hist 函数的时候，给它的输入为我们的数据 x，bin 的个数，density 的设置，屏幕上直方图的颜色绿色 'g'（green），以及直方图的透明度 alpha。在例子中，density 的设置为 1 表示我们想把每个 bin 对应的频次标准化以让这个直方图中的图形面积加起来为 1。

同时，我们也为这个直方图添加了一些文字，比如 x 轴上面的标签（label），y 轴上

面的标签等。如果想自定义化这些文字的样式，你可以通过我们以前介绍的函数关键字传
递参数来改变样式，例如：

```
1. plt.title('智商分布柱状图',fontsize =16)
```

在这个例子中，我们把文字的大小设置为16，执行结果如图 9 - 14 所示：

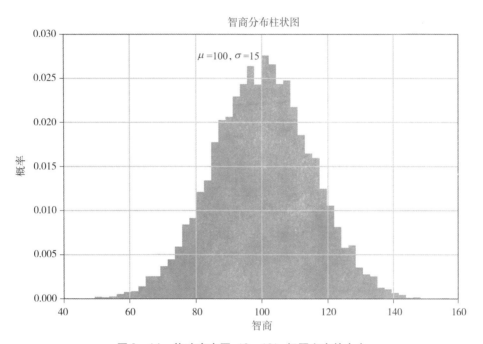

图 9 - 14　修改直方图（9 -13）标题文字的大小

我们也可以用之前介绍的 setp 函数来设置文字的样式。每一个文字相关的函数都会返
回一个 matplotlib. text. Text 的实例，然后把这个实例传入 setp 函数就可以了。

```
1. t =plt.xlabel('智商')
2. plt.setp(t,'fontsize',14,'color','red')
```

更多文本相关的使用方法，可以通过官网①查看。

①　https://matplotlib. org/stable/tutorials/text/text_ props. html

现代化编程方法 >>>>>>
与地球物理开源软件实践 Modern programming techniques
and the practices for open source geophysical software

9.2.2 在文本中使用数学表达式

Matplotlib 是可以在文本中使用 TeX 公式风格的表达式的。我们只需要把数学表达式的内容放到两个 $ 符号中间，比如你想在文字中写 $\sigma_i = 15$，可以这样设置：

```
1. plt.title(r'$\sigma_i =15 $')
```

其中，'r' 这个前缀非常重要。以它为开头标志着它后面的字符串是原生（raw）字符串，不要把字符串中的反斜杠当做 Python 的转义字符。Matplotlib 内部自己嵌套了 TeX 表达式分析引擎，这个引擎可以自动把原生字符串转换成数学表达形式。如果你想了解更多的如何书写数学表达式的细节，可以查看官网。[①] 由于 Matplotlib 内部嵌套了 TeX，所以你不用担心安装 TeX 的问题。

9.2.3 文字标注

下面介绍如何在图中的任何位置添加文字。plt 中的 annotate 函数为我们完成这个功能提供了便利。在一个文字标注中，我们需要考虑两个信息：标注点的位置和标注文字的摆放位置。这两个位置的信息由参数 xy 和 xttext 控制。代码如下：

```
1. ax =plt.subplot()
2.
3. t =np.arange(0.0,5.0,0.01)
4. s =np.cos(2* np.pi* t)
5. line, =plt.plot(t,s,lw =2)
6.
7. plt.annotate('local max',xy =(2,1),xytext =(3,1.5),
8.           arrowprops =dict(facecolor ='black',shrink =0.05),
9.           )
10.
```

---

① https://matplotlib.org/stable/tutorials/text/mathtext.html

```
11. plt.ylim( -2,2)
12. plt.show()
```

执行结果如图 9 - 15 所示。

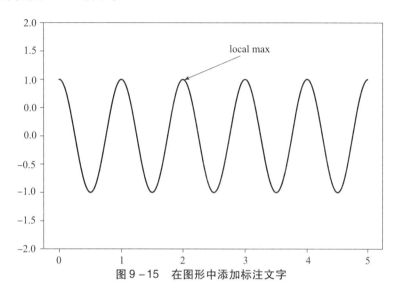

图 9 - 15　在图形中添加标注文字

在上面的例子中，我们先随机生成了 x 轴上的值 t，然后把 t 代入一个 cos 算式中得到 y 轴的值。这里，我们使用 plot 的时候，设置线的宽度为 2.0（lw 是 linewidth 的缩写）。ylim（-2，2）这个函数是将 y 轴的显示范围设置为 -2 到 2。在调用 annotate 函数的时候，'local max'是我们想标注的文字内容，xy 里面的坐标（2，1）代表我们想针对图中哪个位置的数据进行标注，xytext 里的坐标（3，1.5）表示我们想把标注的文字摆放在哪个位置。在这个例子中我们采用的位置描述是利用的图表中的 x 轴和 y 轴的数字。其实我们还可以选择其他类型的坐标系统，可以通过查看官网①说明来找到更多的细节。你也可以在这里②找到更多文字标注图表的例子。

9.2.4　使用非线性坐标

matplotlib. pyplot 不仅支持显示线性变化的坐标，还支持显示非线性比例的坐标（比如

---

①　https：//matplotlib. org/stable/tutorials/text/annotations. html # annotations － tutorial；https：//matplotlib. org/stable/tutorials/text/annotations. html#plotting － guide － annotation

②　https：//matplotlib. org/stable/gallery/text_labels_and_annotations/annotation_demo. html

现代化编程方法 ▷▷▷▷▷▷
与地球物理开源软件实践 Modern programming techniques
and the practices for open source geophysical software

对数坐标）。对数坐标的使用实际上很常见，尤其是在数据的变化涉及不同数量级的时候。在 matplotlib 里面，改变一个坐标的显示比例非常容易，只需要调用：plt. scale（'log'）。

在下面这个例子中，展示了如何在 y 轴使用不同的坐标类型的情况下，显示同样的数据。

首先，把随机性的种子固定住。这样，如果使用一样的随机性种子，就可以得到同样的数据来画各种图表。

```
1. # Fixing random state for reproducibility
2. np. random. seed(19680801)
```

然后，我们生成 y 轴的数字。

```
1. # make up some data in the open interval(0,1)
2. y = np. random. normal(loc = 0.5,scale = 0.4,size = 1000)
3. y = y[(y > 0)&(y < 1)]
4. y. sort()
```

一开始，先从正态分布里面采出来 1000 个数字。然后将里面大于 0 小于 1 的数字拿出来。最后把这些数字从小到大排序就得到了我们最终想要在 y 轴显示的数字。对于 x 轴的数字，我们先计算我们得到了多少个 y 轴的数字，然后生成一个 list 是 0 到 y 轴数字个数之间的整数。

```
1. x = np. arange(len(y))
```

然后使用下面的代码绘画 4 个子图。

```
1. # plot with various axes scales
2. plt. figure()
3.
4. # linear
5. plt. subplot(221)
```

```
6. plt.plot(x,y)

7. plt.yscale('linear')

8. plt.title('linear')

9. plt.grid(True)

10.

11. # log

12. plt.subplot(222)

13. plt.plot(x,y)

14. plt.yscale('log')

15. plt.title('log')

16. plt.grid(True)

17.

18. # symmetric log

19. plt.subplot(223)

20. plt.plot(x,y-y.mean())

21. plt.yscale('symlog',linthresh=0.01)

22. plt.title('symlog')

23. plt.grid(True)

24.

25. # logit

26. plt.subplot(224)

27. plt.plot(x,y)

28. plt.yscale('logit')

29. plt.title('logit')

30. plt.grid(True)

31.

32. # Adjust the subplot layout,because the logit one may take more
space than usual,due to y-tick labels like "1-10^{-3}"
```

```
33. plt.subplots_adjust(top=0.92,bottom=0.08,left=0.10,right=
0.95,hspace=0.25,wspace=0.35)
34.
35. plt.show()
```

执行结果如图 9 – 16 所示。

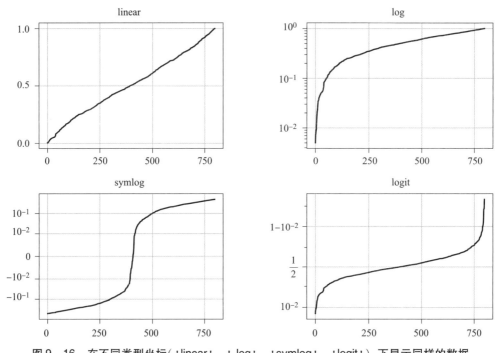

图 9 – 16　在不同类型坐标（'linear'，' log'，'symlog'，'logit'）下显示同样的数据

在上面这几个例子中，x 轴的显示数字都是一样的。虽然 y 轴的数字也是一样的，但是 y 轴数字增长的比例范围是不同的。从代码中可以看出，我们采取了 4 种不同的方法：plt. yscale('linear')，plt. yscale('log')，plt. yscale('symlog'，linthresh = 0. 01) 和 plt. yscale ('logit')。通过查看官网[①]，你可以查到这些坐标的具体含义。

plt. subplots_adjust 函数在这里的作用是调整 4 个子图之间的布局。因为最后一个图中，y 轴的数字显示需要更多的空间。如果不对布局进行调整，会导致一些子图的重叠。

此外，除了使用 matplotlib 自定义的一些 y 轴显示比例，还可以自定义一些 y 轴显示比

---

① https://matplotlib. org/stable/api/_as_gen/matplotlib. pyplot. yscale. html

例。具体细节可以查看相关文档。[1]

9.3　Seaborn

前面我们介绍的 matplotlib 是 Python 中比较偏底层的一个可视化工具库。而 Seaborn 是一个基于 matplotlib 的比较高层的可视化工具库。虽然在使用 Seaborn 时，它的个性化定制能力不如 matplotlib 强大，但是使用 Seaborn 已经封装好的功能可以使用比 matplotlib 更简洁的代码来满足我们大部分的需求。

在介绍具体的例子以前，我们可以先执行一些代码来载入我们需要的工具和模块。其中，sns.set_theme 这个函数设置了展示的风格。这里的风格是可以根据自己的喜好和需求改变。

```
1. import numpy as np
2. import pandas as pd
3. import matplotlib.pyplot as plt
4. import seaborn as sns
5. sns.set_theme(style = "white")
```

9.3.1　散点图

散点图是统计学中使用最频繁的可视化方法之一。在散点图中，每个点代表数据中的一个数据点。一幅好的散点图，可以推断出一些有意义的变量之间的关系。

在 seaborn 中有不同的方式来绘制散点图。如果在你的数据中，你的两个变量都是数字型变量，那么可以使用最基本的用法，scatterplot( ) 函数。如果你的数据中变量是分类型变量，可以参考官网可视化类分类变量的教程来学习如何可视化分类型数据[2]。下面的例子中我们展示了如何快速地绘画一个散点图。

首先，先载入了一个名叫 tips 的数据集，放到了 pandas 的 DataFrame 实例中。这个数据集中的数据描述了饭店用餐完毕后客人支付的小费数据。

```
1. tips = sns.load_dataset("tips")
```

---

① https://matplotlib.org/stable/devel/add_new_projection.html#adding - new - scales

② https://seaborn.pydata.org/tutorial/categorical.html#categorical - tutorial

现代化编程方法 》》》》》》
与地球物理开源软件实践 Modern programming techniques
and the practices for open source geophysical software

下面这个表格中展示了其中 5 条数据。total_bill 表示结账时的总消费，tip 表示给了多少小费，sex 表示性别，smoker 表示是否是吸烟者，day 表示是在星期几用的餐，time 表示是白天还是晚上，以及 size 表示这次聚餐一共有多少人参加。

	total_bill	tip	sex	smoker	day	time	size
0	16.99	1.01	Female	No	Sun	Dinner	2
1	10.34	1.66	Male	No	Sun	Dinner	3
2	21.01	3.50	Male	No	Sun	Dinner	3
3	23.68	3.31	Male	No	Sun	Dinner	2
4	24.59	3.61	Female	No	Sun	Dinner	4

然后我们调用画图函数来绘制散点图：

```
1. sns.relplot(x = "total_bill",y = "tip",data = tips);
```

这句代码说明了我们想可视化 tips 这个数据集中的两个变量之间的关系，它们分别是 total_bill 和 tip 这两列数据。执行结果如图 9 - 17 所示。

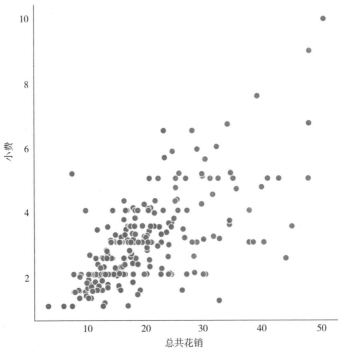

图 9 - 17 绘制两个维度数据的散点图

虽然我们在代码中使用的 relplot( ) 函数，没有明确使用 scatterplot( ) 来绘制散点图。但是，实际上 scatterplot( ) 函数已经被调用了。因为 scatterplot( ) 是 relplot( ) 默认调用的画图方式。你也可以在 relplot( ) 中明确地指定要绘制散点图，比如：

```
1.sns.relplot( x = " total _ bill", y = " tip", data = tips, kind = "
scatter");
```

在图 9 – 17 中，我们使用了数据中两个维度的数据——总共花销和小费。其实你也可以把第三个维度的数据也加入到这个散点图当中。比如，如果我们想在上面的散点图中区别吸烟者和非吸烟者的数据，可以用两种不同颜色的点来实现这个想法①。代码示例如下：

```
1.sns.relplot( x = "total_bill", y = "tip", hue = "smoker", data = tips);
```

其中，‘hue’这个变量代表了我们想使用数据中哪一列的数据来区分每个点（图 9 – 18）。

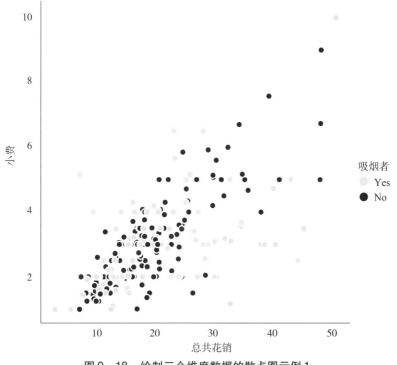

图 9 – 18　绘制三个维度数据的散点图示例 1

---

① 图 9 – 18 ~ 图 9 – 21 为灰度图，仅为代码举例使用，具体演示色彩参见电脑屏幕操作结果。

从图中可以看出，我们可以通过两种不同的颜色对吸烟者的数据点和非吸烟者的数据点进行区分（见电脑屏幕演示结果，此处为灰度图）。如果你想进一步强调两者之间的区别，还可以对他们使用不同的标记符号。在下面的代码中，我们把"smoker"这个字符串传给 style 这个参数，表示我们想对不同的 smoker 类型采用不同的标记符号。

```
1. sns.relplot(x = "total_bill",y = "tip",hue = "smoker",style = "smoker",data = tips);
```

执行结果如图 9 – 19 所示。

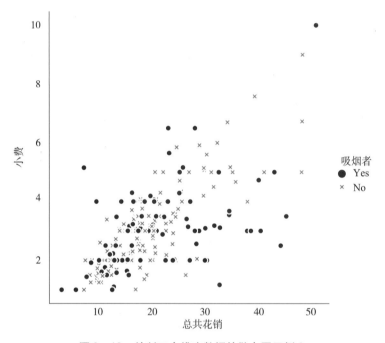

图 9 – 19　绘制三个维度数据的散点图示例 2

从上面的例子可以看出，屏幕结果显示，吸烟者和非吸烟者不仅是不同的颜色，也是不同的符号来表示。如果你想在图表上再增加一个维度也是可以的。换句话说，在绘图的时候我们使用到数据中的 4 列的数据。代码如下所示：

```
1. sns.relplot(x = "total_bill",y = "tip",hue = "smoker",style = "time",data = tips);
```

执行结果如图 9 - 20 所示。

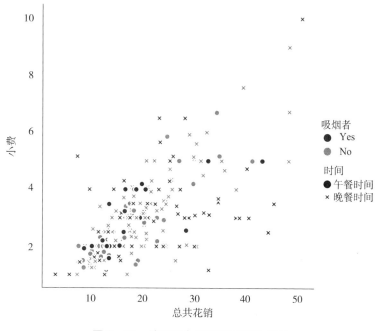

图 9 - 20　绘制四个维度数据的散点图

在上面的例子中，我们依旧把 total_bill 的数据放在 x 轴，小费的数字 tip 放到 y 轴。然后使用两种不同的颜色来标识是否是吸烟者。同时为了区分每一个数据点是发生在午餐时间还是晚餐时间，我们使用不同的标志符号来区分开。

在散点图中，我们还可以控制每个数据点的大小。在我们的数据中，"size" 对应的数据里面记录了每一顿用餐的客人有多少人。如果你想在散点图中强调用餐的人数（例如用餐的人越多，那么对应的圆点越大），可以把 "size" 的数字传给 relplot 这个函数的 size 参数来设置每个点的大小。用餐人越多，也就意味着那个数据点的尺寸越大。

```
1.sns.relplot(x = "total_bill",y = "tip",size = "size",data = tips);
```

执行结果如图 9 - 21 所示。

在 Seaborn 的 https://seaborn.pydata.org/中你可以找到更多的方法来自定义散点图的样式。

127

现代化编程方法 >>>>>
与地球物理开源软件实践 Modern programming techniques
and the practices for open source geophysical software

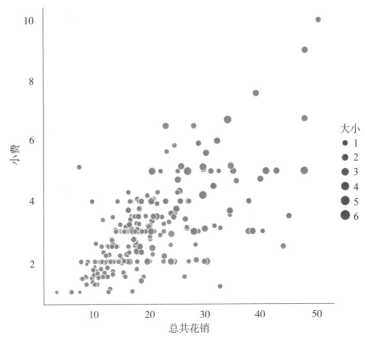

图 9 - 21　利用散点图中符号的大小表达信息

9.3.2　折线图

在一些数据集中，也许你想考察和理解某个变量值如何随着时间的变化而变化。在此情形下，折线图是一个不错的选择。在 seaborn 中，你可以通过 lineplot() 函数来画折线图。另一种方式是，你依然可以使用 relplot() 来画折线图，只需要把 "line" 这个值传送给 relplot() 的 kind 参数即可。代码示例如下：

```
1. df = pd. DataFrame(dict(time = np. arange(500),
2.              value = np. random. randn(500). cumsum()))
3. g = sns. relplot(x = "time",y = "value",kind = "line",data = df)
4. g. fig. autofmt_xdate()
```

在上面的演示中，我们随机生成 500 条数据，放在 dict 变量中。然后我们把这个变量传送到 Pandas 的 DataFrame 变量中，并且命名这个变量为 df。我们可以把 df 看成一个具有两列数据的表格。其中一列的列名为"time"，另一列的列名为"value"。在我们画的折线图中，我们把"time" 这一列的数据设为 x 轴,"value" 这一列的数据设为 y 轴。在例子中我们使用了一个 autofmt_xdate( ) 的函数。这个函数的作用是让 x 轴下面的数字变得倾斜，使用它可以有效避免 x 轴上的内容过于紧密而造成重叠。

在使用 lineplot( ) 的时候，一般 lineplot( ) 会默认你想先把数据按照 x 轴上面的数字排序，然后再按照排序后的顺序绘画折线图（图 9 - 22）。但是，其实如果你不想使用这个功能，你是可以禁止它的。如下面的例子中演示的那样：

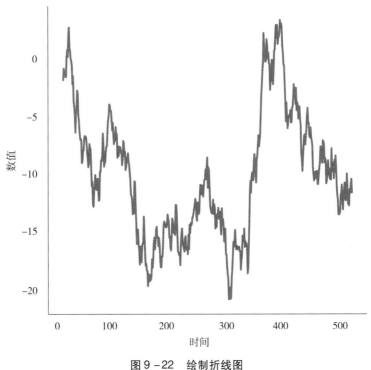

图 9 - 22　绘制折线图

```
1. df = pd. DataFrame ( np. random. randn ( 500 , 2 ). cumsum ( axis = 0 ),
columns = [ "x" , "y" ] )
2. sns. relplot( x = "x" , y = "y" , sort = False , kind = "line" , data = df );
```

可以看得出来，如果按照你数据中的原始顺序来依次画线，线条会变得杂乱无章如图 9 - 23 所示。

更多关于折线图的例子和使用方法，可以在官方文档查阅。[①]

———————————

[①]　https://seaborn. pydata. org/tutorial/relational. html#emphasizing-continuity-with-line-plots

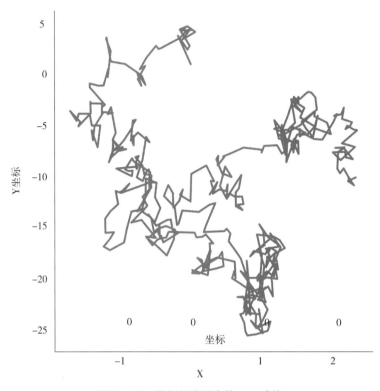

图 9-23　关闭折线图中的 sort 功能

9.3.3　通过切面（facets）展示多种关系

在前面的例子中，我们可以通过一些函数来绘画两个变量之间的关系。但是仅仅使用这样的方式来展示两个变量之间的关系可能还不够。有时候你会想着尝试在某种条件下两个变量之间的关系如何。最好的办法也许是多画一个图（图 9-24）。代码示例如下面所示：

```
1. sns.relplot(x = "total_bill",y = "tip",hue = "smoker",col = "time",data = tips);
```

在上面这个例子中，我们同样还是要可视化 total_bill 和 tip 之间的关系。同时，我们还使用 hue 参数将吸烟者和非吸烟者数据点用不同的颜色区分开来。与前面的例子中不同的是，我们希望查看在"time"这个具体的分项下，total_bill 和 tip 之间的关系。更详细地说，我们把数据按照中午时间和晚饭时间分成了两组。然后我们分别针对这两组数据可视化了 total_bill 和 tip 的散点图。

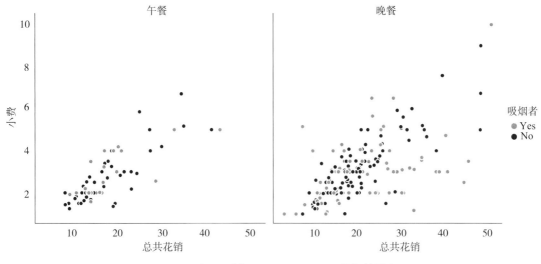

图 9-24　利用两种切面（facets）展示数据的散点图

除了上面这种方式，我们还可以利用下面方法，根据更多的切面观察不同变量之间的关系。这次我们使用的数据集名为"fmri"，下面这个表格展示了几行数据集中的数据。此处每列数据的含义并不重要，在这里我们只是通过这个数据集来展示如何使用多切面来可视化数据。

```
1. fmri = sns. load_dataset("fmri")
```

	subject	timepoint	event	region	signal
0	s13	18	stim	parietal	− 0. 017552
1	s5	14	stim	parietal	− 0. 080883
2	s12	18	stim	parietal	− 0. 081033
3	s11	18	stim	parietal	− 0. 046134
4	s10	18	stim	parietal	− 0. 037970

可视化数据的代码示例如下所示：

```
1. sns. relplot(x = "timepoint",y = "signal",hue = "subject",
2.        col = "region",row = "event",height = 3,
3.        kind = "line",estimator = None,data = fmri);
```

执行结果见图 9-25。在这个例子中，我们想要去观察"timepoint"和"signal"这两个数据之间的关系。我们把 hue 设置为"subject"表示我们想通过不同的颜色来区分不同的"subject"。col 设置为"region"表明我们想让上图中的每一列代表不同的区域（"parietal"或者"frontal"）。row 设置为"event"表明我们想让图中的每一行代表不同的事件（"cue"或者"stim"）。

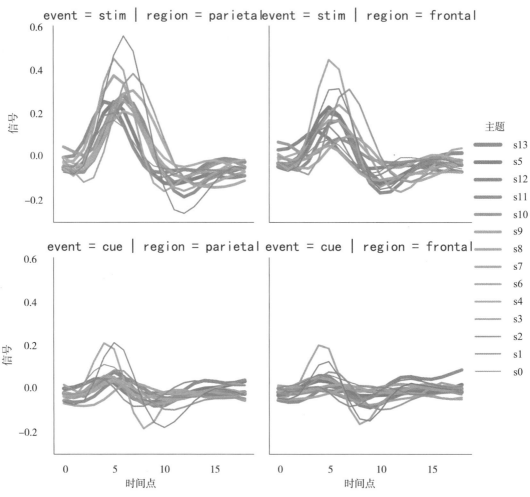

图 9－25　利用多种切面（facets）展示数据的多种关系

如果你想考察的变量有很多可能的取值，你可以把这个变量放到 col 这个参数中。如下所示：

```
1. sns.relplot(x = "timepoint",y = "signal",hue = "event",style = "event",
```

```
2.        col = "subject",col_wrap = 5,
3.        height = 3,aspect = .75,linewidth = 2.5,
4.        kind = "line",data = fmri. query( "region == 'frontal'"))
```

因为我们有太多的主题（subject），所以一行很难放下所有的主题对应的值。在这种情况下，我们可以通过 col_wrap = 5 来设置每行只需要展示 5 个图（图 9 - 26）。在这里需要注意的是，我们展示的图表是所有"frontal"区域对应的数据。这部分数据是通过 pandas 的 DataFrame 对象的 query 函数来实现的：query("region" ==" frontal")。

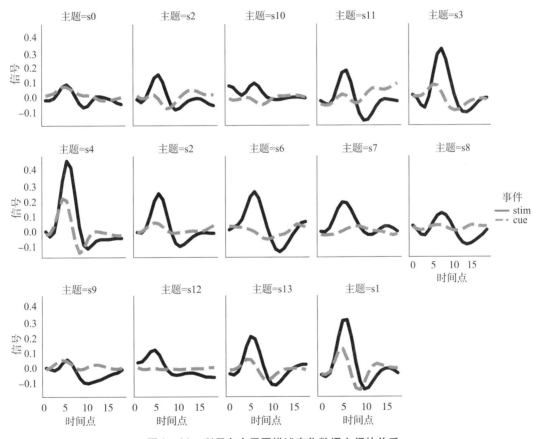

图 9 - 26   利用多个子图描述变化数据之间的关系

上面这些可视化方法可以帮助我们用眼睛很高效地分析数据整体的规律和差异。当你在享用 scatterplot( ) 和 relplot( ) 函数带来的强大的灵活性时，记得多个简单的图在大多数情况下会比太复杂的一个图更高效。

现代化编程方法
与地球物理开源软件实践 Modern programming techniques
and the practices for open source geophysical software

9.3.4 直方图

直方图是一种柱状图，也是一种常见的数据可视化工具。它的 x 轴表示不同的容器，然后根据这些容器代表的 x 轴的范围来对数据进行划分。y 轴一般表示分配到每个容器里面的数据的个数。

绘制直方图也是 seaborn 中绘图函数 displot( ) 默认选择的绘图方式。换句话说，如果我们在使用 displot( ) 绘制图表时，它会默认使用直方图 histplot( ) 的代码来进行绘图。下面我们载入一个数据集来举例说明如何绘画直方图。

```
1. penguins = sns. load_dataset("penguins")
2. sns. displot(penguins, x = "flipper_length_mm")
```

执行结果如图 9 - 27。在这个例子中，我们将不同的企鹅（penguins）按照脚掌的长短来分配到不同的容器中，y 轴的数字表示了每个容器中满足条件的企鹅的个数。从这个

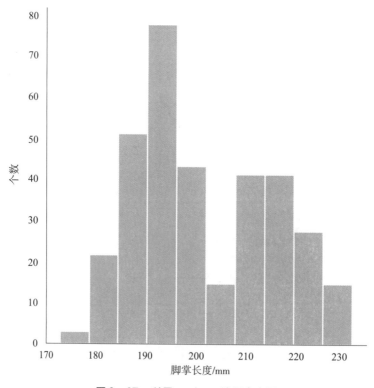

图 9 - 27　利用 seaborn 绘制直方图

图中我们可以看出，大部分企鹅脚掌的长度在 195mm 左右。不过你也可以看出来，数据呈现出来的形状是双峰的，所以 195mm 有可能不是一个太具代表性的数据。

　　在直方图中，容器所代表的范围是非常重要的。如果使用了不恰当的范围作为一个容器，那么绘画出来的数据有可能会误导你发现错误的结论。在默认情况下，如果我们不给绘图函数指定容器的范围，那么 displot( ) 和 histplot( ) 函数会根据数据的方差和你所拥有数据的数量自动推断出一个相对不错的容器范围。但是，你不可以过度依赖于这种由函数自动推断出的容器范围，因为这个推断是基于一些特别的假设。建议你可以先设置不同的容器范围，看看绘画出来的数据分布是不是比较一致，这样在你心中就会对数据的分布有一个整体的印象。

　　在使用 seaborn 时，你可以使用 binwidth 参数来设置容器的范围。在下面的例子中，我们把 binwidth 设置为一个更小的数字 3，执行结果如图 9 – 28。

```
1. sns.displot(penguins,x = "flipper_length_mm",binwidth =3)
```

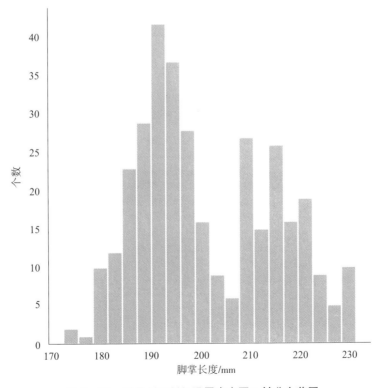

图 9 –28　利用 binwidth 设置直方图 x 轴分布范围

在一些情况下，也许你更想去指定容器的个数，而不是指定容器的代表的范围。在下面这个例子中，我们指定了我们希望画一个具有 12 个容器的图结果如图 9 - 29。

```
1. sns.displot(penguins,x = "flipper_length_mm",bins =12)
```

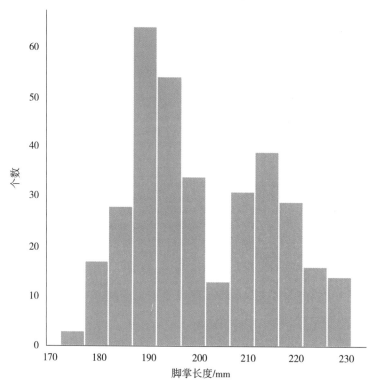

图 9 - 29　利用 bins 设置直方图 x 轴容器的个数

下面我们也展示一个 seaborn 采用默认自动推断的容器范围失败的例子。

```
1. tips = sns.load_dataset("tips")
2. sns.displot(tips,x = "size")
```

我们载入了之前我们使用过的数据集 tips，然后使用直方图来可视化参加聚餐人数的分布情况。在图 9 - 30 中，每个容器的范围是 1。但是图中每个数据柱之间的间隙很大，导致这个图看起来有些奇怪。解决这个问题的一个办法是，通过一个数组来明确指定在图中哪些位置进行分隔。代码如下所示（执行结果如图 9 - 31）：

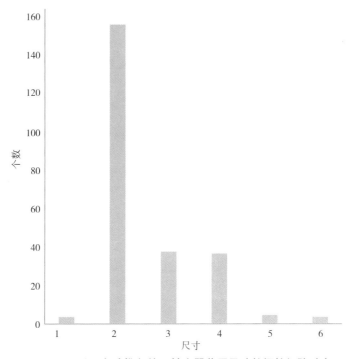

图 9 – 30　采用自动推断的 x 轴容器范围导致数据柱间隙过大

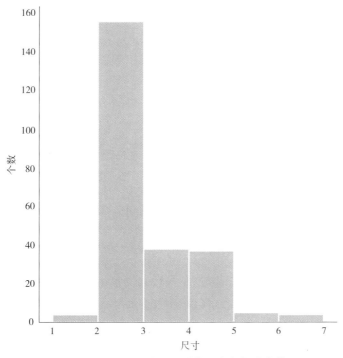

图 9 – 31　通过给定数组明确指定数据柱分布范围

```
1. sns. displot(tips, x = "size", bins = [1,2,3,4,5,6,7])
```

还有另一个办法来解决这个问题。就是将 displot( ) 中的 discrete 函数值设置为 True（执行结果如图 9 – 32）。

```
1. sns. displot(tips, x = "size", discrete = True)
```

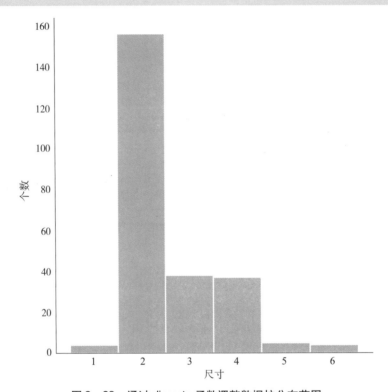

图 9 – 32　通过 discrete 函数调整数据柱分布范围

在我们的数据中，有的时候会有一些分类变量（categorical variable）。我们也可以尝试用直方图来可视化（图 9 – 33）。如下面的代码所示：

```
1. sns. displot(tips, x = "day", shrink = .8)
```

在上面的代码中，通过设置 "shrink" 这个参数来调整每个数据柱的宽度。我们将其设置为 0.8，表示我们想把每个数据柱的宽度设为 0.8 倍的原始宽度。为了便于理解，图 9 – 34 展示了未使用 shrink 参数时候可视化的结果。可以看出来，原始宽度要比 0.8 倍的宽度更宽。

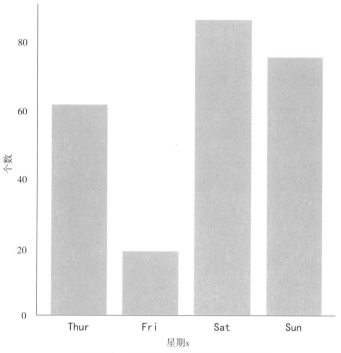

图 9 –33　利用直方图可视化分类变量

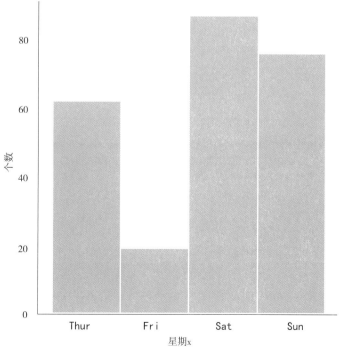

图 9 –34　未使用 shrink 参数设置数据柱宽度的直方图

现代化编程方法 >>>>>>
与地球物理开源软件实践 Modern programming techniques
and the practices for open source geophysical software

```
1. sns.displot(tips,x = "day")
```

9.4 交互式数据可视化

除了上面向大家介绍的静态数据可视化功能外，Python 还提供了交互式数据可视化功能。交互式数据可视化可以对用户动作做出响应，提高和增强数据的效果。许多交互式可视化库还可以直接生成 HTML 格式的图形，并且可以在图形中生成交互式的动画效果。这类交互式的可视化工具，结合 Jupyter notebook 可以非常灵活方便地展现数据特征，提供动态的可视化分析结果。Plotly 和 Bokeh 是交互式数据可视化常用的工具库。下面我们简述一下 Plotly 和 Bokeh 的功能。

9.4.1 Plotly

Plotly 是一款可以实现交互式数据分析和可视化的工具，功能非常强大，可以在线绘制很多图形，比如：散点图、折线图、饼图、直方图等。而且还可以支持在线编辑，以及多种语言的 API，包括：Python、Javascript、Matlab、R 等。它在 Python 中使用也很简单，直接用"pip install plotly"就可以了。推荐最好在 Jupyter notebook 中使用，非常方便。

下面这个例子就是利用 Plotly 绘制简单的散点图，其在 Jupyter notebook 中的执行结果如图 9 - 35 所示。这个图形是可交互的（包括缩放、旋转、裁剪等），对绘制的图形右放、裁剪、在 dash 中编辑等。

```python
1. import plotly.graph_objects as go
2. import numpy as np
3.
4. N = 1000
5. t = np.linspace(0,10,100)
6. y = np.sin(t)
7.
8. fig = go.Figure(data = go.Scatter(x = t,y = y,mode = 'markers'))
9.
10. fig.show()
```

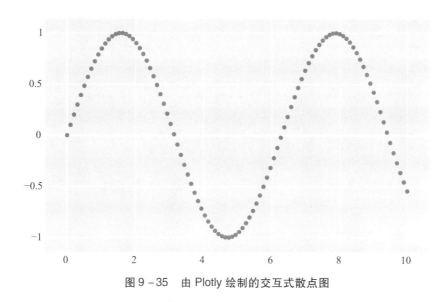

图 9 – 35　由 Plotly 绘制的交互式散点图

　　Plotly 也可以将多组图像绘制在一起，利用"add_trace"来逐个添加绘图对象，具体代码如下，执行结果见图 9 – 36。

```
1. import plotly.graph_objects as go
2.
3. # Create random data with numpy
4. import numpy as np
5. np.random.seed(1)
6.
7. N =100
8. random_x = np.linspace(0,1,N)
9. random_y0 = np.random.randn(N) +5
10. random_y1 = np.random.randn(N)
11. random_y2 = np.random.randn(N) - 5
12.
13. fig = go.Figure()
14. # Add traces
```

```
15. fig. add_trace(go. Scatter(x = random_x, y = random_y0, mode = '
markers', name = 'markers'))
    16. fig. add_trace(go. Scatter(x = random_x, y = random_y1, mode = '
lines + markers', name = 'lines + markers'))
    17. fig. add_trace(go. Scatter(x = random_x, y = random_y2, mode = '
lines', name = 'lines'))
    18. fig. show()
```

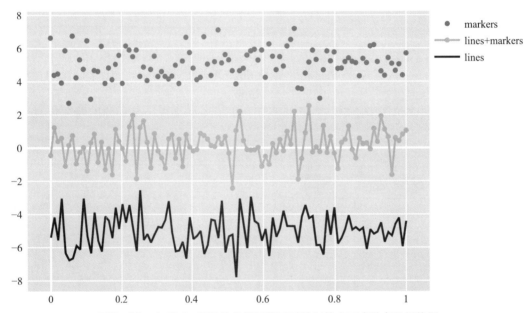

图 9 - 36   由 Plotly 实现的多幅图像同时绘制的交互式散点及折线图

和上面的基本图表类似，绘图方式是固定的，只是对绘图对象做了适当的改变，就可以绘制交互式直方图，代码如下，执行结果见图 9 - 37：

```
1. import plotly. graph_objects as go
2.
3. fig = go. Figure()
4. fig. add_trace(go. Bar(
```

```
5.    name = 'Control',
6.    x = ['Trial 1','Trial 2','Trial 3'],y = [3,6,4],
7.    error_y = dict(type = 'data',array = [1,0.5,1.5])
8. ))
9. fig.add_trace(go.Bar(
10.   name = 'Experimental',
11.   x = ['Trial 1','Trial 2','Trial 3'],y = [4,7,3],
12.   error_y = dict(type = 'data',array = [0.5,1,2])
13. ))
14. fig.update_layout(barmode = 'group')
15. fig.show()
```

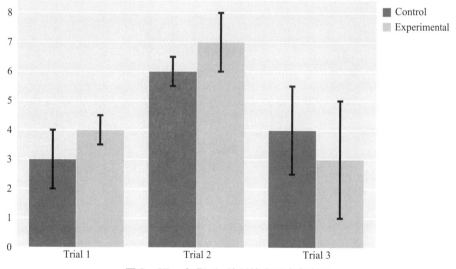

图 9 – 37　由 Plotly 绘制的交互式直方图

　　Plotly 除了可以绘制交互式二维图，还可以绘制可交互的三维图形。Plotly 绘制的三维图不仅美观大方，交互功能也很强大，可以对三维图直接进行多种的分析和编辑。下面列举了一个简单的 Plotly 绘制交互式三维图的例子，执行结果见图 9 – 38，供大家参考：

现代化编程方法 >>>>>>
与地球物理开源软件实践 Modern programming techniques
and the practices for open source geophysical software

```python
import plotly. graph_objects as go
import numpy as np
x = np. linspace( -10,10,num =50,endpoint =True)
y = np. linspace( -10,10,num =50,endpoint =True)


z = np. zeros(2500)
for i,x_ in enumerate(x):
  for j,y_ in enumerate(y):
    index = i* 50 + j
    z[ index] = np. sin((np. power(x_,2) + np. power(y_,2))/20)


fig = go. Figure(data =[go. Surface( z = z. reshape(50,50),
            x = x,
            y = y,
            # opacity =0. 5,
        )])
fig. update_traces(contours_z = dict( show =True,usecolormap =True,
            highlightcolor ="limegreen",project_z = True))
fig. update_layout(title ='test',autosize =False,
        width =1000,height =1000,
        )
fig. write_image('p_pie2. pdf')
fig. show()
```

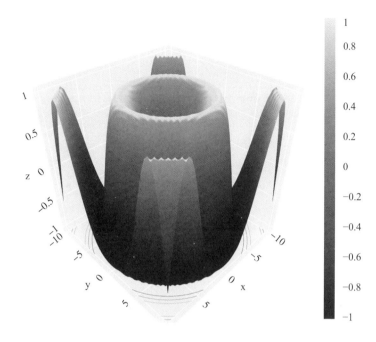

图 9 – 38　由 Plotly 绘制的可交互的三维图

　　在本小节中，我们通过几个简单的例子简述了 Plotly 的基本绘图方法。其实只要了解 Plotly 的生态，使用它并不难，更多的使用技巧，包括：子图、标注等，本书暂时没有介绍，建议读者到官网（https://plotly.com/python/）仔细阅读 Plotly 相关使用文档，以掌握更丰富的技术。

9. 4. 2　Bokeh

　　Bokeh 是一个 Python 交互式数据可视化库，支持现代化的 Web 浏览器，可以提供非常完美的数据展示功能。Bokeh 的长处在于能制作可交互、可直接用于网络的图表。Bokeh 的目标是为用户提供优雅、简洁新颖的图形化显示，同时提供大型数据集的高性能交互功能。Bokeh 可以快速地创建交互式的绘图、仪表盘和数据应用。图表可以输出为 JSON 对象、HTML 文档或者可交互的网络应用。Bokeh 也支持数据流和实时数据，类似于 Plotly。Bokeh 在 Python 中使用也很简单，直接用"pip install bokeh"就可以。

　　为了满足不同人群对可视化的需求，bokeh 为用户设计了两种不同级别的接口：bokeh. models 和 bokeh. plotting。其中，bokeh. models 是一个较底层的接口，为开发人员提

现代化编程方法 >>>>>>>
与地球物理开源软件实践 Modern programming techniques
and the practices for open source geophysical software

供最大灵活性,而 bokeh. plotting 是一个封装较全的接口,用户只需关注视觉上的形状组合即可。

下面这个例子是利用 Bokeh 绘制简单的饼图。代码及执行结果如下所示:

```
1. from bokeh.plotting import*
2. from numpy import pi
3.
4. # define starts/ends for wedges from percentages of a circle
5. percents =[0,0.3,0.4,0.6,0.9,1]
6. starts =[p* 2* pi for p in percents[:-1]]
7. ends =[p* 2* pi for p in percents[1:]]
8.
9. # a color for each pie piece
10. colors =["red","green","blue","orange","yellow"]
11.
12. p =figure(x_range =( -1,1),y_range =( -1,1))
13.
14. p.wedge(x =0,y =0,radius =1,start_angle =starts,end_angle =ends,color =colors)
15.
16. # display/save everythin
17. output_file("pie.html")
18. show(p)
```

图 9 -39 的右上角提供了一行用于交互式操作的菜单,菜单包括移动、缩放、保存等。

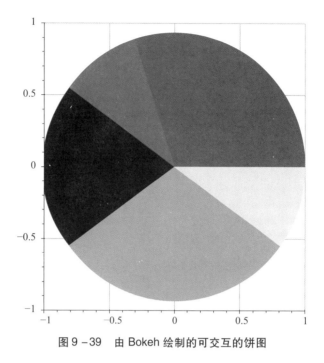

图 9 -39　由 Bokeh 绘制的可交互的饼图

　　Bokeh 也可以绘制块状图，可以一次画出多个块形，这种图对于地理区域的绘制与标注比较有用。代码如下，执行结果见图 9 -40：

```
1. from bokeh.plotting import figure,output_notebook,show
2.
3. xs =[[2,2,4],[2,3,4,3]]
4. ys =[[3,5,5],[3,4,3,2]]
5.
6. p =figure()
7.
8. p.patches(xs,ys,
9.        fill_color =['coral','purple'],
10.       line_color ='white',
11.       fill_alpha =0.6)
12.
13. output_notebook()
14. show(p)
```

现代化编程方法 ▷▷▷▷▷▷
与地球物理开源软件实践 Modern programming techniques
and the practices for open source geophysical software

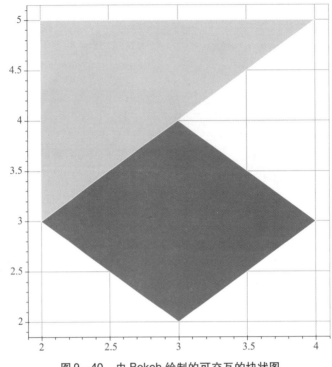

图 9-40　由 Bokeh 绘制的可交互的块状图

Bokeh 可以灵活地对所绘图形进行颜色的分配和管理。下面的例子展示了 Bokeh 利用颜色映射器管理散点颜色的例子具体参见屏幕演示，本书仅提供方法指导，后文此类示例仅同样参考方法，色彩见屏幕演示，不再另行说明：

```
1. from bokeh.plotting import figure,output_notebook,show
2. from bokeh.models import CategoricalColorMapper,ColumnDataSource
3.
4. from bokeh.sampledata.iris import flowers as df
5.
6. source =ColumnDataSource(df)
7.
8. #创建类别颜色映射器,指定类别数据和调色板的颜色
9. mapper =CategoricalColorMapper(
10.   factors =['setosa','virginica','versicolor'],
11.   palette =['red','green','blue'])
```

```
12.
13. #创建画布
14. p = figure(x_axis_label = 'petal_length',
15.        y_axis_label = 'sepal_length',
16.        plot_width = 500,plot_height = 500)
17.
18. #添加圆形字形,指定color参数使用颜色映射器
19. p.circle('petal_length','sepal_length',
20.        size = 10,source = source,
21.        color = {'field':'species','transform':mapper})
22. p.min_border = 40
23.
24. output_notebook()
25. show(p)
```

执行结果如图 9 - 41 所示。

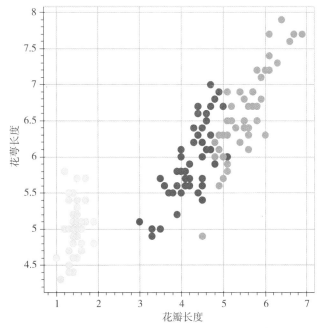

图 9 - 41　由 Bokeh 绘制的可交互的彩色散点图

现代化编程方法
与地球物理开源软件实践 Modern programming techniques
and the practices for open source geophysical software

我们通过以上几个简单的例子介绍了 Bokeh 的基本绘图方法。除此之外，Bokeh 还提供了类似于 HTML 表单的 GUI 功能，如：按钮、滑块、单选按钮、复选框等。这些为绘图提供了便捷的交互界面，允许更改绘图参数、修改绘图数据等。想了解更多，请大家去官网（https://docs.bokeh.org/en/latest/）查阅。

9.5　小结

Python 库能够绘制富含信息量并且美观的图表和图形。在这一章中，我们介绍了 Python 中流行的可视化工具：Matplotlib、Seaborn、Plotly 和 Bokeh 的功能和基本使用方法。

Matplotlib 是 Python 语言及其数值数学扩展包 NumPy 的可视化操作界面，是最广泛使用的 Python 可视化工具，功能强大，支持的图形种类非常多。因为 Matplotlib 使用广泛，目前市面上关于它的参考资料较多，易于学习。虽然 Matplotlib 功能强大，但是大多数需要我们自己写代码，所以代码量稍多一些，对程序员的编程能力有一定的要求。Matplotlib 并不支持原生中文，所以还要设置中文显示。此外，Matplotlib 也不支持交互式操作，无法对图形进行点击编辑等。

Seaborn 是为了绘制统计图表设计的，它是一种基于 Matplotlib 的图形可视化库，也就是在 Matplotlib 的基础上进行了更高级的 API 封装，从而使得作图更加容易。目前市面上关于 Seaborn 的参考资料较少，新手很难快速通过搜索网络解决遇到的问题，而需要自己研究别人的代码，学习起来需要花费更多时间。相比 Matplotlib，使用 Seaborn 时代码量较少。虽然要先将数据转换为 DataFrame 格式，没在代码中体现，但总体上代码还是很简短。由于是基于 Matplotlib 的，Seaborn 也需要设置中文并且不支持交互式操作。

Plotly 也是一款非常强大的 Python 可视化库，跨平台能力较强。Plotly 内置完整的交互能力及编辑工具，支持在线和离线模式，提供稳定的 API 以便与现有应用集成，既可以在 Web 浏览器中展示数据图表，也可以存入本地拷贝。但是由于官方未提供中文文档，网上关于 Plotly 的教程也仅限于官方的一些 demo，对于一些详细的参数设置并没有太多资料，需要花较长的时间摸索。

Bokeh 是一个专门针对 Web 浏览器的交互式可视化 Python 库。这是 Bokeh 与其他可视化库最核心的区别。它可以做出像 D3.js 简洁漂亮的交互可视化效果，但是使用难度低于 D3.js。使用 Bokeh 时编写的代码量也比较多，大多是在数据的处理上。和 Plotly 类似，网上关于 Bokeh 的教程也比较少，读者需要多花一些时间去研究别人的代码。

Python 也具有强大的三维数据可视化能力，感兴趣的读者可以了解一下 TVTK、

Mayavi、TraitsUI、SciPy 等工具。

　　不同工具的应用场景、目标用户都不完全相同，所以我们在选择工具时需要先思考自己的使用场景，并且需要评估绘制目标图形的难度，选择最适合自己的工具，才能事半功倍。

　　通过本章的学习，希望你能轻松地利用这几款工具进行数据分析和可视化。同时，对一些 Python 领域常用的可视化库特性有一个了解，在这些库使用方法的学习方面，建议不要闭门造车，而是通过查阅参考资料和别人优秀的代码，加以实践，以掌握最新的接口调用方法。想获取更多相关的例子和介绍，你可以查阅官方网站（https：//matplotlib.org/、https：//seaborn.pydata.org/、https：//plotly.com/python/和 https：//docs.bokeh.org/en/latest/）。

第 10 章　**Python 生态和开发环境**

10.1　Python 生态发展之路

根据 2021 年 10 月的 TIOBE 编程语言流行度排行榜，Python 成功超越了 C 冲到了第一名，截至 2022 年 3 月仍保持为世界上最流行的编程语言（见图 10 - 1）。

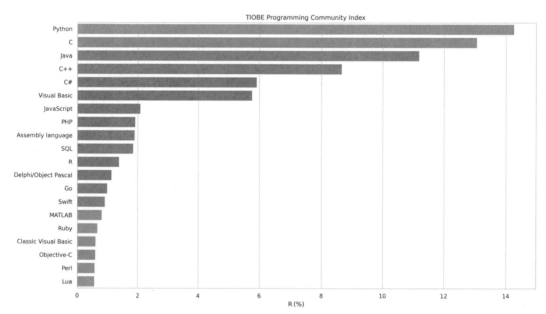

图 10 - 1　TIOBE 编程语言流行度排行榜（2022 年 3 月）[①]

近年来随着人工智能的崛起，将 Python 的火爆度推向了更高潮，最热门的人工智能框架几乎全以 Python 语言为主实现，使 Python 的应用生态进一步得到了完善。

本节将介绍 Python 的历史以及其开源生态，帮助大家对 Python 的发展历程有一个更

---

① 引自 https://www.tiobe.com/tiobe-index/

好的理解。

10.1.1　Python 简史

Python 语言的创始人是荷兰程序员吉多·范罗苏姆（Guido van Rossum）。1989 年，Guido 在参与 ABC 语言（由荷兰的国家数学与计算机科学研究所（CWI）研发的一种高级编程语言）开发时，产生了写一个新的简洁、实用的编程语言的想法，并开始着手编写。因为 Guido 喜欢 BBC 电视剧——蒙提·派森的飞行马戏团（Monty Python's Flying Circus），所以将其命名为 Python。

Python 编译器的首次发布是 1991 年。作为 ABC 编程语言的继任，Python 的第一迭代版本中已经包含了表、词典等常见数据类型，以及异常处理、函数以及类与继承等特性。首版本的 Python 已经定下了一个未来沿用到现在的技术路线的基调，就是想以非常简单的编程方式实现某个功能，就写 .py 文件，而想要追求一定的性能，就用 C 语言编译成动态库 .so，也可以直接在 Python 里调用。这样的设定非常受程序员欢迎，在验证自己的想法的时候可以快速实现，不用考虑性能，就无需编写冗长的 C 代码，而当真正投入生产应用的时候，再重写成 C 语言版本的，以追求更好的性能发挥。

Python 初期正好赶上互联网的起步发展，很多技术人员学会了使用网络交流，这也为 Python 语言在世界范围内传播奠定了基础。同样随着硬件设备性能的快速提升，内存开销、运算速度的重要性逐步弱化，也为 Python 语言的推广和流行推波助澜。最初的 Python 开源生态是通过邮件来完成的，之后随着开源社区的流行在 2.0 版本完全开源，参与的开发者也越来越丰富。

如今，Python 已拥有强大的内置库和丰富的第三方开源库，也拥有丰富的开发者社区、文档和教学资源，已经成为我们生活中不可或缺的编程语言，渗透到生活的方方面面。

10.1.2　从 Python2 到 Python3

和其他语言不太一样的是，Python 程序员在大约 5～10 年前的时间里，编写程序的时候都会面临一个选择：2 还是 3，这个选择也困扰了很多初学 Python 的程序员。

Python2 是 2000 年就早早发布，经过了 8 年的迭代更新已经非常成熟。而 Python3 于 2008 年底首次发布，神奇的是，Python3 从发布之初就和 Python2 不兼容，基本上 Python2 写的代码在 Python3 的解释器里是大概率跑不通的，而且 Python3 刚刚发布，稳定性上依

现代化编程方法 ⟩⟩⟩⟩⟩⟩
与地球物理开源软件实践 Modern programming techniques
and the practices for open source geophysical software

然存疑，再加上要升级版本还得修改程序，大部分习惯 Python2 的程序员并不会选择早早地拥抱全新出场的 Python3，这一现象造成了长达 10 多年的双版本并存的时代。

但到了 2020 年，Python2 正式官宣停止更新，现在除了极少数 Python2 代码的维护工作之外，基本上程序员面临的选择也越来越清晰，那就是整体转向了 Python3。最新出炉的大部分第三方库，基本上都只支持 Python3 了（图 10 – 2）。Python3 主要解决和修正了 Python 语言之前版本中存在的固有设计缺陷，开发重点是清理代码库和消除冗余，明确任务的实现方法，合并整理内置库，从此变得更为清晰明了。

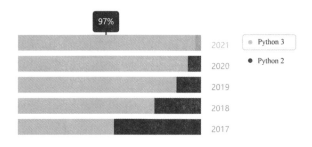

图 10 – 2　JetBrains 发布的 Python2 和 Python3 的使用者占比[①]

10.1.3　Python 的开源生态

提到开源生态，首先要介绍 Python 开源基金会（Python Software Foundation，简称 PSF）。PSF 成立于 2001 年，总部在美国，如今已有两百多名会员了，其主要职责是推广、保护并提升 Python 编程语言，同时支持并促进多元及国际性 Python 程序员社群的成长。2000 年发布的 2.0 版本正式将源码托管至 SourceForge，确定了 Python 的开源开发模式，后在 2017 年仓库迁至 GitHub。PSF 负责 Python 及第三方开源项目的推广和支持。

GitHub 是全球最大的开源社区，基本上可以代表一门语言的开源生态趋势。根据 GitHub 2021 年度报告，Python 近年来发展强劲，在两年前就将多年来位居第二的 Java 挤到第三位，如今 Python 稳居第二的位置，仅次于 Javascript 见图 10 – 3。截至目前 GitHub 总共约 2 亿多个开源项目，其中以 Python 为主要语言的项目占比约 15%。

---

①　引自 https：//www.jetbrains.com/zh-cn/lp/devecosystem-2021/python/

Top languages over the years

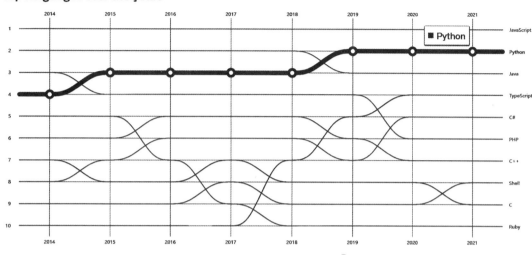

图 10-3　Github 语言排名趋势[①]

10.2　丰富的应用生态

　　Python 已经深入到全球著名企业机构的生产应用中，成为不可或缺的编程语言。以 Google、Facebook 等为代表的互联网头部企业均大量使用 Python 来完成数据分析和机器学习，两家巨头相继发布的 Tensorflow 和 Pytorch 成为了人工智能领域中最火热的计算框架。世界最大的视频网站 Youtube、美国最大的在线云存储网站 Dropbox 以及美国最大的图片社交分享网站 Instagram 都使用 Python 开发，国内的知名网站知乎、豆瓣也是用 Python 编写。

　　除了互联网行业，就连政府和军事机构也大量使用 Python，美国中情局（CIA）的官网基本是 Python 语言开发而成，美国航天局（NASA）也大量使用 Python 完成数据处理和分析的工作。世界上的金融机构对 Python 的依赖也是非常大，金融数据的处理分析也有很大一部分使用 Python 完成。

　　本节将介绍数据分析、人工智能、云计算和 Web 服务等 Python 常用的应用方向。

10.2.1　科学计算

　　Python 以简洁的代码和直管的编程思维逻辑，简化了很多科学技术人员的动手实践过程，尤其对于数据分析和科学计算来说，Python 灵活的第三方库管理和使用模式，诞生了

---

　　① 　https://octoverse.github.com/#top-languages-over-the-years

现代化编程方法 ▷▷▷▷▷▷
与地球物理开源软件实践 Modern programming techniques
and the practices for open source geophysical software

丰富的科学计算库，为研究工作带来了极大的便利。其中 Numpy、Scipy、Pandas、Matplotlib 等为代表的一系列科学计算、数据分析及可视化的库，相比于 Matlab 来说虽然功能层面稍逊一筹，但胜在开源易用且免费，还可以随时灵活修改，这为科学计算领域带来了全新的生态发展路径见图 10 – 4。

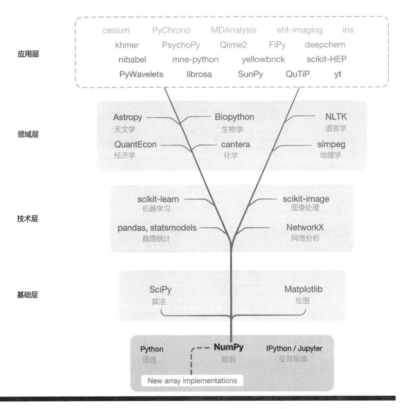

图 10 – 4　Python 科学计算的基础结构[①]

1. 数值计算

在数值计算应用方面使用频次最高的第三方库应该就是 Numpy 了。NumPy 的历史要从 20 世纪 90 年代中期谈起，由 Numeric（C 语言编写以调取 C ++ 中应用）和 Numarray（处理高维数组的库）在 2005 年整合演化而成。NumPy 作为继承者，沿用了 Numeric 中丰富的 C 语言的 API 及 Numarray 的高维数组处理能力，成为 Python 科学计算生态系统的基础。[②]

---

①　Array programming with NumPy（https://www.nature.com/articles/s41586 – 020 – 2649 – 2）

②　Array programming with NumPy（https://www.nature.com/articles/s41586 – 020 – 2649 – 2）

Numpy 主要的性能优势体现在矩阵乘法与数组形状处理上，底层做了非常多的优化工作，用到了 SIMD、AVX 向量指令集、BLAS 等底层技术和计算库，即使用 C 重写一遍，都很难达到 Numpy 的性能。

然而，Numpy 目前只能运行在 CPU 里，并且每次执行需要重新解释。要使同样的代码段可以提前编译，并且支持在 GPU 中执行，就不得不提另外一个库 Numba。Numba 可以实现读取被装饰函数的 Python 字节码，分析并优化代码片段，最后使用 LLVM 编译器库即时编译成函数的机器代码版本，此后每次调用函数时都会使用此编译版本，达到了进一步的效率提升和优化加速效果。

Scipy 是基于 Numpy 的开源数值计算库，提供了众多的数学、科学以及工程计算中常用的库函数，包括统计，优化，整合，线性代数模块，傅里叶变换，信号和图像处理，常微分方程求解器等等。作为数值计算中最主要的第三方库，Scipy 的使用也是非常的高频。

2. 数据分析及可视化

相信提到数据分析，大多数 Python 程序员第一时间想到的是 Pandas，其名字来自英文词组 panel data，在经济学界指多维结构化的数据集。Pandas 是开发者 Wes McKinney 于 2008 年在 AQR 资产管理公司工作时，为满足同事对金融数据进行量化分析的工具软件需求而开发，满足高性能和高灵活性，至今依然延续了在经济金融领域的霸主地位，其主流应用场景包括金融风控、量化投资、经济数据分析等等，是金融行业的技术人员不可或缺的技能。

Pandas 底层除了用了 Numpy 之外，也用 C 和 Cython 做了不少优化工作，最核心的数据结构是 DataFrame，将一切数据资源看作数据表，借助强大的索引机制，对数据表的各种操作进行了优化见图 10 – 5。

对于数据分析人员来说，有一个很重要的需求是数据可视化，通过一些图形的方式将数据直观地呈现出来，数据分析师们就能更直接地总结数据背后的含义，得出结论。

数据可视化最根基的库是 Matplotlib，早在 2003 年就发布了首个版本，最初由 John D. Hunter 编写，后经过开发者社区的共同维护，保持高频的迭代更新，目前已经被多个开源框架使用用于解决多种图形绘制问题，见图 10 – 6。

除了 Matplotlib 之外，常用的绘图工具包还有 Seaborn，以及交互式绘图的 Bokeh，以及专门绘制图网络的 Networkx 等，感兴趣的读者可以多尝试。

```
In [44]: d = {"one": [1.0, 2.0, 3.0, 4.0], "two": [4.0, 3.0, 2.0, 1.0]}

In [45]: pd.DataFrame(d)
Out[45]:
   one  two
0  1.0  4.0
1  2.0  3.0
2  3.0  2.0
3  4.0  1.0

In [46]: pd.DataFrame(d, index=["a", "b", "c", "d"])
Out[46]:
   one  two
a  1.0  4.0
b  2.0  3.0
c  3.0  2.0
d  4.0  1.0
```

图 10 - 5　Pandas DataFrame 例子

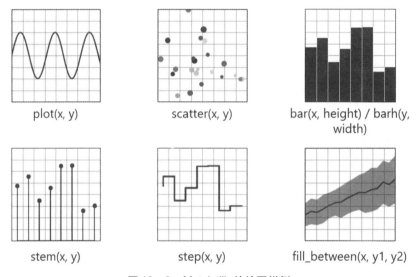

图 10 - 6　Matplotlib 的绘图样例

10.2.2　人工智能

Python 之所以在近年来大火，最主要的导火索当属人工智能的快速发展。人工智能从机器学习时代，到 2006 开始爆发的深度学习时代，Python 都成为了这段历史长河中的主角。本小节将介绍 Python 在人工智能发展中的重大价值。

1. 机器学习

机器学习的起源可以追溯到 20 世纪 50 年代，从传统人工智能的符号演算、逻辑推理、自动机模型、启发式搜索、模糊数学、专家系统等到如今 BP 神经网络横行天下的时代，机器学习的发展迅速而猛烈。最早的机器学习框架如 Scikit – learn、Mahout、MLlib 等加速了机器学习的应用进程，其中尤为重要的是 Scikit – learn。

　　Scikit – learn，俗称 Sklearn，是 David Cournapeau 在 2007 年开发的基于 BSD 协议的开源框架，几乎包含了所有常见的机器学习算法和模型，如决策树、线性回归、逻辑回归、贝叶斯、支持向量机以及后来增加的神经网络等，其基本功能包括分类、回归、聚类、数据降维、模型选择和数据预处理，实现了多种常见的监督学习和无监督学习的算法，逐渐成为非常受欢迎的机器学习分析工具。下图（图 10 – 7）是 Sklearn 官方给出的如何选择算法的技巧。

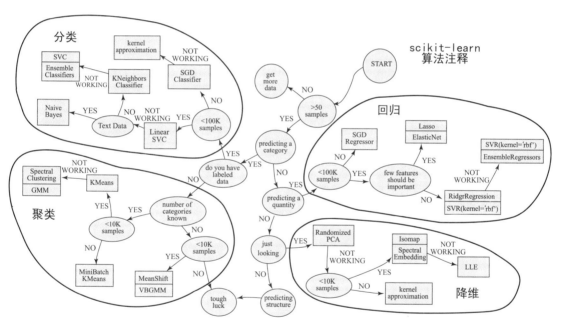

图 10 – 7　Sklearn 中如何选择算法

2. 深度学习

　　在机器学习的分支中，神经网络独树一帜，随着层数的不断加深，诞生了新的研究方向，即深度学习。如果说 Sklearn 为 Python 在机器学习的应用上点燃了星星火苗，那么以 Tensorflow 和 Pytorch 为代表的深度学习框架，确确实实为 Python 的发展燃起了熊熊烈火。除了头部的 Tensorflow 和 Pytorch，其他如 Caffe、Keras、Chainer、PaddlePaddle 等框架也接踵而至，为深度学习的发展提供了有力的工具支持。根据英伟达官方提供的深度学习软件生态全景图（图 10 - 8），可以看到百花齐放的框架生态，大部分均提供了 Python 编程接口，凸显出了 Python 在人工智能领域的重要作用。

图 10 - 8　深度学习框架全景图[①]

Tensorflow 源于 Google Brain 内部孵化出的一个项目 DistBelief。Google 具有敏锐的前瞻性，大力投入众多顶尖的工程师来为这个项目出力，其中就有大名鼎鼎的 Jeff Dean。经过如此强大阵容的努力，于 2015 年 11 月发布了 TensorFlow 0.1 版，正如其名字一样，整个框架将深度学习的过程刻画成一张静态的计算图，其中数据和参数均以张量（Tensor）的形式表示，张量就在计算图中流动（Flow），就可以实现深度学习的计算过程。至今 Tensorflow 已经迭代到了 2. X 版本，集成了 Keras 中的简单 API，也能通过 Eager 模式实现动态图，简化了 1. X 版本很多的冗余内容，并增加了很多有价值的功能，成为如今深度学习的霸主。

Pytorch 初始版本于 2016 年 9 月由 Facebook AI Research（FAIR）的 Adam Paszke、Sam Gross、Soumith Chintala 等人创建，并于 2017 年在 GitHub 上开源。Pytorch 实际参考了 2012 年纽约大学发布的 Torch，Torch 是用 Lua 语言编写的，吃了语言小众的亏，Torch 并没有达到流行的程度。因此，FAIR 充分借鉴了 Torch 的设计理念，用 Python 重写了，并命名为 Pytorch。Pytorch 使用起来比 Tensorflow 更为简单，其天生动态图的特性，与程序员的编程思维紧密贴合，又相比 Tensorflow 非常容易调试，因此自发布之日起热度直线上升，一度在受欢迎程度上超过 Tensorflow，如今与 Tensorflow 携手成为深度学习最流行的两大框架。

除此之外，贾扬清在加州大学伯克利分校博士期间发布的 Caffe、蒙特利尔大学开源的 Theano（目前已停止维护）、百度的飞桨（PaddlePaddle）、亚马逊李沐的 MXNet 等都成为了使用率较高的深度学习框架，可谓各显神通。值得一提的是这些框架基本都以 Python 为主要应用接口，Python 在这个过程中为深度学习的发展奠定了基础。

[①] https://developer.nvidia.com/deep-learning-software

10.2.3　WEB 服务

早在 1999 年，Python 的 web 框架之祖——Zope 1 就发布了，从那时起就有人使用 Python 来编写 web 服务。至今 20 余年时间里，先后诞生了上百种 Web 开发框架，形成了很多成熟的模板技术。用 Python 开发 Web 应用，不但开发效率高，而且运行速度也非常快。从 Python2.0 时代的 Django、Flask、Tornado、sanic 等，到 3.0 时代下的 AioHTTP 等框架，都成为了很多人开发 Web 服务的选择。后来随着 Go 语言和 NodeJS 的兴起，以及 Java 服务端的复兴，Python 作为 Web 服务开发工具的使用率有所下降，但仍不失为 Web 应用主流开发语言其中之一。

10.2.4　云计算

提到云计算不得不提 OpenStack。OpenStack 是 Rackspace 和 NASA 共同于 2010 年推出的一个部署云的操作平台或工具集。通过易于实施和大规模扩展，提供了生产无处不在的开源云计算平台，以满足公共云和私有云的需求。而这一云计算领域的基础就是用 Python 编写的。图 10 - 9 展示了 OpenStack 官方网站介绍的整体功能架构，目前 OpenStack 已经是云服务厂商的核心技术栈之一。

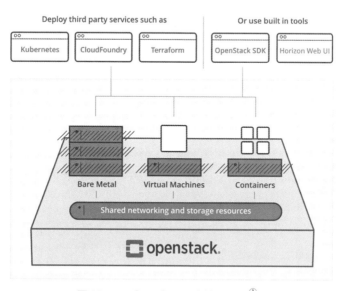

图 10 - 9　OpenStack 的基础架构[①]

---

① 　https://www.openstack.org/

现代化编程方法 »»»»
与地球物理开源软件实践 Modern programming techniques
and the practices for open source geophysical software

OpenStack 选用 Python 作为编程语言，利用了 Python 作为脚本语言的优势，灵活易编写，且需要经常与系统命令交互，Python 基本上作为系统默认支持的语言，其脚本特性使得非常容易与系统交互，很多系统运维的工具就是使用 Python 开发实现的。借助这些特点，OpenStack 选择 Python 作为编程语言，恰好与 Python 的流行度趋势相符合，也为其吸引了大量的社区开发者，共同打造良好的开源生态。

10.3 开发环境和工具

Python 之所以非常流行，其中有个很重要的原因是有非常简易的环境安装部署和丰富的 IDE 等开发工具。本节将从 Python 的虚拟环境隔离、IDE 开发工具等方面做出整体介绍。

10.3.1 虚拟环境

Python 的安装非常简单，不同系统下均有做好的安装包，尤其在 Linux 下用一行命令就可以完成安装。但由于 Python 丰富的第三方库生态，针对不同应用场景，需要安装不同的库，这导致了对于同一台机器上，面向不同应用场景需要对 Python 环境进行隔离，基于此诞生了众多的虚拟环境隔离工具。

最初流行的虚拟环境管理包是 Virtualenv，后来又出现了功能更丰富的 Virtualenvwrapper，再之后 Conda 的流行。无论是 Anaconda 还是更为精简的 Miniconda，都成为环境管理的主流工具。

10.3.2 开发工具

Python 的 IDE 非常多，见图 10－10，基本上分为以 Pycharm 为代表的高集成度的开发工具，也有以 Vim、Sublime Text、VS Code 等编辑器＋插件模式的开发方式，两种方式各有优劣。

PyCharm 是由著名软件开发公司 JetBrains 开发的跨平台开发环境，拥有 Microsoft Windows、macOS 和 Linux 版本，在 Apache 许可证下开源了社区版。以人工智能和机器学习为主要开发场景的时候，被很多人认为是最好的 Python IDE。Pycharm 内置了很多 Python 开发工具和环境，支持 Web 框架、调试、单元测试、智能代码编写、支持远程开发等功能。

VS Code 是微软开发的，使用 Monaco Editor 作为其底层的开源代码编辑器。VS Code

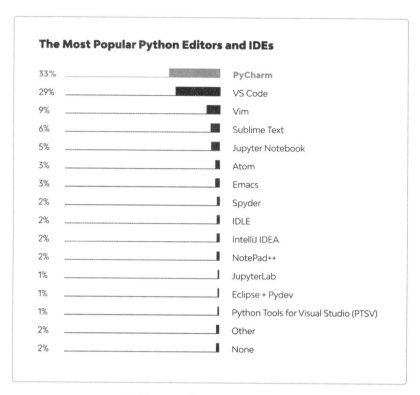

图 10 – 10　常用 Python 开发 IDE

默认支持非常多的编程语言，包括 JavaScript、TypeScript、CSS 和 HTML，也可以通过扩展插件支持 Python、C/C++、Java 和 Go 在内的其他语言。其丰富的官方和第三方插件，让 Python 的 JupyterLab、Notebook 等功能均能很好地接入。

　　Vim 是 Linux 平台下主流的编辑器，通过插件和配置文件的修改，可以编程功能强大的 IDE 开发环境，也是大家公认的技术大牛使用的编辑器，完全使用键盘就可以实现所有操作。

　　至于其他编辑器和集成开发环境，读者们可以多尝试。每个人都有自己的操作习惯，工具并不影响代码本身，找到一个自己喜欢的 IDE 就好。

10.4　小结

　　本章概述了 Python 语言的历史和发展趋势，以及 Python 的应用场景和强大的应用生态，也介绍了 Python 的开发环境和工具。通过这一章的学习，您能够更好地了解 Python 的背景和应用，从整体上认识 Python 这门奇妙的语言！

现代化编程方法 ⟩⟩⟩⟩⟩⟩
与地球物理开源软件实践 Modern programming techniques
and the practices for open source geophysical software

第 11 章　　包管理器与国内开源镜像站

鉴于 Python 强大的语言能力和便利的生态环境，为了方便使用，首先需要根据自己的工作环境配置到最适合的平台和语言安装包。因此，本章小 G 将系统介绍一下 Linux 平台和 Python 语言里常用的包管理器，以及国内开源镜像站。希望你通过本章的学习，能够根据你自己的环境选择到最适合的平台和 Python 包管理器。

11.1　概述

包管理器（package manager）与包的开发、安装和更新有着密切的关系。随着一个项目的发展，手动对包进行管理会十分困难，而包管理器可以很好地帮助你在项目上对包进行管理。本章会介绍 Linux 平台和 Python 语言上常用的包管理器。

国内开源镜像站拥有发行版系统镜像及开源应用，提供免费高速的下载服务。本章节会介绍几个国内开源镜像站。

11.2　Linux 的包管理器

在 Linux 中掌握包管理器的使用，可以让你灵活地处理各种任务，从在仓库中下载、安装软件，再到更新软件、处理依赖关系等，这是 Linux 系统管理的一个重要组成部分。

在 Linux 中包管理器分为了多种派系，本章节将会介绍"Debian"派系的 apt 和"Red Hat"的 yum 软件包管理工具。

11.2.1　apt

大家都知道在 Ubuntu 下，安装软件经常会用到一个命令就是"apt – get install"，这条命令其实是 Linux 系统下一个通用的软件包管理器，使用该命令可以安装和卸载软件。在 Ubuntu 下，还有另外一个软件包管理器，叫作 dpkg，它也可以实现软件的安装和卸载。

（1）apt 的用法。

apt（Advance Packing Tool）是一款包管理工具，用于软件包的安装、更新、卸载和包依赖问题。apt 是建立在 dpkg 之上的软件管理工具。dpkg（Debian Packager）是一个底层的软件包管理工具，主要对下载到本地和已安装的包进行管理，它只能安装本地的".deb"文件，且不能解决依赖问题。

```
sudo apt-get install #安装包
sudo apt-get reinstall #重新安装
sudo apt-get remove #删除包
sudo apt-get autoremove --purge #删除包、依赖和配置文件
sudo apt-get upgrade #更新已安装的包
```

（2）apt 配置源。

首先需要备份系统的源文件，接着前往目录"/etc/apt/sources.list"，打开"sources.list"文件，将所需的源添加进去即可。之后执行以下命令，更新即可。

```
sudo apt-get update #更新源列表
```

11.2.2　yum

yum（Yellow dog Updater，Modified）是 Shell 前端软件包管理器，基于 RPM 包的管理工具。yum 可以自动处理依赖关系，且能够一次性安装好软件所需的依赖包，无需进行多次下载。

yum 的用法。yum 是一个在线的软件安装命令。能够从指定的站点自动下载并安装。例如我们需要安装软件 a，其依赖包有 b、c 和 d，它可以自动安装 a 所需的依赖包 b、c 和 d。

那么怎么才能自动安装呢？需对 yum 的配置文档和镜像站点进行修改：

如图 11-1，查询仓库，状态"enabled"为激活状态。

```
yum repolist all #查询已拥有的仓库
```

目录"/etc/yum.repos.d/"下，存在多个配置文件，yum 会从该目录里面逐个查询。

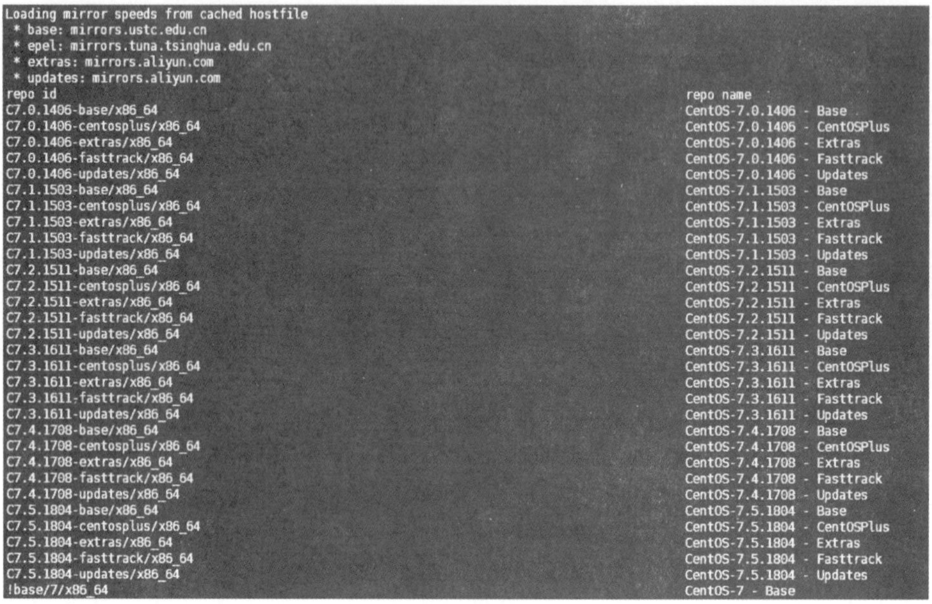

现代化编程方法 >>>>>>>
与地球物理开源软件实践 Modern programming techniques
and the practices for open source geophysical software

图 11-1　仓库

如图 11-2 打开该目录下的配置文件："CentOS-Base.repo"。

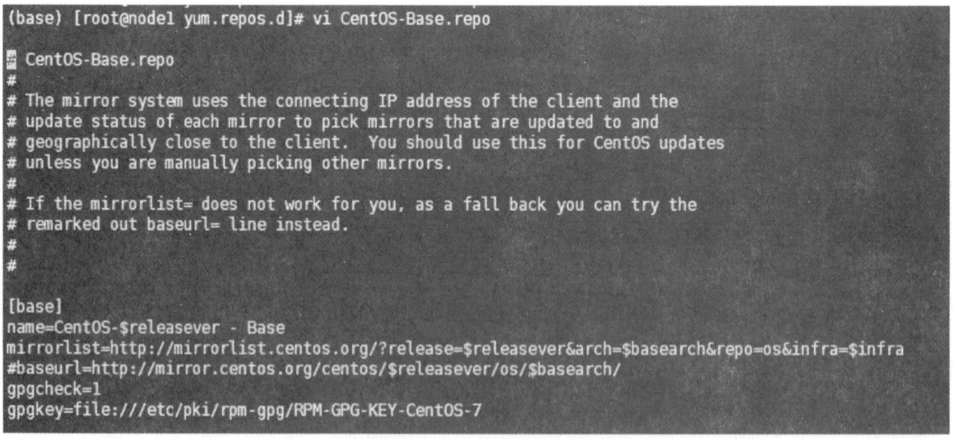

图 11-2　部分配置文件

图 11-2 中："［base］"代表仓库的名字，可以对中括号内的名字进行修改，但不能重名；"mirrorlist"为这个仓库可用的镜像站点，由 yum 自动寻找；"baseurl"代表仓库的固定镜像站点。

注意：当修改了配置文件的镜像站点，却没有修改仓库名称时，可能会造成列表不同步，这时就需要使用下方指令：

```
yum clean all
```

接下来列举几个 yum 常用的指令：

```
yum search python #查询与 python 相关的软件
yum info python #查询 python 功能
yum list #列出所提供的所有软件
yum - y gcc #安装 gcc, - y 会自动选择'y'
yum remove package #卸载软件
```

如果想要了解 yum 的更多功能，可以使用下方指令，查询手册。

```
man yum #查询手册
```

11.3　Python 的包管理器

在安装 Python 相关包时，通常有两种方法进行安装，对于一般的包通常使用"pip/conda install"进行在线安装，且会自动安装相关的依赖包。第二种方法便是下载所需包的源码包到本地环境，通过"python setup. py install"进行安装，采用这种方法，不会安装相关的依赖包。

11.3.1　pip

PyPI（Python Package Index）是 Python 编程语言的软件仓库，所有人都可以下载第三方包或上传自己开发的包，绝大多数的包都会优先发布在 PyPI 上。PyPI 推荐使用 pip 包管理工具进行第三方包的下载。

pip（Python Install Package）是安装和管理 Python 包的工具，是 easy_install 的替代品。它安装的是 wheel 或者源代码的包，源码安装时需要编译器的支持。pip 不支持 Python 语言外的依赖项。

（1）安装 pip。

pip 可以工作在 Windows、macOS 和 Linux 等操作系统上。

从 Python 3.4 版本开始，官网的安装包已自带 pip，在安装 Python 时，用户可以自行选择安装。如果没有安装，可以用以下两个方法进行安装。

Python 自带"ensurepip"模块，它可以在 Python 环境中安装 pip，在 Windows 环境下指令如下：

```
python -m ensurepip --upgrade
```

打开终端/命令提示符界面，前往'get-pip.py'的文件夹运行即可。

```
python get-pip.py
```

“pip. py”在如下地址下载：

```
https://bootstrap.pypa.io/get-pip.py
```

（2）pip 用法。

如图 11-3，安装完成后在终端中输入'pip'即可获得使用说明。

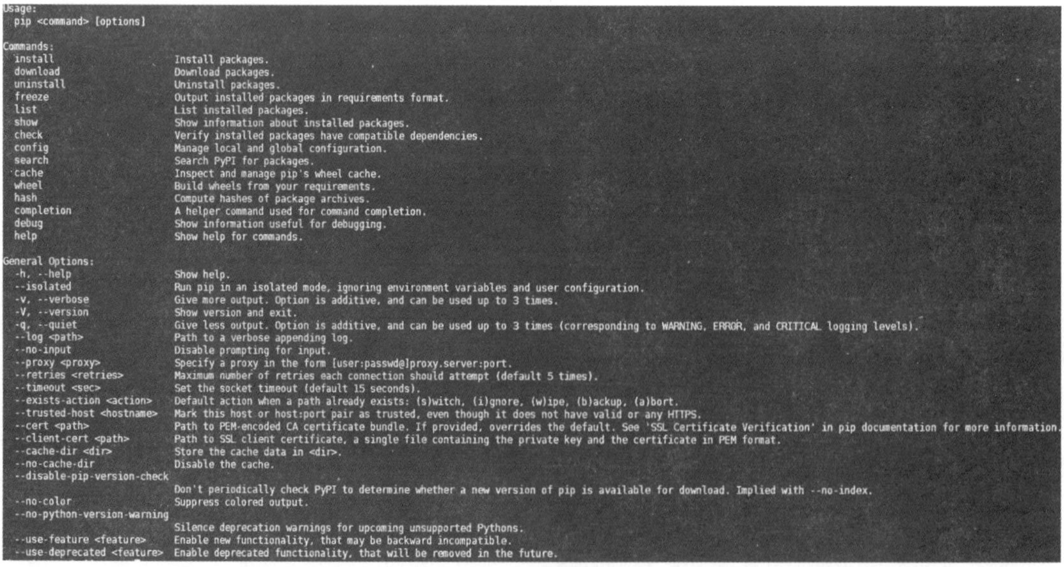

```
Usage:
  pip <command> [options]

Commands:
  install                     Install packages.
  download                    Download packages.
  uninstall                   Uninstall packages.
  freeze                      Output installed packages in requirements format.
  list                        List installed packages.
  show                        Show information about installed packages.
  check                       Verify installed packages have compatible dependencies.
  config                      Manage local and global configuration.
  search                      Search PyPI for packages.
  cache                       Inspect and manage pip's wheel cache.
  wheel                       Build wheels from your requirements.
  hash                        Compute hashes of package archives.
  completion                  A helper command used for command completion.
  debug                       Show information useful for debugging.
  help                        Show help for commands.

General Options:
  -h, --help                  Show help.
  --isolated                  Run pip in an isolated mode, ignoring environment variables and user configuration.
  -v, --verbose               Give more output. Option is additive, and can be used up to 3 times.
  -V, --version               Show version and exit.
  -q, --quiet                 Give less output. Option is additive, and can be used up to 3 times (corresponding to WARNING, ERROR, and CRITICAL logging levels).
  --log <path>                Path to a verbose appending log.
  --no-input                  Disable prompting for input.
  --proxy <proxy>             Specify a proxy in the form [user:passwd@]proxy.server:port.
  --retries <retries>         Maximum number of retries each connection should attempt (default 5 times).
  --timeout <sec>             Set the socket timeout (default 15 seconds).
  --exists-action <action>    Default action when a path already exists: (s)witch, (i)gnore, (w)ipe, (b)ackup, (a)bort.
  --trusted-host <hostname>   Mark this host or host:port pair as trusted, even though it does not have valid or any HTTPS.
  --cert <path>               Path to PEM-encoded CA certificate bundle. If provided, overrides the default. See 'SSL Certificate Verification' in pip documentation for more information.
  --client-cert <path>        Path to SSL client certificate, a single file containing the private key and the certificate in PEM format.
  --cache-dir <dir>           Store the cache data in <dir>.
  --no-cache-dir              Disable the cache.
  --disable-pip-version-check
                              Don't periodically check PyPI to determine whether a new version of pip is available for download. Implied with --no-index.
  --no-color                  Suppress colored output.
  --no-python-version-warning
                              Silence deprecation warnings for upcoming unsupported Pythons.
  --use-feature <feature>     Enable new functionality, that may be backward incompatible.
  --use-deprecated <feature>  Enable deprecated functionality, that will be removed in the future.
```

图 11-3　说明

如图 11 -3，pip 拥有丰富的命令组合，下面对常用的指令进行简要的介绍。

注意：以下指令请在终端内输入。

```
pip install pandas #安装 pandas 库

pip install pandas ==1.3.3 #指定安装 1.3.3 版本 pandas 库

pip uninstall pandas #卸载 pandas 库

pip install pandas --upgrade #升级 pandas 库

pip list#可以查看已安装的包及版本号

pip show pandas#可以查看 pandas 包的版本号和所在目录等信息
```

以下两条指令可以修改 pip 的镜像站点：

```
pip config - - global set global.index - url https:/mirrors.
aliyun.com/simple/

    pip config - - global set install.trusted - host mirrors.
aliyun.com
```

（3）pip 从 Github 下载包。

在开发环境中会使用相当多的包，但是有些包不会发布在 PyPI 上，这时我们就可以通过 pip 指令从 Github 上下载包。

```
pip install git +https://github.com/pallets/flask -website.git
```

（4）pipenv。

虚拟环境是用于依赖项管理和项目隔离的 Python 工具。在实际开发中，不同项目需要的版本和依赖包的版本是不同的，因此需要使用到虚拟环境进行管理。

pipenv 能够有效管理 Python 的多种环境和包，它集成了 pip 和 viruralenv 的功能。它的安装十分简单，仅需 "pip3 install pipenv" 即可完成安装。更多 pipenv 介绍和用法可以前往 "https：//pipenv.pypa.io/en/latest/" 进行查看。

11.3.2　Conda

Conda 用于安装和管理 conda package，Conda 包均为二进制文件，不需要编译器进行

现代化编程方法 ▷▷▷▷▷▷
与地球物理开源软件实践 Modern programming techniques
and the practices for open source geophysical software

安装。Conda 能够创建隔离的环境，用于安装多个版本的软件包及其依赖，并能轻松地进行切换。Conda 适用于多种系统，Windows、Linux 和 macOS 等。

安装及用法。Conda 分为 Anaconda 和 miniconda，后者是精简版，这里推荐安装miniconda。

下载：

```
wget - c https://repo.continuum.io/miniconda/Miniconda3 - latest
- Linux - x86_64.sh
```

这里选择的 Conda 版本为 latest，会随着 Python 版本的升级而升级。

去到下载文件所在目录（一般在 CD ~），赋予文件执行权限。

```
chmod 777 Miniconda3 - latest - Linux - x86_64.sh
bash Miniconda3 - latest - Linux - x86_64.sh#运行
```

注意：安装时需对提示进行确认。

安装完成后，输入"conda"，bash 可能会提示找不到该命令，这时你需要前往miniconda3 的 bin 目录下（默认绝对路径为"cd ~/miniconda3/bin"）对"active"添加权限。

```
chmod 777  ~/miniconda3/bin/active#添加权限
source ~/miniconda3/bin/active#启动 conda
```

如图 11 - 4，命令行前出现"base"，即代表已在 Conda 环境里了。Conda 安装软件的方法和 pip 类似。

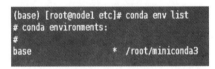

图 11 - 4　说明

```
conda list#查看 conda 列表
conda deactivate#退出 conda 环境
conda install pandas#安装 pandas
```

如图 11 - 4，显示的基础环境为"base"。有些软件依赖的 Python 版本不同，有可能会引发别的软件报错，这时就可以使用 Conda 的另一功能，创建一个新的环境。

可以使用以下命令查看当前环境，并创建新的环境。

> conda env list#查看环境
>
> conda create - n Python2 python =2#创建一个 Python2 环境，- n 代表新环境名

之后会自动下载所需的包，如图 11 - 5。按照提示输入指令即可进入 Python2 环境。

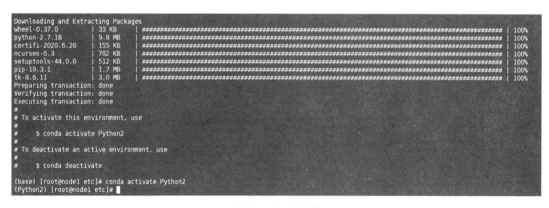

图 11 -5　新环境

使用如下几条指令，可以自由进出多个环境：

> conda activate Python2 #进入 Python2 环境
>
> conda deactivate Python2 #退出 Python2 环境
>
> conda activate base #进入 base 环境

以下两条指令可以设置 Conda 的镜像站：

> conda config -- show #查看已安装的镜像源
>
> conda config -- add channels https://pypi. mirrors. ustc. edu. cn/simple/ #添加源

现代化编程方法 >>>>>>
与地球物理开源软件实践 Modern programming techniques
and the practices for open source geophysical software

11.3.3 pip 与 Conda 的区别（表 11 −1）

表 11 −1　pip 与 Conda 的区别

类别	Pip	Conda
支持语言	Python	Python、R、C ++ 等
虚拟环境	需依赖其他软件	支持
编译器	需要	不需要
包来源	PyPI	Anaconda
依赖检查	不严格	严格
包内容	源码和二进制	二进制

11.4　国内开源镜像站

11.4.1　概述

开源镜像站是一个放置开源应用和发行版系统镜像的站点，提供免费下载服务。

国内开源镜像站访问速度快，开源软件和系统镜像数量广，还拥有完善的中文帮助文档（表 11 −2）。

表 11 −2　部分常用的国内开源镜像站

国内开源镜像站	源
清华大学	https：// mirrors. tuna. tsinghua. edu. cn/
中国科学技术大学	https：// mirrors. ustc. edu. cn/
阿里云	https：// mirrors. aliyun. com/ pypi/ simple/
豆瓣	https：// pypi. douban. com/ simple/

11.4.2　国内各镜像站的特点

国内开源镜像站常用包见表 11 −3。

表 11 -3　国内开源镜像站常用包

国内开源镜像站	特点
清华大学	Anaconda 镜像
中国科学技术大学	发行版安装镜像
阿里云	容器、系统、语言等
豆瓣	PyPI 源

11.5　小结

本章介绍了 Linux 平台和 Python 语言里常用的包管理器，以及国内开源镜像站。

希望你通过本章的学习，能够在你的环境里选择最适合的包管理器和国内开源镜像。

现代化编程方法 ▷▷▷▷▷▷
与地球物理开源软件实践 Modern programming techniques
and the practices for open source geophysical software

第 12 章　交互式教学工具与 Jupyter Notebook 用法

基于科学计算工作者交互式编码、调试、教学的需要，基于 IPython 项目诞生的
Jupyter Notebook 是当今最流行的互动式开发的平台之一。本章小 G 在简要介绍 Jupyter
Notebook 的安装、界面及基本功能的基础上，结合数据分析和机器学习两个应用案例，完
成 Jupyter Notebook 部分界面和功能的应用演示。

12.1　Jupyter Notebook 概述

Jupyter 是一个 100% 开源应用，于 2014 年诞生于 IPython 项目。

Jupyter Notebook 是基于网页的交互式计算应用，可被用于全过程计算、开发、文档编
写、运行代码和结果展示。多应用于数据分析、数值模拟、机器学习、算法建模等领域。

Jupyter Notebook 支持 40 多种编程语言，包括 Python、R、Julia、Matlab 等。它能让用
户将注释文本、数学方程、代码和可视化数据全部组合到一个共享文档中，非常适合教学
和研究工作，且它可以通过多种方式进行分享，如 Github、Dropbox、电子邮件等。

12.1.1　Jupyter Notebook 的功能

Jupyter Notebook 结合了两个组件，Web 应用程序和 Notebook 文档。

1. Web 应用程序

Web 应用程序是一种基于浏览器的应用，结合了计算、注释文本、数学公式和多样的
富媒体输出，它是可以实现多种功能的工具。

它具有许多特点，例如：

（1）可以在浏览器内编辑代码，且具有语法高亮、缩进和 Tab 补全等功能；

（2）可以通过网页运行代码，且运行结果直接展示在下方单元；

（3）使用富媒体进行计算结果的展示，例如 HTML、PNG 和 LaTex 等；

（4）可以使用 Markdown 语言在浏览器中编辑文本，为代码提供注释，且能够在

Markdown 中使用 LaTex 语法，包括数学表达和符号的输入。

2. Notebook 文档

Notebook 文档包含 Web 应用程序中所有可见的内容，包括交互式输入和输出、注释性文本、数学方程和图像等。

Notebook 文档包含交互式会话的输入和输出，以及伴随代码不断生成的可视化内容等，它可作为会话的完整记录，将代码及生成的内容结合在一起，利于对整个会话过程进行思考及存档。

12.1.2　为什么选择 Jupyter Notebook

Jupyter Notebook 拥有许多的优点，例如：

（1）使用方便，可以将其部署在云端，只需一个浏览器便可随时随地编写代码及查看结果。

（2）利于交互式教学，对于每一个知识片段，在讲解完后，附上可交互修改的单元格，学生可以迅速运算并验证自己的想法。

（3）拥有分段执行代码的功能和交互式界面，可以按照自己的思维逻辑来编写代码。

12.2　Jupyter Notebook 的安装及运行

12.2.1　安装

1. Anaconda 安装

最简单的方法便是通过 Anaconda 进行安装，因为其发行版自带 Jupyter Notebook，只需键入如下命令，即可运行。

```
jupyter notebook
```

如果 Anaconda 没有自动安装 Jupyter Notebook，你也不用着急，只需键入如下命令，即可进行安装。

```
conda install jupyter nodebook
```

2. pip 安装

首先需升级 pip 版本，键入如下命令。

现代化编程方法 >>>>>>
与地球物理开源软件实践 Modern programming techniques
and the practices for open source geophysical software

```
pip install --upgrade pip
```

待 pip 更新完成后，便可键入如下命令进行 Jupyter Notebook 的安装。

```
pip3 install jupyter
```

12.2.2　运行

在 IDE（PyCharm）环境下键入如下指令，服务器会在当前操作目录下启动。

```
jupyter notebook
```

启动后，默认的 notebook 服务器为：

```
http://localhost:8888
```

其中 localhost 指的是本机，8888 为端口号。

如有任何使用的疑问，可以键入如下指令，查看官方的帮助文档。

```
jupyter notebook --help
```

12.3　Jupyter Notebook 的基本用法

12.3.1　界面

启动命令执行完成后，会进入到如下界面：

图 12 - 1 中包含了文件、运行、集群三个页面。其中 Cluster 现在已由 IPython parallel 对接，本文中不做介绍。

1. Files 页面

Files 页面是用于管理和创建文件相关的页面。在此页面，可以对文件进行增、删、改、复制和移动等操作。

同时也可以点击"New"，创建新的 Notebook。这个示例中安装的版本是 Python 3，因此列出了 Python 3 内核。如果你安装了其他内核，它也会出现在图 12 - 2 中的列表里。这也是它的优点之一，可以管理多个版本。

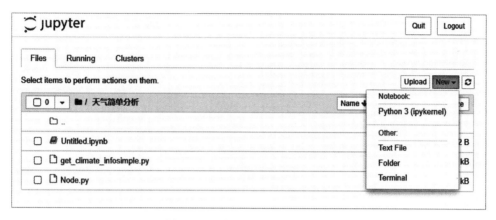

图 12 - 1　Jupyter Notebook 界面

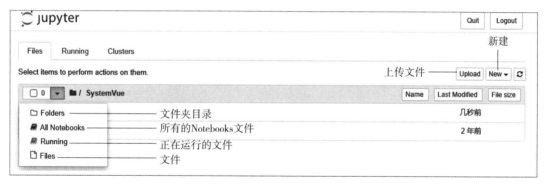

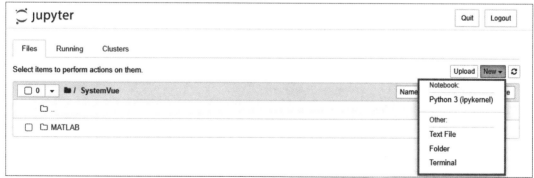

图 12 - 2　上图为主界面，下图为新建 Notebook

2. Running 页面

图 12 - 3 的实例中正在运行 "Untitled. ipynb" 文件，如果想要关闭 notebook，可以点

现代化编程方法 ＞＞＞＞＞＞
与地球物理开源软件实践 Modern programming techniques
and the practices for open source geophysical software

击 "shutdown" 按钮，请注意保存文件。回到 Terminal（终端）后，连按两次 "ctrl + c"
即可关闭服务。

图 12 – 3　Running 界面

12.3.2　编辑界面

编辑界面由文件名、菜单栏、工具菜单和命令行界面组成（图 12 – 4）。

图 12 – 4　编辑界面

点击图 12 – 4 中的文件名 "Untitled" 可以对其进行重命名。

1. 菜单

菜单由 File、Edit、View、Insert、Cell 等组成。

（1）File。

File 下拉菜单中，包含新建、重命名、预览、等功能。

着重介绍的是 "Save and Checkpoint"，该功能可以将当前 notebook 状态保存为一个 "checkpoint"，如想要回退，点击 "Revert to Checkpoint" 选择对应的 "checkpoint" 就可以回到你之前的保存状态。

（2）Edit。

Edit 下拉菜单里，包含了许多对单元格进行操作的选项，例如复制粘贴、删除、撤销删除等操作。

（3）View。

包含了隐藏/显示工具条、更改单元展示样式等功能。

（4）Insert。

在当前单元上/下方插入新的单元。

（5）Cell。

包含多种运行单元内代码的方式，例如运行单元内代码并将光标移动到下一行和运行该单元上/下方所有单元内的代码等功能。

（6）Kernel。

包括多种内核相关操作，例如重启内核、切换内核和中断内核的连接等。

（7）Help。

多种帮助手册，例如快捷键大全、Markdown 使用指南和 Python 库的指南等。

2. 工具菜单

工具菜单包含了保存、新建、粘贴复制、剪切和运行等功能。

12. 4　Jupyter Notebook 使用案例

12. 4. 1　数据分析

在进行一项数据分析工作时，第一步便是数据挖掘，之后对数据进行可视化展示，接下来展示一个简单的案例。

1. 数据挖掘

requests 库可以实现多种功能，例如获取某个网页、请求、响应 Cookies 和响应 headers 等等。首先需在 Jupyter Notebook 里安装 requests 库，如图 12 – 5。

接下来我们就可以利用 Jupyter Notebook 进行数据挖掘了。"BeautifulSoup" 是 Python 的一个库，最主要的功能是从网页抓取数据（图 12 – 6）。

现代化编程方法 >>>>>>
与地球物理开源软件实践 Modern programming techniques
and the practices for open source geophysical software

图 12 – 5　安装 requests 库

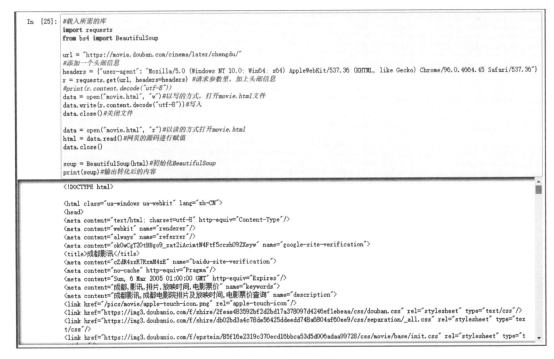

图 12 – 6　抓取数据

"BeautifulSoup" 对网页源码进行处理之后，接下来便需要分析网页。

在图 12 – 7 中，通过搜索所有的 "div"，遍历出了每条电影的信息。接下来我们再根据遍历出的数据，提取我们需要的信息。

图 12 – 8 中，我们在 "a""li" 标签中，提取了我们需要的信息，并将数据保存为 "csv" 文件。

```
In [27]:  #载入所需的库
          import requests
          from bs4 import BeautifulSoup

          url = "https://movie.douban.com/cinema/later/chengdu/"
          #添加一个头部信息
          headers = {"user-agent": "Mozilla/5.0 (Windows NT 10.0; Win64; x64) AppleWebKit/537.36 (KHTML, like Gecko) Chrome/96.0.4664.45 Safari/537.36"}
          r = requests.get(url, headers=headers) #请求参数里，加上头部信息
          #print(r.content.decode("utf-8"))
          data = open("movie.html", "w") #以写的方式，打开movie.html 文件
          data.write(r.content.decode("utf-8")) #写入
          data.close() #关闭文件

          data = open("movie.html", "r") #以读的方式打开movie.html
          html = data.read() #网页的源码进行赋值
          data.close()

          soup = BeautifulSoup(html) #初始化BeautifulSoup
          #print(soup) #输出转化后的内容
          datas_movies = soup.find('div',id = 'showing-soon') #找到最大的div
          for data_movie in datas_movies.find_all("div", class_ = "item"): #遍历，从最大的div里找到每条电影的div
              print(data_movie)

          <div class="item mod">
          <a class="thumb" href="https://movie.douban.com/subject/27067713/">
          <img class="" src="https://img1.doubanio.com/view/photo/s_ratio_poster/public/p2753056989.jpg"/>
          </a>
          <div class="intro">
          <h3>
          <a class="" href="https://movie.douban.com/subject/27067713/">曾经相爱的我们</a>
          <span class="icon"></span>
          </h3>
          <ul>
          <li class="dt">12月10日</li>
          <li class="dt">剧情</li>
          <li class="dt">中国大陆</li>
          <li class="dt last"><span class="">2930人想看</span></li>
          <a class="trailer_icon" href="https://movie.douban.com/trailer/283824/#content">预告片</a>
          </ul>
          </div>
          </div>
          <div class="item mod odd">
```

图 12－7　数据处理

```
#载入所需的库
import requests
from bs4 import BeautifulSoup
import matplotlib.pyplot as plt
import csv

url = "https://movie.douban.com/cinema/later/chengdu/"
#添加一个头部信息
headers = {"user-agent": "Mozilla/5.0 (Windows NT 10.0; Win64; x64) AppleWebKit/537.36 (KHTML, like Gecko) Chrome/96.0.4664.45 Safari/537.36"}
r = requests.get(url, headers=headers) #请求参数里，加上头部信息
#print(r.content.decode("utf-8"))
data = open("movie.html", "w") #以写的方式，打开movie.html 文件
data.write(r.content.decode("utf-8")) #写入
data.close() #关闭文件

data = open("movie.html", "r") #以读的方式打开movie.html
html = data.read() #网页的源码进行赋值
data.close()


soup = BeautifulSoup(html) #初始化BeautifulSoup
#print(soup) #输出转化后的内容
datas_movies = soup.find('div',id = 'showing-soon') #找到最大的div

csv_file = open('data1.csv', 'w', encoding="gbk", newline='')
writer = csv.writer(csv_file)
writer.writerow(["电影名", "上映时间", "类型", "地区", "粉丝"]) # csv标题

for data_movie in datas_movies.find_all("div", class_ = "item"): #遍历，从最大的div里找到每条电影的div
    #print(data_movie)
    atag = data_movie.find_all('a') #所有的a标签
    li_tag = data_movie.find_all('li') #所有的li标签
    movie_name = atag[1].text #从第二个a标签找到电影名
    movie_date = li_tag[0].text
    movie_type = li_tag[1].text
    movie_area = li_tag[2].text
    movie_fans = li_tag[3].text
    print('电影名: {}, 上映时间: {}, 类型: {}, 地区: {}, 粉丝: {}'.format(
    movie_name, moive_href, movie_date, movie_type, movie_area, movie_fans))
    writer.writerow([movie_name, movie_date, movie_type, movie_area, movie_fans])
csv_file.close()


电影名: 曾经相爱的我们, 上映时间: https://movie.douban.com/subject/34801038/, 类型: 12月10日, 地区: 剧情,  粉丝: 中国大陆
电影名: 第四面墙, 上映时间: https://movie.douban.com/subject/34801038/, 类型: 12月10日, 地区: 剧情,  粉丝: 中国大陆
电影名: 盲琴师, 上映时间: https://movie.douban.com/subject/34801038/, 类型: 12月10日, 地区: 剧情 / 传记,  粉丝: 波兰
```

图 12－8　数据过滤

现代化编程方法
与地球物理开源软件实践　Modern programming techniques
and the practices for open source geophysical software

2. 数据分析

在上例数据挖掘中，我们拿到了数据，但这还远远不够，接下来我们需要实现数据可视化，例如电影粉丝数的排行和电影类型的占比等。我们用到的工具是 matplotlib 库，语法和 Matlab 类似，它是上手非常快的一个绘图库。

如图 12 - 9 对电影粉丝数排行进行可视化展示，由于横坐标太过密集，故在代码中添加了 matplotlib 库自带的 x 轴显示密度和旋转方向等功能。

```
In [84]: #载入所需的库
import pandas as pd
import matplotlib.pyplot as plt
import matplotlib as mpl
import matplotlib.ticker as ticker
mpl.rcParams['font.sans-serif'] = ['SimHei']
mpl.rcParams["axes.unicode_minus"] = False
df = pd.read_csv("data1.csv", encoding='gb18030')
x = df['电影名']
y = df['粉丝']
plt.bar(x, y)
#x轴的显示密度
tick_spacing = 20
ax.xaxis.set_major_locator(ticker.MultipleLocator(tick_spacing))
plt.xlabel('电影名', fontsize=15)
plt.ylabel('粉丝数', fontsize=15)
plt.xticks(rotation=90, fontsize=15)#旋转方向
plt.show
```

Out[84]: <function matplotlib.pyplot.show(close=None, block=None)>

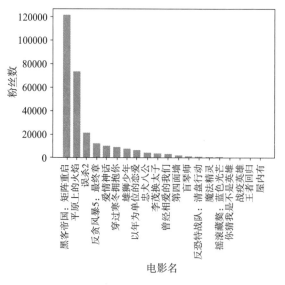

图 12 -9　柱状图

如图 12 - 10 通过 matplotlib 画出的电影类型分布图。

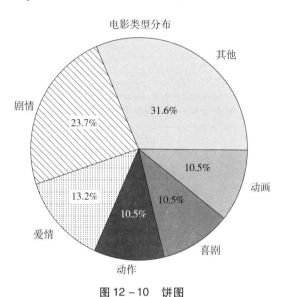

图 12 - 10　饼图

12.4.2　机器学习

接下来通过 Jupyter Notebook 实现线性回归算法案例。

首先导入本例中所需的库（图 12 - 11）。

```
In [ ]:  from collections import OrderedDict
         import numpy as np
         import matplotlib.pyplot as plt
         import pandas as pd
         from sklearn.linear_model import LinearRegression
```

图 12 - 11　载入库

输入一组数据，某城市人口（population）和商品利润（benefit）（图 12 - 12）。

```
In [21]:  path = 'ex1data1.txt'
          data = pd.read_csv(path, header=None, names=['population', 'benefit'])
          data.head()
```

Out[21]:

	population	benefit
0	6.1101	17.5920
1	5.5277	9.1302
2	8.5186	13.6620
3	7.0032	11.8540
4	5.8598	6.8233

图 12 - 12　输入数据

现代化编程方法 »»»»»
与地球物理开源软件实践 Modern programming techniques
and the practices for open source geophysical software

接下来利用 matplotlib 库，画出该组数据的散点图，如图 12 - 13。

```
In [25]: x = data.loc[:,'population']
         y = data.loc[:,'benefit']
         plt.xlabel('population')
         plt.ylabel('benefit')
         plt.scatter(x, y)
         plt.show
```

Out[25]: <function matplotlib.pyplot.show(close=None, block=None)>

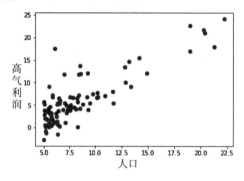

图 12 - 13　散点图

现在我们使用梯度下降实现线性回归（图 12 - 14），首先创建一个参数为 theta 的代价函数。

```
In [ ]: def computeCost(X, y, theta):
            inner = np.power(((X * theta.T) - y),2)
            return np.sum(inner) / (2 * len(x))
        data.insert(0, 'ones', 1) #在训练集中添加一列
```

图 12 - 14　代价函数

接下来，建立图 12 - 14 中 x、y 和 theta 矩阵（图 12 - 15）：

```
In [ ]: cols = data.shape[1] #列数
        X = data.iloc[:,0:cols-1]  #前2列
        y = data.iloc[:,cols-1:]  #最后一列
        X = np.matrix(X.values) #转换numpy矩阵
        y = np.matrix(y.values)
        theta = np.matrix([0,0])
```

图 12 - 15　创建矩阵

再定义梯度下降算法（图 12 - 16）：

```
def gradientDescent(X, y, theta, alpha, epoch):
    temp = np.matrix(np.zeros(theta.shape))#初始化theta
    cost = np.zeros(epoch)#theta的数量
    m = X.shape[0]#样本数量m
    for i in range(epoch):#向量化求解
        temp = theta - (alpha / m) * (X * theta.T - y).T * X
        theta = temp
        cost[i] = computeCost(X, y, theta)
    return theta, cost
alpha = 0.01#速率
epoch = 1000#迭代次数
final_theta, cost = gradientDescent(X, y, theta, alpha, epoch)
```

图 12 - 16　梯度下降

最后线性回归可视化（图 12 - 17）：

```
In [49]: x = np.linspace(data.population.min(), data.population.max(), 100)   #横坐标
         f = final_theta[0, 0] + (final_theta[0, 1] * x)   #纵坐标-利润
         fig, ax = plt.subplots(figsize=(6,4))
         ax.plot(x, f, 'r', label='Prediction')
         ax.scatter(data['population'], data.benefit, label='Traning Data')
         ax.legend(loc=2)   #2代表图例显示在左上角
         ax.set_xlabel('population')
         ax.set_ylabel('benefit')
         ax.set_title('Predicted benefit vs. Population Size')
         plt.show()
```

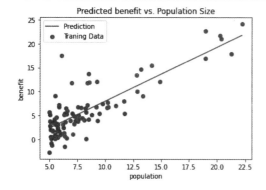

图 12 - 17　可视化展示

12.5　小结

本章概述了 Jupyter Notebook 的大致功能，对界面及基本用法进行了简要的介绍，最后介绍了基于 Jupyter Notebook 的两个应用案例，数据分析和机器学习。

Jupyter Notebook 为科学计算工作者提供了一个交互式的平台，它可以在编码和调试时

现代化编程方法 >>>>>>
与地球物理开源软件实践 Modern programming techniques
and the practices for open source geophysical software

获得实时的反馈，如果出现 bug，只需插入新单元格方可再次测试，方便你及时修正代码，并从中吸取教训。

Jupyter Notebook 为互动式教学提供了一个便捷的平台，你可以一边写报告一边写代码，最后生成一份包含计算结果的日志。

通过这一章的学习，希望你能够掌握 Jupyter Notebook 的部分功能，让它帮助你高效地完成学习工作任务。

第 13 章　　Python 中的机器学习工具包

从 20 世纪 90 年代开始,统计机器学习逐渐成为人工智能研究领域的主流方向。而进入 21 世纪,由于大数据的出现和计算能力的飞速提高,机器学习在包括计算机视觉、语音识别、自然语言处理等领域的各行各业得到广泛应用,取得了一系列令人瞩目的成果,目前其仍处于发展的黄金时期。特别地,作为最近十余年机器学习最具代表性的深度学习技术如今已经走入我们的现实生活,与我们每个人息息相关。例如公司、学校等门禁系统、疫情期间填报健康信息时用的人脸识别,机器通过医疗影像自动诊断疾病,智能语音识别输入法等。

在机器学习算法编程与应用上,Python 因为其脚本语言和胶水语言的特性,能够提供最为全面的算法接口和 API,并且易于使用和上手,所以在这一轮人工智能热潮中脱颖而出,迅速成长为最受欢迎的人工智能编程语言。

本章小 G 将结合我们的地球物理实践,讲述三种最为常用的基于 Python 开发的机器学习工具:Scikitlearn、PyTorch、Tensorflow。其中 Scikitlearn 主要面向传统机器学习,PyTorch 和 Tensorflow 则主要针对深度学习。此外,小 G 将结合几个具体的实际应用案例,手把手教大家如何利用这些工具方便地搭建深度学习卷积神经网络,并且用于地震检测、震相识别等等地震行业里最为基本的数据处理流程,让读者可以将学习成果直接用于实践中。

13.1　机器学习算法简介

13.1.1　机器学习的类别

首先我们来看一下机器学习的分类。根据所研究问题的特点,其采用的机器学习算法也有所不同。如图 13 - 1 所示,机器学习按所研究问题是否具备标注数据,可分为监督学习和非监督学习。对于监督学习,主要看算法所需要预测的是离散值还是连续值。如果是离散值（一种定性描述，例如"好""坏""正""负"），则称为分类问题；如果是连续值（例如股票涨跌的具体数值），则称为回归问题。对于无监督学习，可大致分为聚类和降维两种，聚类是把相近的样本归到一起，而降维的主要目的是减少高维数据的特征，只保留解释性强的部分特征。图中列举了用于解决各种类型问题的一些典型机器学习方法，对它们的原理，适用范围和优缺点，我们接下来将予以简单介绍，让读者有一个初步认识。

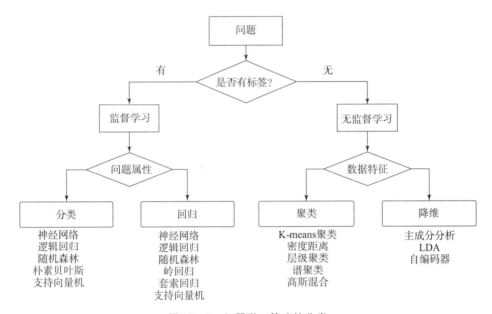

图 13-1　机器学习算法的分类

朴素贝叶斯学习是机器学习较早的研究方向，其方法最早起源于英国数学家托马斯·贝叶斯在 1763 年所证明的一个关于贝叶斯定理的一个特例。经过多位统计学家的共同努力，贝叶斯统计在 20 世纪 50 年代之后逐步建立起来，成为统计学中一个重要的组成部分。根据贝叶斯定理，要获得 $P(y|x)$，需要同时知道 $P(x), P(y)$，$P(x|y)$，由于需要在同一个 x 上比较不同 y，因此 $P(x)$ 可以忽略，$P(y)$ 可通过计算训练数据中每个类的比例获得，关键在于联合概率 $P(x|y)$ 的估计，一般只能通过引入一些假设近似估计，朴素贝叶斯分类通过假定给定类别标记，n 个特征之间是独立的，这样仅需在每个类内部计算其概率，从而避免对联合概率直接进行估计。

K 最近邻（k - Nearest Neighbor，KNN）分类算法，是一个理论上比较成熟的方法，也是最简单的机器学习算法之一。该方法的思路是：在特征空间中，如果一个样本附近的 k 个最邻近（即特征空间中最邻近）样本的大多数属于某一个类别，则该样本也属于这个类别。对回归任务，测试样本被预测为 k 个邻近样本的均值。

决策树（Decision Tree）是在已知各种情况发生概率的基础上，构建一系列树状决策测试来完成分类任务。由于这种决策分支画成图形很像一棵树的枝干，故称决策树。每个分支节点上有一个特征测验（也称"分割"），基于特征测验中不同的特征取值，节点中的数据被分为不同的子集。预测时，从根节点开始，样本经过一系列特征测试到达叶节点，进而获得预测结果。决策树算法的实现通常是递归过程，其关键在于如何选择分割，常用的分割准则有基于信息增益的 ID3 算法和使用"基尼系数"的 CART 算法何等。

随机森林（RF）是一种利用多个树分类器进行分类和预测的方法，它通过随机选择特征生成随机决策树，并在每棵决策树选择分割点时先随机选择一个特征子集，然后在这个子集上进行传统的分割点选择。其中参数 K 用于控制算法的随机性，当 K 等于所有特征总数时，构建的决策树等价于传统确定性的决策树，当 K = 1 时，会随机选择一个特征。近年来，随机森林算法研究的发展十分迅速，已经在生物信息学、生态学、医学、遗传学、遥感地理学等多领域开展应用性研究。

Boosting 是一类将弱学习器提升为强学习器的算法，其中最有代表性的是 Adamboost 算法，其核心思想是针对同一个训练集训练不同的分类器（弱分类器），然后把这些弱分类器集合起来，构成一个更强的最终分类器（强分类器）。例如前面提到的随机森林，可看成是一系列的决策树聚合在一起，形成一个强分类器。

支持向量机（Support Vector Machine，SVM）是一类按监督学习（supervised learning）方式对数据进行二元分类的广义线性分类器（generalized linear classifier），其决策边界是对学习样本求解的最大间隔超平面（maximum – margin hyperplane）。其中，间隔定义为不同类别的样本到分类超平面的距离。支持向量机的关键在于核函数的选取。由于支持向量机是线性分类器，对于线性不可分的数据，需要映射到高维空间使其线性可分，但高维空间中计算内积比较困难，因此通常通过核函数，建立核函数所代表空间上内积与原空间上内积的核映射。常用核函数包括线性核，多项式核与高斯核。

聚类（Clustering）按照某一个特定的标准（比如距离），把一个数据集分割成不同的类或簇，使得同一个簇内的数据对象的相似性尽可能大，同时不在同一个簇内的数据对象的差异性也尽可能地大。目前已有超过 100 种聚类算法，大致分为几类：基于划分的聚类（partitioning based clustering），通过优化一个划分标准（如最常见的欧氏距离）的方式将数据集分成若干簇，例如 k 均值（K – means）；层次聚类（hierarchical clustering），在不同粒度水平上为数据集创造层次聚类，每层的聚类结果由相应粒度水平的阈值决定，如 SAHN

现代化编程方法
与地球物理开源软件实践 Modern programming techniques
and the practices for open source geophysical software

方法；密度聚类（density based clustering），从密度的角度构造聚类，如 DBSCAN；基于模型的聚类（model based clustering），假设存在一个数学模型能够对数据集的性质进行描述，通过对数据和该模型的符合程度进行优化，从而得到聚类结果，如高斯混合模型（GMM）。

主成分分析（Principal Component Analysis，PCA）是一种常见的数据分析方式，常用于高维数据的降维，可用于提取数据的主要特征分量，是最常见的降维方法之一。对于高维数据，PCA 首先找出能反映最多数据变化趋势的主轴，然后在主轴的正交方向，寻找剩余数据中最多数据变化趋势的第二轴，接下来继续在前两轴的正交继续寻找第三轴、第四轴……直到将所有的主要特征轴都找到为止。

人工神经网络（Artificial Neural Networks，ANN）是一种具有非线性适应性信息处理能力的算法，可克服传统人工智能方法对于直觉，如模式、语音识别、非结构化信息处理方面的缺陷。早在 20 世纪 40 年代人工神经网络已经受到关注，并随后得到迅速发展。如今人工智能领域最新的深度学习，就是从人工神经网络发展而来。一个神经网络的功能由神经元模型、网络结构和学习算法共同决定。其中最常用的神经元模型是 McCulloch – Pitts 模型（简称 M – P 模型）。在 M – P 模型中，输入信号首先和连接权重相乘，相加累计之后和一个被称为激发阈值的偏置项比较，若累加信号大于偏置项，将激发神经元并由激活函数产生输出信号。一个典型的神经网络包括输入层、输出层和中间隐层。神经网络训练的目的是决定其连接权重和神经元的偏置，最为常见的训练思路是梯度下降法，其中误差逆传播（BP）算法是应用最为成功的。其基本流程如下：首先输入经过输入层、隐层计算到达输出层，在输出层与样本标签进行比较计算误差，然后将误差通过隐层反向传播至输入层，在传播过程中算法会按照梯度方向调整连接权重和偏置以降低误差，通过多次迭代上述过程以达到训练误差最小化。

13.1.2 机器学习的性能评估

对于机器学习算法，在训练集上的误差我们称为"训练误差"（training error），在新样本上的误差我们称为"泛化误差"（generalization error）。显然，我们总是希望得到泛化误差小的学习器。如果训练误差小但泛化误差大，这种情况称为"过拟合"（overfitting），而与过拟合相对应的是"欠拟合"，也就是无论"训练误差"还是"泛化误差"都偏大。在机器学习实践中，过拟合现象相对更常见一些，也更难处理，这是因为随着一些学习能力强大的新算法例如深度学习的提出，最小化"训练误差"相对容易实现一些，但是同时实现较小的"泛化误差"则往往是比较难的。而实际应用中"泛化误差"是无法直接获得的，那么如何评估算法泛化误差呢？通常采用的方式是用一个带标签的测试集，然后用测试集上的"测试误差"来近似泛化误差。测试集的选取原则一是不应该与训练集有任何重叠，二是和新样本的分布尽可能接近。

关于训练集和测试集的划分，最常见的是二分法，例如将数据集 D 的 80% 用于训练，20% 用于测试。另一种是交叉验证法，是将数据集 D 分成 k 个大小和样本分布类似的子数据集，每次选 $k-1$ 个子数据集进行训练，剩下的 1 个用于测试，最后返回 k 次测试结果的均值。

对学习器的泛化性能，通常有一些指标从不同的角度去具体度量，以下分别介绍：

1. 准确率和错误率

考虑二分类数据集 $D = \{(x_1,y_1),(x_2,y_2),\cdots,(x_m,y_m)\}$，其中 $y \in \{-1,+1\}$。假设其中正样本数量为 m_+，负样本数量为 m_-，总数为 m。使用一个分类器，则其混淆矩阵（confusion matrix）为：

	真实类别"+"	真实类别"-"
预测为"+"	TP（True Positive）	FP（False Positive）
预测为"-"	FN（False Negative）	TN（True Negative）

分类器的准确率（accuracy）和错误率（error rate）为：

$$\mathrm{acc} = \frac{\mathrm{TP+TN}}{m} \tag{13-1}$$

$$\mathrm{err} = \frac{\mathrm{FP+FN}}{m} \tag{13-2}$$

准确率和错误率的局限性在于，在类别不均衡时，不能客观评价学习器的性能。

2. ROC 曲线和 AUC 值

ROC（Receiver Operating Characteristic）曲线可评估未知类分布或未知误分代价下的学习性能，它给出 y 轴上的真正例（True Positive Rate，简称 TPR）随 x 轴上的假正例率（False Positive Rate，简称 FPR）变化的情况，其中：

$$\mathrm{TPR} = \frac{\mathrm{TP}}{\mathrm{TP+FN}} \tag{13-3}$$

$$\mathrm{FPR} = \frac{\mathrm{FP}}{\mathrm{FP+TN}} \tag{13-4}$$

在 ROC 空间中，一个分类器对应一点。若该分类器将所有样本分为正类，那么

现代化编程方法 >>>>>>
与地球物理开源软件实践 Modern programming techniques
and the practices for open source geophysical software

TPR $=1$ 且 FPR $=1$；若它将所有样本归为负类，则 TPR $=0$ 且 FPR $=0$；若它将所有样本正确分类，则 TPR $=1$ 且 FPR $=0$。通过设置不同阈值来判断输出属于哪一类别，就能得到一系列（FPR，TPR）点，从而形成 ROC 曲线，AUC 值（Area Under ROC Curve）是 ROC 曲线下的面积。

ROC 曲线可用来比较不同分类器的优劣性，如果一个分类器的 ROC 曲线"包住"了另一个分类器，那说明前者的分类效果更好。实际情况往往是二者相互交叉，这时便通过计算 AUC 值来进行比较。

3. F 值、查准率 – 查全率曲线

查准率（Precision）衡量预测为正类的样本有多少是真正的样本，查全率（Recall）衡量所有正样本中有多少被成功地预测为正，其公式为：

$$\text{Precision} = \frac{TP}{TP + FP} \tag{13-5}$$

$$\text{Recall} = \frac{TP}{TP + FN} \tag{13-6}$$

一个好的分类器应该同时具有比较高的查准率和查全率，但二者经常是此消彼长的关系，因此 F 值将二者进行调和平均，作为一种折中，其表达式为：

$$F = \left(\alpha \frac{1}{\text{Recall}} + (1 - \alpha) \frac{1}{\text{Precision}} \right)^{-1} \tag{13-7}$$

α 通常被设为 0.5 以表示查全率和查准率同样重要，但实际问题中可以根据具体情况设置。

单一的查全率、查准率和 F 值还不足以评估一个学习方法在不同情况下的性能，因此，可绘制查准率 – 查全率曲线（Precision – Recall curve，PR curve），通过对输出使用不同阈值进行分类，就可以算出一系列（Precison，Recall）点，最后画出 PR 曲线。如图所示，显然，越往右上角，分类器性能越好。

4. 回归问题度量

以上均为分类问题的常用度量指标，对于回归问题，最常用的是均方误差（Mean Squared Error），给定一个数据集 $D = \{ (x_1,y_1), (x_2,y_2), \cdots, (x_m,y_m) \}$，其中 y_i 是示例 x_i 的真实标签，要评估学习器 f 的性能，就是将 $f(x)$ 与 y 进行比较，其平均绝对值误差（Mean Absolute Error）为：

$$\text{MAE} = E(f;D) = \frac{1}{m} \sum_{i=1}^{m} |f(x_i) - y_i| \tag{13-8}$$

此外还有均方误差，表达式如下：

$$\mathrm{MSE} = E(f;D) = \frac{1}{m}\sum_{i=1}^{m}(f(x_i) - y_i)^2 \qquad (13-9)$$

以及均方根误差（Root Mean Squared Error）：

$$\mathrm{RMSE} = E(f;D) = \sqrt{\frac{1}{m}\sum_{i=1}^{m}(f(x_i) - y_i)^2} \qquad (13-10)$$

由于平方的关系，均方或均方根误差会放大大的样本误差，压制小的样本误差，因此均方误差越小，说明大的偏差得到了修正。

13.1.3　Python 机器学习工具介绍

Scikit – learn 是一个针对 Python 编程语言的开源机器学习库，它支持有监督和无监督的学习，涵盖各种分类、回归和聚类算法，如支持向量机、随机森林、梯度提升、k 均值和 DBSCAN 等，并且可与 Python 数值科学库 NumPy 和 SciPy 联合使用，从而最大限度地发挥机器学习的效能与优势。此外，它还提供了模型拟合，数据预处理，模型选择和评估等许多实用工具（图 13 – 2）。Scikit – learn 的访问网址为 https：//scikit-learn. org/stable/ 和 https：//scikit-learn. org. cn/（中文）。

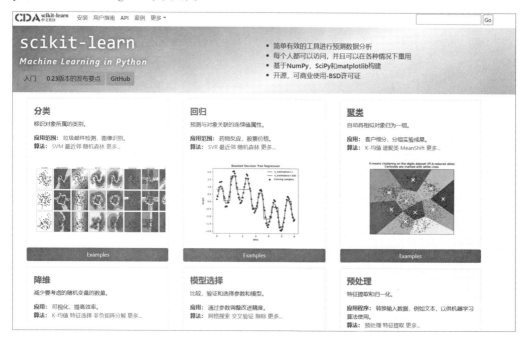

图 13 – 2　Scikit – learn 网站对各种类型的机器学习的介绍及示例应用

1. 使用 conda 创建 python 机器学习环境

要使用 Scikit 里的工具，第一步是建立一个 python 机器学习环境，这需要通过 Anaconda 或者 Miniconda。Anaconda 是一个开源的 Python 发行版本，其包含了 conda、Python 等 180 多个科学包及其依赖项。因为包含了大量的科学包，Anaconda 的下载文件比较大（约 531MB）。Miniconda 可以说是一个精简版，安装包大约只有 50M 多点，其安装程序中包含 conda 软件包管理器和 Python，所以一旦安装了 Miniconda，就可以使用 conda 命令安装任何其他软件工具包并创建环境等。其详细的介绍资料可以访问 https://www.anaconda.com/ 和 https://docs.conda.io/en/latest/miniconda.html。

首先我们可以编写一个 yml 文档，例如：

```
name:machinelearning
channels:
  -defaults
  -conda-forge
dependencies:
  -python=3.7
  -numpy
  -scipy
  -matplotlib
  -pandas
  -scikit-learn
  -tqdm
  -obspy
  -uvicorn
  -fastapi
  -kafka-python
  -tensorflow
```

其中 machinelearning 是你即将建立的 conda 环境的名字，channels 表示你所用的 conda 软件源，一般默认即可，也可以自己添加（例如加上清华源，一般下载速度会快些：

194

https：//mirrors. tuna. tsinghua. edu. cn/anaconda/pkgs/main），dependencies 则是环境默认自动安装的一些常用机器学习包：如进行数组计算必不可少的 numpy，科学计算包 scipy，画图工具 matplotlib，表数据处理 pandas，机器学习工具 scikit – learn，地震数据处理 obspy，深度学习工具 tensorflow（下一章会介绍）等。如果需要指定版本，则类似 python = 3.7 即可，接着运行：

```
# 根据 yml 文件创建环境
conda env create - f env. yml
#激活刚创建的环境
conda activate machinelearning
```

这样机器学习环境便建好了。

2. 使用 Scikit – learn 实现分类任务示例

以下是一个使用 Scikit – learn 实现简单问题的机器学习分类的例子：对表 samples. csv 中的数据（表 13 – 1，其中 feature1 ~ feature5 表示数据的特征，label 表示数据的分类标签，label 由 feature1 ~ feature5 决定），我们希望通过应用机器学习分类器可以学习到 feature 与 label 之间的映射关系，从而用于未来数据的预测。

表 13 – 1　tf. nn 常用函数列表

feature1	feature2	feature3	feature4	feature5	label
1214938861	S	1214938862	0. 5	Y	0
1214943625	S	1214943625	0. 3	Y	0
1214955869	P	1214955869	0. 2	Y	0
1215032480	S	1215032481	0. 3	N	0
1215041262	P	1215041263	0. 5	N	1
1215051938	S	1215051939	0. 5	N	0
…	…	…	…	…	…

对于这样一个典型的分类问题，我们将 Scikit – learn 里包含的各种分类器实现一遍，其代码如下所示，读者可以参照代码的注释予以理解：

现代化编程方法 》》》》》
与地球物理开源软件实践 Modern programming techniques
and the practices for open source geophysical software

```python
##################################################
#1. 机器学习算法的调用部分:
##################################################
#决策树算法
from sklearn.tree import DecisionTreeClassifier as DTC
#线性回归
from sklearn.linear_model import LinearRegression as LR
#最近邻
from sklearn.neighbors import KNeighborsClassifier as KNN
#以下四种均为常用集成学习算法,均在 ensemble 子模块下
from sklearn.ensemble import AdaBoostClassifier as ADA
from sklearn.ensemble import BaggingClassifier as BC
from sklearn.ensemble import GradientBoostingClassifier as GDBC
from sklearn.ensemble import RandomForestClassifier as RFC
#朴素贝叶斯
from sklearn.naive_bayes import BernoulliNB as BLNB
from sklearn.naive_bayes import GaussianNB as GNB
#支持向量机
from sklearn.svm import SVC

######################################################
#2. 数据预处理
######################################################
from sklearn.preprocessing import LabelEncoder
from collections import defaultdict
#数据划分工具
from sklearn.cross_validation import train_test_split
#评分算法
from sklearn.metrics import accuracy_score
#表数据的读取
```

```python
import pandas as pd
data = pd.read_csv(r'samples.csv')
#数据(需要去掉标签那一列)
X = data.drop('label', axis = 1)
#标签
y = data.label
d = defaultdict(LabelEncoder)
X_trans = X.apply(lambda x:d[x.name].fit_transform(x))
#将数据划分为训练集和测试集,比例为 8:2
x_train,x_test,y_train,y_test = train_test_split(X_trans,y,test_
size = 0.2,random_state = 1)
##########################################################
#3. 调用算法进行训练,以及评估
##########################################################
#定义一个训练和评估函数
def func(clf):
    clf.fit(x_train,y_train)
    score = clf.score(x_test,y_test)
    return score
#各个算法的分类结果:
print('决策树结果为:{}'.format(func(DTC())))
print('线性回归结果为:{}'.format(func(LR())))
print('KNN 结果为:{}'.format(func(KNN())))
print('随机森林结果为:{}'.format(func(RFC(n_estimators = 20))))
print('Adaboost 结果为:{}'.format(func(ADA(n_estimators = 20))))
print('GDBT 结果为:{}'.format(func(GDBC(n_estimators = 20))))
print('Bagging 结果为:{}'.format(func(BC(n_estimators = 20))))
print('伯努利贝叶斯结果为:{}'.format(func(BLNB())))
print('高斯贝叶斯结果为:{}'.format(func(GNB())))
```

现代化编程方法 >>>>>>
与地球物理开源软件实践 Modern programming techniques
and the practices for open source geophysical software

13.2　Python 中的深度学习工具介绍

要想迅速入门深度学习，将相关技术更快更便捷地用于解决科研和生产实践中遇到的问题，合理选择一款深度学习工具是必不可少的。目前，最为流行的深度学习工具是 Google 公司开发的 Tensorflow 以及由 Facebook 人工智能研究院推出的 PyTorch。这两款工具均基于 Python 开发，并且开源，所包含的深度学习函数库是最全的。对于这两款工具孰优孰劣，网上已有许多争论。一般认为，Tensorflow 由于推出早，所以在工业界已经有诸多成熟的应用，其在分布式训练支持、可扩展的生产和部署选项、多种设备（比如安卓）支持方面备受好评，但其静态图的设计使得调试和修改都比较困难，不利于初学者。PyTorch 推出稍晚，应用方面尚不如 Tensorflow 那么丰富，但是发展非常快，有后来居上的势头，同时更易于上手、支持动态计算图、更加高效。我的建议是如果你想更快速地开发和部署 AI 相关技术和产品，Tensorflow 是很好的选择。如果你想自己构建一个深度学习网络，并用于你的科学研究和实践当中，那 PyTorch 可能更合适，因为它支持快速和动态的训练，而且更方便调试。

以下我将分别简单介绍 TensorFlow 和 PyTorch 的基本功能，并且以地震检测和震相识别为例，介绍如何用 Tensorflow 搭建简单的卷积神经网络，构建相应的训练数据集，以及训练和应用等一些实用技巧。读者在掌握了以上内容之后，可以自行探索一下如何利用 PyTorch 搭建类似的网络和应用于地震科研当中。

13.2.1　Tensorflow 介绍

自 2015 年 11 月在 Github 上发布以来，Tensorflow 迅速受到了广泛关注（https://github.com/tensorflow/tensorflow），积累了大量用户。Tensorflow 既是一个实现机器学习算法的接口，也是执行机器学习算法的框架。它前端支持 Python、C++、Go、Java 等多种开发语言，后端使用 C+、CUDA 等语言编写。因此，Tensorflow 有着强大的可移植性，支持 GPU、CPU、安卓、iOS 等多种计算平台，使得在移动平台上开发复杂的深度学习应用也成为可能。Tensorflow 的另一个突出特点是它能很好地兼顾学术研究和工业生产的不同需求：一方面，Tensorflow 的灵活性使得研究人员能够利用它快速实现最新的模型设计；另一方面，Tensorflow 强大的分布式支持，对在海量数据集上进行的深度学习模型训练也至关重要。

Tensorflow 提供了非常全面和丰富的深度学习相关 API，从基本的向量矩阵计算到各种神经网络构建（CNN、RNN、GAN 等）、优化算法（Adam，SGD 等）的实现以及可视化的辅助工具（Tensorboard）。其所建立的大规模深度学习应用场景也非常广，包括语音识别、自然语言处理、计算机视觉、机器人控制、药物研发、分子活动预测等。

除了执行深度学习算法，Tensorflow 还能实现很多其他算法，如线性回归、逻辑回归、随机森林等。由于本章的内容主要是介绍 Tensorflow 实现深度学习算法，所以关于 Tensorflow 对其他算法的支持，感兴趣的读者可以在 Tensorflow 的官方教程 https://www.tensorflow.org/tutorials 上找到更多通过 Tensorflow 实现的非深度学习算法的样例。

接下来我们简单介绍一下 Tensrorflow 最基本的三个概念：计算图、张量、会话。然后是与人工智能研究和应用有关的一些最基本、最重要的功能模块，其中大部分都是下一节讲地震检测和识别会用到的。由于 Tensorflow 一直随着时间推移不断快速进行更新，截止本书写作的时候，Tensorflow 的最新版本为 2.0.4。2.0 版本相比 1.0 系列版本做了许多重大改变，例如使用了 Eager Mode 动态图，全面整合 Keras 等，整体上更加方便使用，同时也能兼容 1.0 版的大部分功能。不过需要说明的是，笔者主要基于 Tensorflow 1.0 版进行介绍，这是因为目前大部分应用仍然是基于 Tensorflow 1.0 版开发（包括我们地震行业也是如此），其在生产和科研中经过不断维护已经比较成熟，而对于初学者而言，贸然迁移到最新的 Tensorflow 2.0 版可能会碰到许多使用和理解方面的困难，因此我们建议读者先从 Tensorflow 1.0 入手，等慢慢熟悉一些经典的应用案例、积累了经验之后，再循序渐进地迁移到 Tensorflow 2.0 以上版本。

1. 计算图的概念 tf. Graph

Tensorflow 是一个通过计算图来表达计算的系统。每一项计算都是计算图上的一个节点，节点之间的边描述了计算之间的依赖关系。例如，以下为两个向量相加的定义方式，并通过 tf. get_default_graph 函数查看当前默认的计算图：

```
'''定义两个常量并相加'''
'''tensorflow 在 python 中的调用方式,'''
Import tensorflow as tf
a = tf. constant([1.0,2.0],name = "a")
b = tf. constant([2.0,3.0],name = "b")
result = a + b
'''通过 a. graph 可以查看张量所属的计算图'''
print(a. graph is tf. get_default_graph())
```

现代化编程方法 》》》》》
与地球物理开源软件实践 Modern programming techniques
and the practices for open source geophysical software

除了使用默认的计算图，还可以通过 tf. Graph 函数生成新的计算图，不同计算图上的张量和运算都不会共享，以下代码展示了如何在不同计算图上定义和使用变量：

```
g1 = tf. Graph( )
with g1. as_default( ):
    #在计算图 g1 中定义变量"v"，并设置初始值为 0
v = tf. get_variable("v", initializer = tf. zeros_initializer(shape = [1]))
    g2 = tf. Graph( )
with g2. as_default( ):
    #在计算图 g2 中定义变量"v"，并设置初始值为 1
v = tf. get_variable("v", initializer = tf. ones_initializer(shape = [1]))


    '''在计算图 g1 中读取变量"v"的取值'''
    with tf. Session(graph = g1) as sess:
      tf. initialize_all_variables( ). run( )
      with tf. varibae_scope("", reuse = True):
        #输出计算图 g1 中, 变量"v"的值(0)
        print(sess. run(tf. get_variable("v")))

    '''在计算图 g2 中读取变量"v"的取值'''
    with tf. Session(graph = g2) as sess:
      tf. initialize_all_variables( ). run( )
      with tf. varibae_scope("", reuse = True):
        #输出计算图 g2 中, 变量"v"的值(1)
        print(sess. run(tf. get_variable("v")))
```

以上生成了两个计算图，每个计算图定义了一个名为"v"的变量并分别初始化为 0 和 1，可以看到不同计算图的变量值是不一样的。计算图可以通过 tf. Graph. device 函数指定计算设备来运行，例如在 GPU 上运行如下加法计算：

```
g = tf.Graph()
'''指定计算运行的设备'''
with g.device('/gpu:0'):
    result = a + b
```

2. 张量 tf.Tensor

在 Tensorflow 中，所有的数据都是通过张量来表示。从功能的角度，n 阶张量类似 n 维数组。但张量在 Tensorflow 之中并不像数组那样保存数据，它保存的是这些数据的计算信息。这一点也是 Tensorflow 静态图设计中比较令人费解的部分。我们举一个简单的例子：

```
a = tf.constant([1.0,2.0],name = "a")
b = tf.constant([2.0,3.0],name = "b")
result = tf.add(a,b,name = "add")
print(result)
将会输出：
Tensor("add:0",shape = (2,),dtype = float32)
```

从上面代码可以看出，张量主要包含三个属性：名字（name）、维度（shape）和类型（type）。其中名字是张量的标识符，也说明了该张量的运算方式，其命名规则为"node：output"的形式，其中 node 为我们上文所说计算图的节点，output 表示该张量是来自节点的第几个输出，上例中"add"为节点，0 表示是"add"节点的第一个输出。此外，例中的 shape = (2,)，表示的是张量 result 是一个一维数组，长度为 2，dtype = float32 则说明张量的类型是浮点型，每一个张量的类型都是唯一的，不同类型的张量不能进行运算，否则会报错，可以通过 dtype 来指定和改变类型。

3. 会话 tf.Session

前面介绍了 Tensorflow 中数据的组织和计算方式，本节介绍 Tensorflow 如何通过会话（Session）来执行已经定义好的运算。Tensorflow 使用会话的模式有两种，第一种需要明确调用会话生成函数和关闭会话函数，如：

```
#创建一个会话
Sess = tf.Session()
#使用创建好的会话来计算
sess.run(…)
关闭会话以释放资源
sess.close()
```

第二种是通过 python 的上下文管理器来使用会话：

```
#创建一个会话,并通过 python 的上下文管理器来管理这个会话
With tf.Session()as sess:
#使用创建好的会话来计算
sess.run(…)
```

此时不需要再调用 close() 函数，当上下文退出时会话自动关闭和释放资源。

值得一提的是，大多数的人工智能应用都会用到 GPU 卡加速，因此往往需要使用 ConfigProto 来配置会话：

```
config = tf.ConfigProto(allow_soft_placement = True,log_device_
placement = True)
    sess1 = tf.InteractiveSession(config = config)
    sess2 = tf.Session(config = config)
```

通过 ConfigProto 可以配置类似并行的线程数、GPU 分配策略、运算超时时间等参数。其中 allow_soft_placement 为 True 时，在以下任意条件成立时，GPU 上的运算可以放到 CPU 上运行：

①运算无法在 GPU 上执行。

②没有 GPU 资源（比如运算被指定在第二个 GPU 上运行，但机器只有一个 GPU）。

③运算输入包含对 CPU 计算结果的引用。

这个参数很有用，因为它可以在当某些运算无法被当前 GPU 所支持时，自动调整到 CPU 上执行，而不是报错，同时也可以保证程序在具有不同数量 GPU 的机器上顺利

运行。

第二个常用参数是 log_device_placement，其主要用途是方便调试，因为它能记录每个节点被安排在哪个设备上。

4. Tensorflow 常用模块

（1）神经网络功能支持模块 tf.nn 和 tf.layers。

tf.nn 和 tf.layers 是用于构建卷积神经网络的模块，二者之间有一些功能是重叠的，但也有一些区别，例如对全连接层，tf.layers 里用 dense 层，而 tf.nn 需要用几个函数组合表达，本节分别给出了用 tf.layers 和 tf.nn 搭建同一卷积神经网络的例子。在 tf.nn 下面还包含了 rnn_cell 的子模块，用于构建循环神经网络。表 13 - 2 给出了 tf.nn 最常用的一些函数，表 13 - 3 给出了 tf.layers 最常用的函数。

表 13 - 2　tf.nn 常用函数列表

函数	描述
avg_pool	平均池化
batch_normalization	批标准化
bias_add	添加偏置
conv1d conv2d conv3d	一维卷积 二维卷积 三维卷积
dropout	随机丢弃神经网络单元，网络抗过拟合必备
ReLU	整流线性化单元函数，最常用的激活函数之一，其优势是不会饱和，即不会丢失
sigmoid_cross_entropy_with_logits	sigmoid 激活后的交叉熵
softmax	softmax 激活函数，分类问题常用

表 13 - 3　tf.layers 常用函数列表

函数	描述
average_pooling1d（…） average_pooling2d（…） average_pooling3d（…）	一维平均池化 二维平均池化 三维平均池化
batch_normalization	批标准化
conv1d_transpose conv2d_transpose conv3d_transpose	一维反卷积层 二维反卷积层 三维反卷积层

续表

函数	描述
conv1d conv2d conv3d	一维卷积 二维卷积 三维卷积
dropout	随机丢弃神经网络单元
max_pooling1d max_pooling2d max_pooling3d	一维最大池化层 二维最大池化层 三维最大池化层
flatten	将一个 Tensor 展平
dense	全连接层

利用这些函数，我们可以搭建一个简单的 CNN 网络：

```python
def my_conv_net(input_data):
   #第一层:Conv - ReLU - MaxPool
    conv1 = tf.nn.conv2d(input_data,conv1_weight,strides = [1,1,1,1],padding = 'SAME')
   relu1 = tf.nn.relu(tf.nn.bias_add(conv1,conv1_bias))
   max_pool1 = tf.nn.max_pool(relu1,ksize = [1,max_pool_size1,max_pool_size1,1],strides = [1,max_pool_size1,max_pool_size1,1],padding = 'SAME')
     #第二层:Conv - ReLU - MaxPool
    conv2 = tf.nn.conv2d(max_pool1,conv2_weight,strides = [1,1,1,1],padding = 'SAME')
   relu2 = tf.nn.relu(tf.nn.bias_add(conv2,conv2_bias))
    max_pool2 = tf.nn.max_pool(relu2,ksize = [1,max_pool_size2,max_pool_size2,1],
    strides = [1,max_pool_size2,max_pool_size2,1],padding = 'SAME')
   #全连接层:
   #先将数据转化为 1 * N 的形式,获取数据大小
```

```
conv_output_shape=max_pool2.get_shape().as_list()
#全连接层输入数据大小,这三个shape是图像的宽高和通道数
    fully_input_size=conv_output_shape[1]*conv_output_shape
[2]*conv_output_shape[3]
    #转化为batch_size* fully_input_size 二维矩阵
    full1_input_data=tf.reshape(max_pool2,[conv_output_shape
[0],fully_input_size])
    #第一层全连接
    fully_connected1=tf.nn.relu(tf.add(tf.matmul(full1_input_
data,full1_weight),full1_bias))
    #第二层全连接输出
    model _ output = tf.nn.relu ( tf.add ( tf.matmul ( fully _
connected1,full2_weight),full2_bias))
    #shape=[batch_size,target_size]
  return model_output
```

以上模型由两个卷积 + ReLU + 最大池化组合层，两个全连接层组成，其调用方式为：

```
model_output=my_conv_net(x_input)
```

如果使用 tf. layers 构建，则：

```
def cnn_model_fn(features,labels,mode):
# 输入层
input_layer=tf.reshape(features["x"],[-1,28,28,1])
# 第一个卷积层
conv1=tf.layers.conv2d(
  inputs=input_layer,
  filters=32,
kernel_size=[5,5],
```

现代化编程方法 ▷▷▷▷▷▷
与地球物理开源软件实践 Modern programming techniques
and the practices for open source geophysical software

```
        padding = "same",
        activation = tf. nn. relu)
    # 第一个池化层
    pool1 = tf. layers. max_pooling2d(inputs = conv1,pool_size = [2,2],
strides = 2)
    # 第二个卷积层和池化层
    conv2 = tf. layers. conv2d(
        inputs = pool1,
        filters = 64,
    kernel_size = [5,5],
        padding = "same",
        activation = tf. nn. relu)
    pool2 = tf. layers. max_pooling2d(inputs = conv2,pool_size = [2,2],
strides = 2)
    # 全连接层
    pool2_flat = tf. reshape(pool2,[ -1,7* 7* 64])
    dense = tf. layers. dense ( inputs = pool2 _ flat, units = 1024,
activation = tf. nn. relu)
    dropout = tf. layers. dropout(
        inputs = dense, rate = 0. 4, training = mode = =
tf. estimator. ModeKeys. TRAIN)
    # Logits 层
    logits = tf. layers. dense(inputs = dropout,units = 10)
```

（2）实验功能模块 tf. contrib。

由于 Tensorflow 的更新换代很快，因此许多新增加的实验性质的功能，都被放到了 tf. contrib 里面。需要说明的是，在最新的 2.0 版中，已经去掉了 tf. contrib，原来 tf. contrib 包含的一些功能函数都被迁移到了其他模块。但是由于我们地震行业的一些应用目前仍然基于 Tensorflow 1. x 版，所以可能还会用到 tf. contrib 的一些子模块和函数。其中最常用到的是它的 slim 子模块，如下表 13 -4 所示：

表 13 – 4　tf. contrib 常用函数一览

函数	描述
bayesflow	贝叶斯计算
cudnn_rnn	Cudnn 层面的循环神经网络操作
gan	对抗生成相关
losses	loss 相关
copy_graph	在不同的计算图之间复制元素
keras	Keras 相关 API
linear_optimizer	训练线性模型、线性优化器
metrics	各种度量模型表现的方法
predictor	构建预测器
estimator	自定义标签与预测的对错的度量方式
tensorboard	可视化工具
rnn	其他的循环神经网络操作
signal	信号处理相关
distributions	各种统计分布相关的操作

（3）tf. train 训练模块。

神经网络的训练首先要从损失函数讲起，损失函数是衡量预测值和真实值之间差距的，训练实际上使用一些优化算法，将这个损失值降到最小，常用的损失函数包括交叉熵（多用于分类问题），均方差或标准差（多用于回归问题），常用的优化算法包括随机梯度下降，以及其升级版本 Adam。这个模块主要是用来支持训练模型的，主要包含了模型优化器、tfrecord 数据准备、模型保存、模型读取四个大类的功能。下表 13 – 5 列出了常用类和函数。

表 13 – 5　tf. train 常用函数一览表

函数和类	描述
AdadeltaOptimizer	Adadelta 优化器
AdamOptimizer	Adam 优化器
GradientDescentOptimizer	梯度下降优化器
Coordinator	线程管理器
MomentumOptimizer	动量优化器

现代化编程方法
与地球物理开源软件实践
Modern programming techniques
and the practices for open source geophysical software

续表

函数和类	描述
RMSPropOptimizer	RMSProp 优化器
QueueRunner	入队队列启动
Saver	保存模型和变量类
start_queue_runners	启动计算图中所有的队列
shuffle_batch	创建随机的 Tensor batch
NanTensorHook	loss 是否为 NaN 的捕获器

（4）tf. summary 模块。

主要用来配合 tensorboard 展示模型的信息，例如你想实时监控神经网络的训练状态。表 13 - 6 列出了常用类和函数。

表 13 - 6　tf. summary 常用函数表

函数和类	描述
class FileWriter：	Summary 文件生成类
class Summary	Summary 类
get_summary_description	获取计算节点信息
histogram	展示变量分布信息
image	展示图片信息
merge	合并某个 Summary 信息
merge_all	合并所有的各处分散的 Summary 信息到默认的计算图
scalar	展示某个标量的值
text	展示文本信息
get_summary_description	获取计算节点信息

13. 2. 2　PyTorch 功能介绍

和 Tensorflow 不一样，PyTorch 是基于动态图计算的深度学习框架。由于动态图计算是在运行过程中被定义的，从而可以多次定义多次运行，方便使用者修改和调试。因此 PyTorch 对初学者更友好。PyTorch 的其他优点还包括：可以无缝使用 Numpy，具有优异的 GPU 加速功能，可以构建基于自动微分系统的深度神经网络等等。

本节将有针对性地介绍 PyTorch 中一些最重要的概念，包括张量计算、自动微分等，以及搭建神经网络算法最常用的 Torch. nn 模块和训练模块 Torch. optim 模块。

1. PyTorch 的张量计算

PyTorch 的张量计算比 Tensorflow 灵活得多，基本类似 NumPy 的函数用法，因此对初学者而言十分友好。以下是几种 Tensor 的初始化方式：

```
从 Pytorch:
import torch
a = torch. tensor([[1., -1.],[1., -1.]])
或者从 Numpy 转换过来：
import numpy as np
torch. tensor(np. array([[1, -1],[1, -1]]))
都将会输出：
tensor([[1, -1],[1, -1]])
a. dtype 会返回张量的类型：
torch. int64
```

PyTorch 的张量数学运算操作与 Numpy 类似，如果对 Numpy 和 MATLAB 科学计算库接口比较熟悉，那么很容易找到对应的 PyTroch 接口。PyTorch 官方文档将数学运算操作分为六大类，分别为逐点运算（Pointwise Ops）、规约运算（Reduction Ops）、比较运算（Comparison Ops）、谱运算（Spectral Ops）、其他运算（Other Ops）、BLAS 和 LAPACK 运算。分别简单介绍如下：

①逐点运算是指对 Tensor 中每一元素进行相同运算操作，常用的有加（add）、乘（mul）、求绝对值（abs）、取 e 指数（exp）、求 sigmoid 归一化值（sigmoid）等等；

②规约运算，指对张量得出某种统计值，如求最大值、均值、方差、求和等；

③比较运算，是指张量之间的比较操作，如比较大小、排序等；

④谱运算，是指一些信号处理方面的操作，如傅里叶变换（torch. fft）等；

⑤其他运算，操作比较有代表性的有累积（cumulative）操作，如 torch. cumprod、torch. cumsum，还有矩阵操作，如 torch. diag、torch. tril、torch. trace 等。

由于运算实在太多，这里我们只做简单介绍，详细的函数及用法可以参见 PyTorch 的官方说明文档（https://pytorch. org/docs/stable/index. html）。

现代化编程方法 >>>>>>
与地球物理开源软件实践 Modern programming techniques
and the practices for open source geophysical software

其调用方式举例如下:

```
import torch
a = torch. tensor([[1,2],[3,4]])
b = torch. tensor([[5,6],[7,8]])
torch. mul(a,b)
```

BLAS 和 LAPACK 运算,指的是 PyTroch 实现了基础线性代数集和线性代数包中所定义的数值计算程序接口。

2. PyTroch 中的自动微分

PyTroch 的 Tensor 不仅可进行各种运算,而且带有可微分属性。Autograd 模块是 PyTorch 可微分编程框架的核心。其实现的操作称为反向自动微分(Reverse Automatic Differentiation),即在建立其正向计算流时,Autograd 引擎会自动建立与之相对应的反向计算图,从而实现输出对输入求导。由于 PyTorch 实现的是动态图计算,每一次的前向运算都会现场重新构建反向计算图,因此可以支持动态分支,甚至改变每一次计算图的大小,而无需事先将所有可能的计算分支都建立在静态图中(例如 Tensorflow 1. x 版本的做法)。

(1)可微分张量。

如果将 Tensor 的可微分属性设为 True,则 PyTorch 会根据 Tensor 是否可导,自动构建其对应的反向求导函数,如:

```
>>> a = torch. randn(2,3,requires_grad = True)   #打开 tensor 的可微分
属性
>>> a
tensor([[ -0.2931, -1.1818,  2.1332],
    [ -0.6846, -0.4363, -0.3216]],requires_grad = True)
>>> b = a** 2
>>> b
tensor([[0.0859,1.3966,4.5506],
    [0.4687,0.1903,0.1034]],grad_fn = <PowBackward0 >)
>>> b. grad_fn        #b 多了一个 grad_fn 成员,记录的是其反向求导的函数
<PowBackward0 at 0x7f1cbd287c18 >
```

不过，并非所有的运算操作都有对应的反向求导函数，如最大最小元素指标，排序指标都不可导，例如：

```
>>>a = torch. randn(2,3,requires_grad = True)   #打开 tensor 的可微分
属性
>>> ind = torch. argmax(a)
>>> ind
tensor(0)
>>> ind. requires_grad          #该变量不可导
False
```

（2）利用自动微分求梯度。

利用 PyTorch 的 Autograd 求梯度十分简单，只需要对最终的输出张量调用 backward( )
函数即可：

```
>>>a = torch. randn(2,3,requires_grad = True)
>>> loss = a. sum( )   #模拟最终输出的损失值
>>> loss. backward( )
>>> a. grad            #查看张量 a 的梯度
tensor([[1.,1.,1.],
    [1.,1.,1.]])
```

以上例子中 loss 为一个标量（维度为 0），所以其反向传播（backward）的起始输入为
1。如果 loss 为向量，则其反向传播的起始输入应该与 loss 的维度一致：

```
>>>a = torch. randn(2,3,requires_grad = True)
>>> loss = a. sum( dim = 0)
>>> loss. shape
torch. Size([3])
>>> loss. backward( torch. FloatTensor([1,2,3]))   #反向传播输入与
loss 的 shape 一致
```

现代化编程方法 >>>>>>
与地球物理开源软件实践 Modern programming techniques
and the practices for open source geophysical software

```
>>> a. grad
tensor([[1.,2.,3.],
    [1.,2.,3.]])
```

PyTorch 的 Autograd 可以灵活处理循环和动态分支的梯度，以下为一个例子：

```
>>> a = torch. randn(2,3,requires_grad = True)
>>> loss = a. abs( ). sum( )
>>> while loss <100:
    loss = loss* 2
>>> loss
tensor(161.6188,grad_fn = <MulBackward0 >)
>>> loss. backward( )
>>> a. grad
tensor([[ -31., -31.,33.],
    [ -31., -31., -31.]])
```

3. Torch. nn 模块

Torch. nn 里包含着各种神经网络的层，类似 Tensorflow 的 tf. nn，一些常用函数的名称也基本是一样的，例如：卷积 Conv2d( )，转置卷积 ConvTranspose2d( )，最大值池化 MaxPool2d( )，激活函数 Sigmoid，ReLU，全连接层 linear( ) 等等。使用 Torch. nn 模块构建神经网络有如下两种方式：

（1）利用 nn. Module 类构建神经网络。

nn. Module 类是构建神经网络的基础，是所有神经网络模块的基类。以下为用 nn. Module 搭建的一个简单神经网络结构的例子：

```
import torch. nn as nn
class SimpleCNN(nn. Module):
  def_init_(self,in_channel =1):
    super(SimpleCNN,self)._init_()  #一般先调用基类初始化(约定俗成)
    self.conv1 =nn. Conv2d(in_channel,4,5,2,0)
```

```
#输入通道、输出通道、kernel_size,stride,padding
  self.relu1 = nn.ReLU()
  self.conv2 = nn.Conv2d(4,8,3,2,0)
  self.relu2 = nn.ReLU()
  self.linear = nn.Linear(200,10)     #输入特征维度,输出特征维度
def forward(self,x):
  x = self.conv1(x)
  x = self.relu1(x)
  x = self.conv2(x)
  x = self.relu2(x)
  x = x.view(-1,200)
  x = self.linear(x)
  return x
```

我们可以测试一下，这个 CNN 网络能够正常进行运算：

```
>>> import torch
>>> model = SimpleCNN()
>>> data = torch.randn(3,1,28,28)          # N x C_in
>>> output = model(data)
>>> output.shape
torch.Size([3,10])                          #  N x num_classes
```

如果我们想将模型迁移到 GPU 上使用，使用 Module 类是十分简单的，如：

```
>>> model = SimpleCNN()
>>> model = model.to('cuda')
>>> data = torch.randn(3,1,28,28).to('cuda')          #N x C_in
>>> output = model(data)
>>> output.device
device(type = 'cuda',index = 0)
```

现代化编程方法 >>>>>>
与地球物理开源软件实践 Modern programming techniques
and the practices for open source geophysical software

（2）结构化构建神经网络。

对于上节所示的 SimpleCNN 网络，由于其仅为单路径顺序式，因此使用 nn.Sequential 类构建是更为简便的方式：

```
>>> model = nn. Sequential(
…   nn. Conv2d(1,4,5,2,0),
…   nn. ReLU(),
…   nn. Conv2d(4,8,3,2,0),
…   nn. ReLU()
}
>>> model
Sequential(
(0):Conv2d(1,4,kernel_size =(5,5),stride =(2,2))
(1):ReLU()
(2):Conv2d(4,8,kernel_size =(3,3),stride =(2,2))
(3):ReLU()
)
```

以上我们介绍了单路径顺序连接的网络结构，目前这也是采用最多的一种结构，例如本章后面要介绍的 CNN 地震检测网络就是采用这一结构。实际应用中还会碰到更为复杂的网络结构，如多分支并行、跳跃、循环网络结构等，总体而言万变不离其宗，读者可在熟悉以上基础知识之后自行深入探索。

4. Torch. optim 模块

神经网络的训练除了上述搭建模型进行正向运算的过程，另一个关键方面是利用自动求导得到各参数的导数，更新参数，而这主要通过优化器模块 torch. optim 实现。torch. optim 集成了从最初的 SGD（随机梯度下降）到最近的 Adam、Nadam 等各种优化算法。

```
import torch. optim as optim
optimizer = optim. SGD(model. parameters(),lr =0.01,momentum =0.5)
```

其中 SGD 的参数列表为（params，lr，momentum，dampening，weight_decay，nesterov），其含义分别为模型待训练参数、学习率、动量因子、动量阻尼系数、权重衰减、是否启用 Nesterov 动量加速。学习率控制参数更新步长，动量因子控制每次更新相比于之前的比例，权重衰减相当于增加权重的正则项以提高模型泛化能力，这几个均为训练时需要合理设置的关键参数。Adam 的参数列表为（params，lr，betas，eps，weight，decay），其中 betas，eps 这几个控制因子可以更精准地控制更新参数步长，相比于经典 SGD 算法采用相同学习率更新每个参数，Adam 算法更为合理。

同时由于学习率对于计算效率、最终模型性能的重要性，Pytorch 也提供了多种类型的学习率调整方法，可以在 optim.lr_scheduler 中找到。

13.3　Python 深度学习工具的实际应用

以上我们介绍了 Python 中常用深度学习工具的一些基本概念和功能，接下来我们结合地震科研中的实践，来讲一讲两个方面的应用：1. 卷积神经网络（CNN）与地震噪声分类；2. U 型网络与 P、S 震相识别。在代码实现上采用的是 tensorflow。

13.3.1　卷积神经网络与地震检测

1. 卷积神经网络介绍

神经网络算法是旨在模拟人类大脑学习过程的一类算法，它利用彼此互联的非线性"神经元"组成的复杂网状结构，可以模拟输入特征集合（如地震波形）与预期输出值（如震相类型，到时等）之间复杂的非线性关系，并能进一步对新的输入特征给出有效预测。传统的神经网络为全连接网络，其隐层之间神经元两两相连，由于参数过多及梯度弥散，很难进行多层训练，而卷积神经网络通过共享权重，相比全连接网络参数大大减少，因此可构建的网络层数更深，提取特征的能力大大提高，计算效率和精度都更高。卷积神经网络（Convolutional Neural Network，CNN）最初是为解决图像识别问题而设计的，但现在的应用已经扩展至时间序列信号，例如音频信号、文本数据，乃至我们地震信号的识别。

2. 卷积神经网络在地震识别中的应用

与图像识别或语音识别等问题类似，地震事件的识别本质上也是一个特征提取与参数优化的问题：首先经过大量预设样本的训练，不断更新优化神经元的权重和偏重参数，使得损失函数（用于衡量模型输出值与真实值之间的差异）最小，最终得到保存了不同地震

现代化编程方法 ▶▶▶▶▶
与地球物理开源软件实践　Modern programming techniques
and the practices for open source geophysical software

与噪声样本特征的模型，应用这一最优模型就可以对全新的数据进行特征识别。

近几年来，神经网络已经在地震事件检测方面得到了一系列应用，其典型案例包括：利用人工神经网络（Artifical Neural Network）区分智能手机网络收集的加速度波形中的地震信号与人类活动噪声；利用 CNN 对俄克拉荷马地区的地震监测网络记录的连续波形进行了自动事件检测与定位；利用 CNN 进行 P 波初动极性识别及 P、S 震相检测与拾取等等。神经网络模型的训练的一个共同特点和前提是需要基于历史数据建立海量数据集，这样训练的模型更容易具有较强的泛化能力，从而更好地用于复杂的实际观测数据。

图 13-3 展示了一个用于地震事件自动检测的经典 CNN 网络：由 8 个卷积层和池化层、1 个全连接层、1 个激活层构成。其中，卷积层的功能在于提取特征，池化层通过降采样去掉一些特征，可以起到防止过拟合的效果。8 个卷积层的深度均为 32，卷积核为 3×1，由于数据为 120 秒三分量波形，采样率为 100Hz，因此神经网络的初始输入为 12000×3 张量矩阵，经过层层提取和过滤之后，一维化为 768 个特征向量，在全连接层利用 reLU 激活函数计算 $0 \sim n$ 类的概率值，其中 0 类对应噪声，$1 \sim n$ 类对应地震，其中 n 由滑窗步长决定。

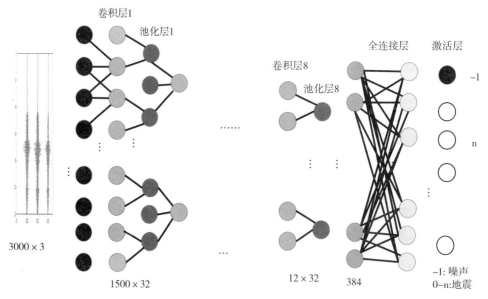

图 13-3　卷积神经网络结构

（由 1 个输入层、8 个卷积层和池化层、1 个全连接层和 1 个激活层组成。卷积核尺寸为 3，深度为 32，步长为 2。初始输入为三分量地震图所对应的 12000 * 3 张量，每经过一次卷积和池化操作，特征会缩减一半，到第九层时特征张量矩阵变为 48 * 32，并一维化为 768 个特征，最后经过全连接层，使用 ReLU 激活函数计算每一类的概率，其中 0 类对应为噪声，1-n 类为地震）

3. 使用 Tensorflow 进行深度学习地震检测

（1）CNN 网络数据集的建立。

如图 13 - 4 所示，深度学习用于地震检测一般分为数据收集、预处理、算法选择与训练，模型验证与评价，模型部署与改进这几个阶段。其中数据收集与预处理通常是深度学习里耗时最多，工作量最大而且比较枯燥的一项，但是其作用也十分关键，可以说如果数据集的标注和整理做得不好，即使再好的算法也会"巧妇难为无米之炊"。

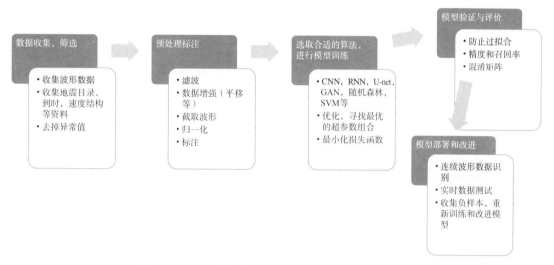

图 13 - 4　深度学习解决地震数据自动处理的一般流程

对于地震数据集的建立，我们首先需要从数据中心下载地震目录、震相报告以及原始波形数据，在这里我们向大家推荐一个强大的工具——obspy（https：//docs. obspy. org/tutorial/index. html）。Obspy 对地震学几乎所有数据文件格式均提供读写支持（sac、mseed、segy 等二十多种），并且整合了获取世界范围内地震数据中心所发布数据的方法（obspy. clients. fdsn 模块），集成了大量地震学界所用的专有库，并且使用一个简单易用的接口统一调用所有功能。Obspy 具有非常丰富的入门教学文档，因此我们这里不对其做专门介绍，在我们开源的 CNN 地震检测代码（https：//github. com/mingzhaochina/ConvNetQuake）中，用于建立正负样本集的 create_dataset_events. py 和 create_dataset_noise. py 两个程序，其中地震目录或震相报告截取事件或噪声波形，去均值、归一化、重采样、滑窗等数据预处理，均用到了 obspy 的相关功能。

现代化编程方法 ＞＞＞＞＞＞
与地球物理开源软件实践 Modern programming techniques
and the practices for open source geophysical software

#建立正样本集(事件)

#用法详解:对 stream_dir 选项所指定目录下的原始波形数据,根据 catalog 选项所指定震相文件中的时间戳,截取包含 P、S 震相的 30 s 长地震波形,作为正样本存放在 output_dir 选项指定的目录下,save_mseed 和 plot 则用于选择是否保存 mseed 格式的截取事件波形以及是否以图片形式输出。

```
./create_dataset_events.py -- stream_dir stream -- catalog MXI_
catalog_for_dataset.csv
    -- output_dir wenchuan_train_test/positive -- save_mseed True --
plot True
```

#建立负样本集(噪声)

#用法详解:对 stream 选项所指定的原始波形,按照 catalog 所指定的噪声时间戳截取噪声波形,作为负样本放在 output_dir 指定的目录下,由于噪声数据远比地震多,所以 max_windows 选项用于限定最大噪声数目。

```
./bin/preprocess/create_dataset_noise.py -- stream stream/
XX.MXI.mseed -- catalog MXI_catalog_for_noise.csv -- output_dir
wenchuan_train_test/negative --max_windows =30000
```

执行结果如图 13 - 5。

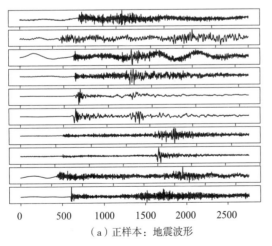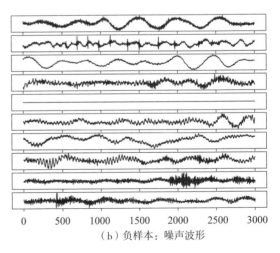

（a）正样本：地震波形　　　　　　　　（b）负样本：噪声波形

图 13 - 5　典型的正样本（地震，标签为 1）和负样本（噪声，标签为 0）

（2）CNN 网络模型的训练。

在建好数据集之后，我们便可以将数据输入至如图 13 - 6 所示的 CNN 分类网络进行训练、验证、测试等过程。

```
#训练模型
#用法详解:带入 dataset 选项所指定的目录下的数据集进行训练,模型迭代过程保存的最新模型存放至 checkpoint_dir 选项所指定的目录,n_clusters 给出分类类别,我们这里实现的是地震 - 噪声的二分类,所以 n_clusters = 2
./bin/train - - dataset train_30s_MXI - - checkpoint_dir output/convnetquake - - n_clusters 2
```

值得一提的是，训练曲线是否很好地收敛，和数据集的质量有很大关系，如图 13 - 6 所示，虚线是基于没有经过彻底清洗的数据集训练的，虽然 loss 值和训练精度趋势上都是朝收敛的方向，却有很大的震荡，这样训练出来的模型很难保证具备正确分类能力。而在我们第二次手动清洗掉了许多标注有误的样本之后，训练曲线非常快地达到了收敛，而在

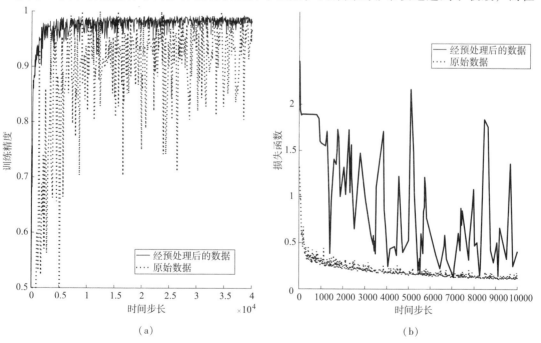

图 13 - 6　数据预处理前（虚线）与之后（实线）带入网络进行训练的过程

（a）训练曲线；（b）交叉熵损失函数下降曲线

现代化编程方法 ≫≫≫≫≫≫
与地球物理开源软件实践 Modern programming techniques
and the practices for open source geophysical software

验证集上的表现也几乎和训练集上一样出色，如表 13 - 7 所示。

```
#验证模型,对 test 目录下的正样本(positive)和(negative),分别使用
evalute 程序进行评估
#用法详解:checkpoint_dir 指定当前最新模型,dataset 指定测试集目录,
eval_interval 指定每隔多长时间自动验证一次,最后的 events 选项代表事件,
noise 代表噪声
./bin/evaluate -- checkpoint_dir output/convnetquake -- dataset
test/positive -- eval_interval 10 -- n_clusters 2 -- events
./bin/evaluate -- checkpoint_dir output/convnetquake -- dataset
test/negative -- eval_interval 10 -- n_clusters 2 - noise
#实时监控训练和验证过程
#用法详解:指定 logdir 所指定的训练模型所在目录,会弹出一个网址,使用浏览器
访问即可。
tensorboard -- logdir output/convnetquake/ConvNetQuake
```

表 13 - 7　训练好的最佳模型在验证集上的表现

验证集类型	正确率	样本数
噪声	94.4%	24832
事件	98.7%	2833

（3）CNN 模型的应用。

在通过验证之后，便可以将模型部署至实际应用场景，并在实践中继续改进。以下命令为使用训练好的模型识别 mseed 格式的连续地震波形：

```
#验证模型,对 test 目录下的正样本(positive)和(negative),分别使用
evalute 程序进行评估
#用法详解:stream_path 指定连续数据所在目录,checkpoint_dir 指向训练模
型所在目录,window_size 是截取的波形秒长,window_step 是截取波形的时间间隔,
output 为输出文件目录,plot:是否画图,save_sac:是否保留截取数据。
./bin/predict_from_stream.py -- stream_path data -- checkpoint_dir
trained_model/ConvNetQuake -- n_clusters 2 -- window_size 30 --
window_step 31 -- output predict_MXI_one_day -- plot -- save_sac
```

（4）CNN 模型的实用评估。

13.1.2 节介绍了精度、召回率等机器学习通用的评估指标，现在我们评估一下模型在实际数据上的应用效果。例如图 13 − 7（a）展示了一天的连续波形记录，据统计一共有 43 个真事件（TP + FN），CNN 算法大约识别了 75 个（TP + FP），约有 31 个为真正例（TP），所以我们根据公式（13 − 5），（13 − 6），（13 − 7）可以算出 P、R、F1 值分别为 41%，72%，52%。我们可以看到模型通常在实际应用中表现会低于训练和测试，这从一个侧面说明了实际应用场景下的地震检测是一个非常有挑战性的任务，例如图 13 − 7（a）中黄色星（屏幕上，下图为灰色图，以空心星代表）所标记的约 20 个事件，均为信噪比较低的微震，在人工标注时被专家有意无意地忽略掉了，而我们的 CNN 模型检测到了其中的大部分（图 13 − 7（b）所示）。另一方面，CNN 模型需要在实践中不断改进，通过不断将 CNN 拾取结果与人工结果对比，收集假反例和假正例，扩充训练数据集，可以不断缩小算法和人工水平之间的差距。

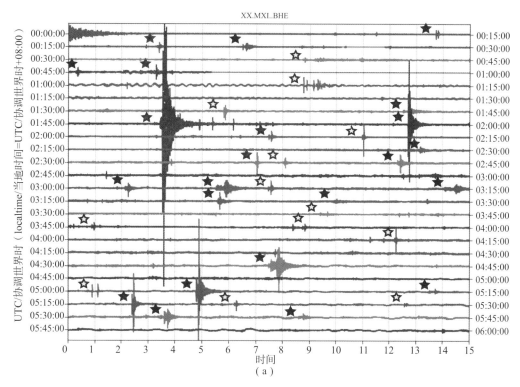

图 13 − 7　CNN 连续波形检测与专家样本示例

（a）黑色星（实心）表示专家挑选事件，黄色星（空心）表示专家没有标注，但是真的微震事件

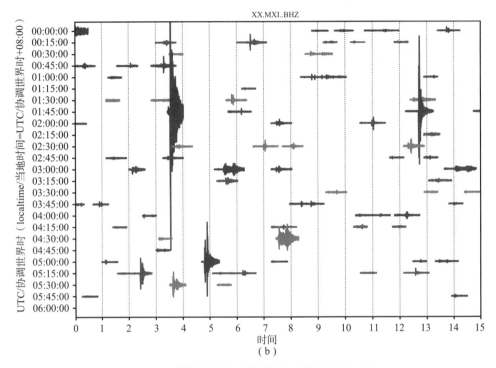

图 13 - 7　CNN 连续波形检测与专家样本示例（续）

（b）CNN 算法识别的事件片段

13.3.2　U 型神经网络与震相识别

1. U 型神经网络介绍

U 型神经网络（U - net），最早应用于医学领域的细胞壁检测，属于图像识别的一种。它基于深度学习里常见的编码器（encode）- 解码器（decode）思想，其中编码器用于特征提取，解码器则围绕特征逐步恢复细节，直到回到原尺寸，实现逐像素点分类。该模型不仅实现了输入和输出层的分辨率一致性，还通过对称式连接的结构设计融合了 CNN 网络中的低维和高维特征，在医学图像上达到了更高精度的分割效果。目前也被推广应用至很多领域，例如工业品探伤、地球物理勘探资料处理、遥感图像识别等等，在地震学中也有很多应用。

2. U 型神经网络在震相识别中的应用

U - net 网络用于识别震相类型的本质是对地震波形中的 P、S 波形和噪声部分实行采样点级别的自动分类。U – net 的网络结构和参数如图 13 – 8 所示。输入为 100Hz 的三分量地震波形，时间长度为 30s，计 3000 采样点。工作流程大致如下：首先通过左半部分 4 个降采样层的卷积和池化操作，逐层提取震相的抽象特征，解决震相定位的问题，然后通过右半部分 4 个增采样层的转置卷积和左右对称层之间直接相连等操作，逐步恢复震相的细节特征，最后通过激活函数计算每个采样点的分类概率，根据概率值将该采样点归类于 P、S 或噪音。朱尉强等通过引入高斯标签对 P、S 到时进行标注，使得模型在精确拾取到时的同时具有一定的容错能力。每个降采样层由两个一维卷积层（conv1d），一个池化层（pool）组成，中间加入一些 drop out 层来随机丢弃一些特征以防止过拟合。增采样层由一个转置卷积层、一个裁切层（cropping）、一个卷积层组成，同样根据情况适当加入 drop out 层。需要注意的是，不同于经典的图像识别 U 网络，用于震相检测的 U 网络有如下特点：

（1）网络为一维。

U – net 结构和参数主要为二维和三维图像数据所设计，而地震波形数据为一维时间序列，因此所有卷积层、池化层、drop out 层均是一维的（在 tensorflow 1.10 及以上版本是包含这些一维函数的），输入数据张量及各层中流动的张量也为一维。

（2）损失函数。

深度学习算法进行分类在数学上是对目标函数进行最优化的问题，通过不断比较当前网络的预测值与我们期望的目标值，根据二者差异不断调整每一层的权重和偏差，使得差值最小化。衡量预测值与期望值差异的方程被称为损失函数（或目标函数）。本研究采用的损失函数为：

$$L = - \sum_{i=1}^{3} \sum_{j=1}^{n} Y'_{ij} \cdot \log(Y_{ij})$$

其中 Y' 为采用二值化编码的标签，$i = 1, 2, 3$ 分别表示噪音、Pg、Sg，n 为波形采样点数，$j = 1, \cdots, n$ 为采样点序号，其表达式为：

$$Y'_i = \begin{cases} Y'_1 : [1, 0, 0] \\ Y'_2 : [0, 1, 0] \\ Y'_3 : [0, 0, 1] \end{cases}$$

Y 为最后一层 softmax 函数计算得到概率值，其表达式如下：

$$y_i = \frac{e^{z_i}}{\sum_{k=1}^{3} e^{z_k}}$$

其中 z 为最后一层的输出张量（ $[m，n，3]$ ），m 为输入数据个数。

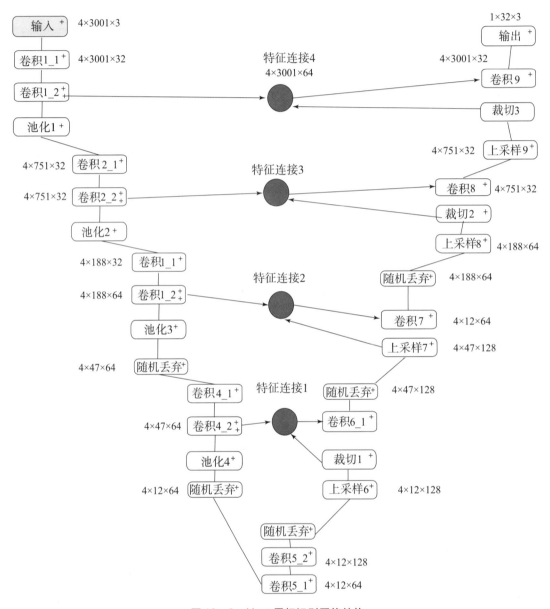

图 13-8　Unet 震相识别网络结构

3. 使用 Tensorflow 搭建 U 网络进行震相识别

（1）U 网络的搭建。

13.2.1 节介绍了如何搭建 CNN 网络，本节我们将进一步使用 Tensorflow 搭建震相识别

U 网络，其实现代码可以从 https://github.com/mingzhaochina/unet_cea 公开下载。U 网络相比经典 CNN 网络而言其结构更加复杂一些，除了常见的 conv1D，maxpool，dropout 层，还包括降采样层 conv_btn，增采样层 deconv_upsample，裁切层 Cropping1D，跳接层 concat 等特有层，其实现代码来自 unet_cea 中 unet. py 和 layers. py 两个程序，读者可以对照以下注释看代码加深理解：

```
def unet_cea(inputs,num_classes,is_training):
    """
    #震相识别 U 网络
    #输入参数:
     # inputs:输入三分量波形数据,维度为[batch_size,length,3]的张量
     # num_classes:整型变量,对应于分类类别:P,S,噪声
     # is_training:布尔变量,是否训练模式(for dropout & bn)
    #返回:
     #logits:预测值,维度为[batch_size* length, num_classes]的张量
    """
    dropout_keep_prob = tf. where(is_training,0.2,1.0)
    #Encoder Section,    Block 1
    conv1_1 = layers. conv_btn(inputs,3,32,'conv1_1',is_training = is_
training)
    conv1_2 = layers. conv_btn(conv1_1,3,32,'conv1_2',is_training =
is_training)
    pool1   = layers. maxpool(conv1_2,4,  'pool1')
    # Encoder Section,Block 2
    conv2_1 = layers. conv_btn(pool1,  3,32,'conv2_1',is_training =
is_training)
    conv2_2 = layers. conv_btn(conv2_1,3,32,'conv2_2',is_training =
is_training)
    pool2   = layers. maxpool(conv2_2,4,  'pool2')
```

现代化编程方法 >>>>>>
与地球物理开源软件实践 Modern programming techniques
and the practices for open source geophysical software

```
#Encoder Section, Block 3
    conv3_1 = layers. conv_btn(pool2, 3,64,'conv3_1',is_training =
is_training)
    conv3_2 = layers. conv_btn(conv3_1,3,64,'conv3_2',is_training =
is_training)
    pool3  = layers. maxpool(conv3_2,4, 'pool3')
    drop3  = layers. dropout(pool3,dropout_keep_prob,'drop3')
    #Encoder Section,Block 4
    conv4_1 = layers. conv_btn(drop3, 3,64,'conv4_1',is_training =
is_training)
    conv4_2 = layers. conv_btn(conv4_1,3,64,'conv4_2',is_training =
is_training)
    pool4  = layers. maxpool(conv4_2,4, 'pool4')
    drop4  = layers. dropout(pool4,dropout_keep_prob,'drop4')
    # Encoder Section,Block 5
    conv5_1 = layers. conv_btn(drop4, 3,128,'conv5_1',is_training =
is_training)
    conv5_2 = layers. conv_btn ( conv5_1, 3, 128, ' conv5_2 ', is_
trainingis_training)
    drop5  = layers. dropout(conv5_2,dropout_keep_prob,'drop5')
    # Decoder Section,Block 1
    upsample61   = layers. deconv_upsample(drop5,4, 'upsample6')
    upsample61 = Cropping1D(cropping =((0,1)))(upsample61)
    concat6    = layers. concat(upsample61,conv4_2,'concat6')
    conv6_1 = layers. conv_btn(concat6,3,128,'conv6_1',is_training =
is_training)
    drop6  = layers. dropout(conv6_1,dropout_keep_prob,'drop6')
    # Decoder Section,Block 2
    upsample7   = layers. deconv_upsample(drop6,4, 'upsample7')
```

```
concat7      =layers.concat(upsample7,conv3_2,'concat7')
conv7_1=layers.conv_btn(concat7,3,64,'conv7_1',is_training=is_
training)
drop7    =layers.dropout(conv7_1,dropout_keep_prob,'drop7')
#Decoder Section,Block 3
upsample81     =layers.deconv_upsample(drop7,4, 'upsample8')
upsample81=Cropping1D(cropping=((0,1)))(upsample81)
concat8      =layers.concat(upsample81,conv2_2,'concat8')
conv8_1=layers.conv_btn(concat8,3,32,'conv8_1',is_training=is_
training)

#Decoder Section,Block 4
upsample91     =layers.deconv_upsample(conv8_1,4,'upsample9')
upsample91=Cropping1D(cropping=((1,2)))(upsample91)
concat9      =layers.concat(upsample91,conv1_2, 'concat9')
conv9_1=layers.conv_btn(concat9,3,32,'conv9_1',is_training=is_
training)

#Decoder Section,Block 5
score   =layers.conv(conv9_1,1,num_classes,'score',activation_
fn=None)
logits=tf.reshape(score,(-1,num_classes))
return logits
```

降采样层 conv_btn 由一个卷积层，一个批处理层加激活函数组成，其实现代码为：

```
def conv_btn(inputs,kernel_size,num_outputs,name,
is_training=True,stride_size=1,padding='SAME',activation_fn=
tf.nn.relu):
    """
Convolution layer followed by batch normalization then activation fn:
```

现代化编程方法 ≫≫≫≫≫
与地球物理开源软件实践 Modern programming techniques
and the practices for open source geophysical software

```
    ----------

Args:
  inputs:Tensor,[batch_size,length,channels]
kernel_size:filter size
num_outputs:Integer,number of convolution filters
  name:String,scope name
is_training:Boolean,in training mode or not
stride_size:convolution stide
  padding:String,input padding
activation_fn:Tensor fn,activation function on output(can be None)
  Returns:
    outputs:Tensor,[batch_size,length + - ,  num_outputs]
  """
  with tf.variable_scope(name):
num_filters_in = inputs.get_shape()[-1].value
kernel_shape  =[kernel_size,num_filters_in,num_outputs]
stride_shape  =stride_size
    weights = tf.get_variable('weights',kernel_shape,tf.float32,
xavier_initializer())
    bias    = tf.get_variable('bias',num_outputs,tf.float32,tf.
constant_initializer(0.0))
    #current_layer = tf.nn.conv1d(inputs,weights,stride,padding =
padding)
    conv    = tf.nn.conv1d(inputs,weights,stride_shape,padding =
padding)
    outputs = tf.nn.bias_add(conv,bias)
     outputs = tf.contrib.layers.batch_norm(outputs,center =
True,scale =True,is_training = is_training)
    if activation_fn is not None:
```

```
outputs = activation_fn(outputs)
    return outputs
```

增采样层 deconv_upsample 采用了基于双线性插值权重的 upsampling 层加激活函数，其实现代码为：

```
    def deconv_upsample ( inputs, factor, name, padding = ' SAME ',
activation_fn = None):
    """
    Convolution Transpose upsampling layer with bilinear interpolation
weights:
    ISSUE:problems with odd scaling factors
    ----------
    Args:
        inputs:Tensor,[batch_size,height,width,channels]
        factor:Integer,upsampling factor
        name:String,scope name
        padding:String,input padding
    activation_fn:Tensor fn,activation function on output(can be None)

    Returns:
        outputs:Tensor,[batch_size,height * factor,width * factor,
num_filters_in]
    """

    with tf.variable_scope(name):
    stride_shape   = factor
    input_shape    = tf.shape(inputs)
    num_filters_in = inputs.get_shape()[ -1]. value
```

现代化编程方法》》》》》
与地球物理开源软件实践 Modern programming techniques
and the practices for open source geophysical software

```python
    output_shape   = tf.stack([input_shape[0],input_shape[1]*
factor,num_filters_in])

        weights=bilinear_upsample_weights(factor,num_filters_in)
        print num_filters_in,output_shape,weights
        outputs = tf.contrib.nn.conv1d_transpose(inputs,weights,
output_shape,stride_shape,padding=padding)


    if activation_fn is not None:
        outputs=activation_fn(outputs)
    return outputs


    def bilinear_upsample_weights(factor,num_outputs):
    """
    Create weights matrix for transposed convolution with bilinear
filter
    initialization:
     ----------
    Args:
        factor:Integer,upsampling factor
    num_outputs:Integer,number of convolution filters


    Returns:
        outputs:Tensor,[kernel_size,kernel_size,num_outputs]
    """
    kernel_size=2*factor-factor%2
    weights_kernel=np.zeros((kernel_size,
num_outputs,
num_outputs),dtype=np.float32)
```

```
rfactor = (kernel_size + 1)//2
if kernel_size % 2 == 1:
    center = rfactor - 1
else:
    center = rfactor - 0.5
og = np.ogrid[:kernel_size]
upsample_kernel = (1 - abs(og - center)/rfactor)
for i in xrange(num_outputs):
weights_kernel[:,i,i] = upsample_kernel
init = tf.constant_initializer(value = weights_kernel,dtype = tf.
float32)
    weights = tf.get_variable('weights',weights_kernel.shape,tf.
float32,init)
    return weights
```

（2）U 网络数据集的建立。

搭好了网络，接下来如何建立训练和测试数据集，这主要通过使用 create_dataset_events_unet.py 程序来实现，其标注数据可以图片形式输出，方便检查数据集标注情况，如图 13-9 所示。

虚线代表人工拾取的到时，方框表示标签范围。由于人工标注会有一定误差，所以 Pg 标签取人工时期到时附近 ±0.25s，Sg 标签取人工时期到时附近 ±0.5s（可在程序中自己调整）。

```
#建立 P、S 标注数据集
#用法详解:对 stream_dir 选项所指定目录下的原始波形数据,根据 catalog 选
项所指定震相文件中的时间戳,截取包含 P,S 震相的地震波形,其长度由 window_size
指定,并使用二值化标签标注 P,S 震相,标注后的数据集存放在 output_dir 选项指定
的目录下,plot 用于选择是否输出对应的图片。
    ./bin/create_dataset_events_unet.py -- stream_dir waveform --
catalog ps_picks_capital.csv
```

现代化编程方法 >>>>>>
与地球物理开源软件实践 Modern programming techniques
and the practices for open source geophysical software

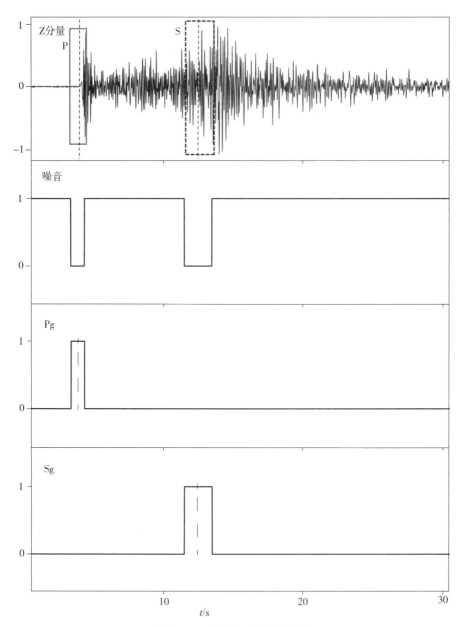

图 13 - 9 训练样本及标注示例

(a) 原始波形数据；(b) 噪声标签；(c) Pg 标签；(d) Sg 标签

```
--output_dir data/train --plot True --window_size 30
```

（3）Unet 网络模型的训练与测试。

在建好数据集之后，我们便可以将数据集带入进行训练、验证、测试等过程。

```
#训练模型
#用法详解:带入 tfrecords_dir 选项所指定的目录下的数据集进行训练,模型迭
代过程保存的最新模型存放至 checkpoint_dir 选项所指定的目录
python. /bin/unet_train. py -- tfrecords_dir data/train/ -- checkpoint_
dir model
#在验证集上验证模型
#用法详解:带入 tfrecords_dir 选项所指定的目录下的数据集,以及 checkpoint_
path 目录下存放的最新模型进行验证,batch_size 是每批次带入的数据量,output_
dir 存放验证结果
python. /bin/unet _ eval. py - - tfrecords _ dir data/test - -
checkpoint_path output/unet_capital/ -- batch_size 1000 -- output_dir
output/unet -- events
```

对于模型的训练和验证过程，可通过 tensorboard 实时进行监控，如图 13-10 所示，为 tensorboard 页面的一些截图。

```
#实时监控
tensorboard -- logdir model
```

（4）Unet 模型的应用。

在通过验证之后，便可以将模型部署至实际应用场景，并在实践中继续改进。以下我们提供了两种对实际波形数据的识别方式：①需要先将实际波形数据转换成 tensorflow 默认的 tfrecord 格式，转成 tfrecord 有两个好处，一是 tfrecord 文件占磁盘空间更小，二是读取速度更快，但将地震数据转换成 tfreocrd 本身也会耗费一定时间和资源；②调用 obspy，直接对 sac、mseed 等常用格式的地震数据进行读取。

以下为两种方式所用程序的用法详解如下：

现代化编程方法 >>>>>>
与地球物理开源软件实践 Modern programming techniques
and the practices for open source geophysical software

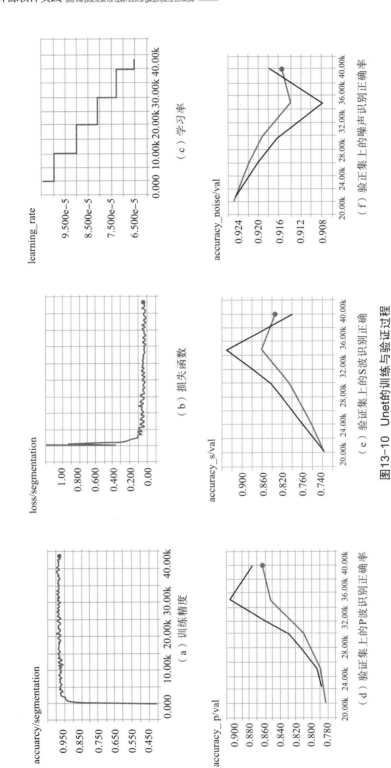

图13-10　Unet的训练与验证过程

#验证模型,对 test 目录下的正样本(positive)和(negative),分别使用 evalute 程序进行评估

#用法详解:tfrecords_dir 指定 tfrecprd 格式的数据所在目录,checkpoint_path 指向训练模型所在目录,batch_size 是每批次识别的波形数,output_dir 为输出文件目录,包括 P、S 拾取到时文件。

```
python. /bin/unet _ eval _ from _ tfrecords. py - - tfrecords _ dir detection
    --checkpoint_path. /unet_capital/unet. ckpt - 585000 -- batch_size 8 -- output_dir output
```

#用法详解:stream_path 指定 mseed 连续数据所在目录,checkpoint_path 指向训练模型所在目录,batch_size 是每批次识别的波形数,output_dir 为输出文件目录,包括 P、S 拾取到时文件等,plot 选项为是否画图。

```
python. /bin/unet_eval_from_stream. py -- stream_path. /mseed/
    --checkpoint_path unet_capital/unet. ckpt - 590000 -- batch_size 8
--output_dir output/predict_from_stream -- plot
```

图 13 - 11 展示了一些实际识别示例。

可以看到有些例子 P、S 到时均准确识别,有些则漏掉了 P 或 S,这是十分正常的,说明模型还有很大提升空间。如果想取得了更好的实际应用效果,一是扩充你的训练数据集,提高标注的准确度,二是不断收集负样本(即识别效果不太理想的样本)在实际应用数据上迭代训练,最终才有可能取得泛化能力较强的模型。

13.4　小结

本章概述了机器学习的主要算法及应用范围,Python 语言中常用的机器学习工具包,简单介绍了三种最常用的机器学习工具 Scikit - learn、PyTorch 和 Tensorflow 的基本内容和使用方法。之后我们以地震检测和 P、S 震相识别为例,介绍了如何使用 tensorflow 搭建 CNN 和 Unet 网络,建立数据集进行训练和测试,以及实际部署应用。通过这一章的学习,希望你能够了解机器学习的基本知识和关键术语,熟悉常用的 python 机器学习工具,并简单地使用这些工具构建 AI 算法,开展地震检测、震相识别等等有趣的应用。

现代化编程方法 >>>>>>
与地球物理开源软件实践 Modern programming techniques
and the practices for open source geophysical software

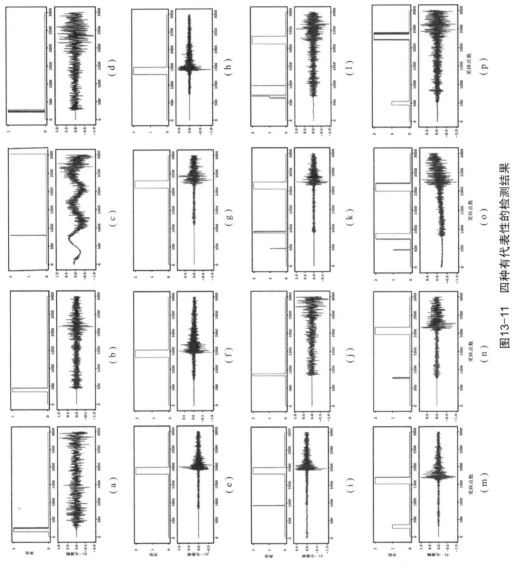

图13-11 四种有代表性的检测结果

（a）~（d）成功检测到Pg震相，漏检Sg震相；（e）~（h）成功检测到Sg震相，漏检Pg震相；（i）~（l）检测到Pg到时，但类型判断错误；（m）~（p）成功检测到波形中所有震相。

<table>
<tr><td>第 14 章</td><td>Python 与 Fortran 和 C/C ++ 混合编程</td></tr>
</table>

经过一段时间的系统学习后，小 G 已经能通过编写 Python 代码来完成一部分业务工作，工作效率明显提升。Python 语言易于上手、代码可读性强、生态系统蓬勃发展，并且不需购买昂贵的商业软件，再加上初步尝试的良好反馈，让小 G 坚定了将 Python 作为自己主力编程语言的信心。

小 G 还有一部分业务工作涉及较大规模的计算，采用的是 Fortran[①]和 C/C ++ 语言编写的代码。这些 Fortran 和 C/C ++ 代码的稳定性和可靠性经过长期验证，性能优化好、运行效率高，因此一直沿用至今，但是在维护过程中却较为繁琐，缺少 Python 的便捷性和交互性。如果用 Python 语言重写程序来完成这些数据量庞大的业务工作，程序的计算效率会降低许多。小 G 遇到的这个问题就是著名的 "两语言问题"（two – language problem），这是 Python 等解释性语言用户经常面临的难题，即在便捷（convenience）需求和性能（performance）需求之间的妥协。

"两语言问题" 的一个解决途径即混合编程。大多数语言都提供了混合编程功能，即调用其他语言所编写代码的可能性，Python 也不例外。以小 G 面临的情况为例，可在 Python 编程中调用 Fortran 和 C/C ++ 代码，将程序的主要逻辑交给 Python 处理，将大规模计算部分交给 Fortran 或 C/C ++ 。在网上一番搜索过后，小 G 找到了很多相关资料，并粗略读了一遍。让小 G 欣喜的是，在 Python 编程中调用 Fortran 和 C/C ++ 代码并不需要高超的编程水平以及复杂的技术操作，而是一个较为简单和顺利的操作过程。尤其是 F2PY 和 SWIG 等工具，可以大幅简化 Python 编程中调用 Fortran 和 C/C ++ 的过程代码，并实现调用过程的自动化。在本章中，我们将跟小 G 一起，逐步学习 Python 与 Fortran 和 C/C ++ 混合编程的各项内容，最后通过一个业务应用实例，了解实现混合编程的整个流程。

---

① 如未指明版本号（如 Fortran 77/90/95 等），本章中 "Fortran" 一词涵盖该语言所有版本。

现代化编程方法 ▷▷▷▷▷▷
与地球物理开源软件实践 Modern programming techniques
and the practices for open source geophysical software

14.1　基础知识

14.1.1　混合编程的用武之地

本章开始提到小 G 的专业领域存在一些优秀的 Fortran 和 C/C++ 程序，为特定问题所需的大规模计算提供了成熟的解决方案，并且代码经过千锤百炼，可靠性和运行效率都有保障。这类程序处理的数据量非常庞大，如果用 Python 语言再实现一遍的话，可能难以满足程序性能上的需要。因此，在 Python 中调用已有 Fortran（或 C/C++）代码是很有必要的，可兼顾开发效率和程序性能。除了程序性能上的提升之外，Python 混合编程的另一处用武之地是代码复用（code reuse）：某些数值计算过程，可能在 Python 标准库和第三方库中都并没有给出解决方案，此时可调用已有的 Fortran 或 C/C++ 程序来节约开发时间。

令 Fortran 或 C/C++ 程序变得可在 Python 中调用的过程，一般称为封装（wrapping），实现封装的代码称为封装代码（wrapper code）。根据小 G 的学习历程，接下来的 14.1.2 节首先介绍封装代码，随后依次介绍 F2PY 和 SWIG 这两个生成封装代码的工具，其中 F2PY 主要针对 Python – Fortran 混合编程（14.1.3 节），包括在 Python 中调用 Fortran 串行程序和并行程序；SWIG 主要针对 Python – C/C++ 混合编程（14.1.4 节），本节也会简要介绍其他封装 C/C++ 代码的工具。14.1.3 节和 14.1.4 节的内容相对独立，读者可以选择性阅读感兴趣的部分。

14.1.2　封装代码

作为一种解释型语言（interpreted language），Python 和 Fortran 或 C/C++ 等编译型语言（compiled language）在很多方面存在差异。Fortran 和 C/C++ 有很强的类型规则，一个变量 g 在使用前要首先声明类型并在内存中分配适当的大小。而 Python 的变量是无类型的，一个变量 g 可以是整数、浮点数、字符串或一个窗口按钮：

```
g = 1003   # g 为整型数
g = 3.14   # g 为浮点数
g = 'Xiao G'   # g 为字符串
g = Button(frame, text = "push")   # g 为按钮
```

在 Fortran 和 C/C++ 等编译型语言中，g 只能容纳一种类型的变量，而在 Python 中，g 可以引用一个任何类型的对象。这种差异导致在连接 Python（动态类型）和 Fortran 或 C/C++（静态类型）时，封装过程必须给出明确的接口，以保证变量能正确地从 Python 传递到 Fortran 或 C/C++，并再从 Fortran 或 C/C++ 正确地传递回 Python.

小 G 对封装代码的了解，是从 Python－Fortran 混合编程的一个简单的例子开始的。在这个例子中，小 G 想在 Python 程序中调用如下的 Fortran 程序 foo. f90：

```fortran
subroutine foo(a,b,c)
implicit none
real(4)::a,b,c
c = sqrt(a* a +b* b)
write(* ,* )'c =',c
end subroutine foo
```

Fortran 程序 foo. f90 读入直角三角形的两条直角边的长度，然后计算并返回斜边的长度，存储三条边的长度的变量（a，b，c）均为单精度浮点数。小 G 预期在 Python 中以如下形式调用 foo. f90：

```python
from foobar import foo
a =3.0
b =4.0
c =0.0
foo(a,b,c)
print(a,b,c)
```

其中 foobar 为可供 Python 调用的外部链接库（external module）的名称，输入的两条直角边的长度分别为3.0 和4.0，斜边长度的初始值为0.0，然后调用 Fortran 程序 foo 计算斜边长度，然后打印三条边的长度到屏幕。

为了实现上述预期的调用，在封装（wrapping）过程中需要完成以下几个环节的工作：

①Python 程序中变量 a 和 b 是浮点数（float，多数系统下为 8 个字节长度），传递给

现代化编程方法 >>>>>>
与地球物理开源软件实践 Modern programming techniques
and the practices for open source geophysical software

Fortran 后，需转换成 Fortran 单精度浮点数（4 个字节长度）。

②调用 foo 进行计算，得到 Fortran 单精度浮点数的 c。

③将变量 c 转换成 Python 浮点数 float，传递回 Python。实现上述封装的代码即称为封装代码（wrapper code）。可以生成为封装代码的工具则称作封装工具（wrapper tools），如封装 Fortran 程序供 Python 调用的 F2PY，以及封装 C/C++ 供 Python 调用的 SWIG（Simple Wrapper Interface Generator），ctypes 和 Cython 等。接下来的两节将分别介绍 F2PY 和 SWIG。

14.1.3 F2PY——Python 中调用 Fortran 代码

F2PY（Fortran to Python interface generator）包含在 Numpy 中（numpy. f2py），是一个将 Fortran 程序转化成 python 可以调用的链接库的工具。F2PY 也可以转化 C 程序供 Python 调用，本节对此不做介绍，感兴趣的读者可参考 F2PY 在线手册（https://numpy. org/doc/stable/f2py/）。F2PY 提供了可在命令行运行的程序 f2py。

对于 14.1.2 节中的 foo.f90 这个例子，Python 调用过程比较简明，首先利用 F2PY 编译得到 Python 可用的链接库，编译过程如下：

```
python -m numpy. f2py -c foo. f90 -m foobar
```

或者选用命令行程序 f2py：

```
f2py -c foo. f90 -m foobar
```

两种方式中，命令可选参数 -c 和 -m 的具体格式如下：

```
-c[ <build options >, <extra options >] <fortran file >
-m <module name >
```

还有一个常用的命令参数为 --f90exec =，可以指定 Fortran 编译器的路径，例如指定编译使用 Intel Fortran 编译器 ifort。

```
f2py -c foo. f90 --f90exec =ifort -m foobar
```

如果编译过程顺利通过的话，会得到一个外部链接库（module），其名称在 Windows

系统下为 foobar. XXXX. pyd，在 Linux 或 Mac 系统下为 foobar. XXXX. so. 其中"XXXX"为与 Python 版本号和系统相关的字符串。如果不指定链接库的文件名（– m. foobar），则会得到名为 untitled. XXXX. pyd（Windows 系统）或 untitled. XXXX. so（Linux 或 Mac 系统）的链接库。

此时，按如下方式在 Python 程序 test. py 中调用 foo. f90：

```
from foobar import foo
a =3.0
b =4.0
c =0.0
foo(a,b,c)
print(a,b,c)
```

会给出如下结果：

```
$ python test.py
c =   5.00000000
3.0 4.0 0.0
```

从输出结果中，小 G 发现 foo 程序中的变量 c 被正确地赋值（c =5.00000000）并打印到屏幕上，但是 foo 中的 c 值并没有正确地返回中 Python 中，在 Python 程序中打印 c 的值依然显示是其初始值 0.0。

为了查明原因，小 G 将封装后 foo 程序的文档打印出来（下面代码中粗黑体部分）：

```
from foobar import foo
a =3.0
b =4.0
c =0.0
print( foo. __doc__)
```

运行后，得到如下结果：

现代化编程方法 ▷▷▷▷▷▷
与地球物理开源软件实践 Modern programming techniques
and the practices for open source geophysical software

```
foo(a,b,c)


Wrapper for"foo".


Parameters
----------
a:input float
b:input float
c:input float
```

小 G 发现，变量 c 被封装代码认为是一个 float 型的输入变量，因此当然不会返回到 Python 程序中。发现该问题后，小 G 对 Fortran 程序 foo. f90 进行了改写，明确指明了变量 a、b 和 c 的输入输出属性（黑体为改动部分）：

```
subroutine foo(a,b,c)
implicit none
!real(4)::a,b,c
real(4),intent(in)::a,b
real(4),intent(inout)::c
c = sqrt(a* a +b* b)
write(* ,* )'c = ',c
end subroutine foo
```

小 G 在 Fortran 程序中指明了变量的输入输出属性后，再重新执行

```
f2py -c foo. f90 -m foobar
```

得到链接库文件后，然后再打印封装后 foo 程序的文档

```
foo(a,b,c)
```

```
Wrapper for"foo".

Parameters
----------
a:input float
b:input float
c:in/output rank -0 array(float,'f')
```

此时可以发现变量 c 的属性已经是正确的，是即输入又输出的浮点数。再次运行 test.py 程序，Python 程序中 c 的结果依然是 0.0：

```
$ python test.py
c =   5.00000000
3.0 4.0 0.0
```

查阅了很多资料后，小 G 发现 Python 中 float 型变量是不可变对象（immutable object），即对象的内存值不能被改变，运行下面的例子：

```
c =0.0
print('c = ',c)
print(id(c))
c =3.0
print('c = ',c)
print(id(c))
```

其中 id( ) 返回的是对象的内存地址。输出结果为：

```
$ python test.py
c =   0.0
140172067094896
c =   3.0
```

现代化编程方法 ▷▷▷▷▷▷
与地球物理开源软件实践 Modern programming techniques
and the practices for open source geophysical software

```
140172067094960
```

从上面的输出结果可以看到：变量 c 的 id 发生了变化（从 140172067094896 变为 140172067094960），说明程序为变量 c 开辟了一块新的内存（新地址为 140172067094960），而不是在原本的内存地址（140172067094896）存储 c，这就说明了 float 类型的变量是不可变的（immutable）。除 float 型变量外，Python 内建的 int，str，bool 等类型变量也是不可变的。

为了能使得变量 c 获得正确的返回值，即在 Python 和 Fortran 之间正确地传递数值，小 G 在 F2PY 的手册上发现要借助 Numpy 数组。由于 a，b，c 是三个浮点数，因此可用含有一个元素的 Numpy 数组来表示这几个变量，按照这个思路将 test_numpy. py（黑体为采用 Numpy 数组）。程序修改为 test_numpy. py。

```
from foobar import foo
import numpy as np
a = np. array([3.0])
b = np. array([4.0])
c = np. array([0.0])
foo(a,b,c)
print(a,b,c)
```

运行 test_numpy. py 程序，此时 Python 程序中 c 的结果变为正确的 5.0。

```
$ python test. py
c =  5.00000000
[3.][4.][5.]
```

小 G 又测试了一下 np. array 的内存地址属性。

```
c = np. array([0.0])
print('c = ',c)
print(id(c))
```

```
c = np. array([3.0])
print('c = ',c)
print(id(c))
```

运行上述程序段后，输出结果如下：

```
$ python test. py
c =[0. ]
140038588815568
c =[3. ]
140038588815568
```

我们可以看到，对 c 这样一个 np. array 的值进行了修改后，它指向的内存地址没有变
（修改前后均为 140038588815568），说明变动是在原内存地址上进行的，因此 np. array 类
型的变量是可变的（mutable）。

F2PY 还可以包装 Fortran 编写的 MPI（Message Passing Interface，https://www.mpi-
forum.org/）并行程序供 Python 调用。确切的说，是供 mpi4py 调用。mpi4py（MPI for
Python）这个包建立在 MPI 规范之上，为 Python 提供了面向对象的 MPI 接口，允许 Python
程序利用多个 CPU 处理器。假设 Fortran 并行程序为 fooMPI.f90，F2PY 给出的编译方式如
下（选用 Intel Fortran 编译器）：

```
python - m  numpy. f2py - c - - f90exec = mpiifort  fooMPI. f90 -
m foobarMPI
```

对应的 Python 程序 testMPI. py 内容为：

```
from mpi4py import MPI
import foobarMPI


# … …
```

testMPI. py 的一般运行方式为：

```
mpiexec - n 6 python - m mpi4py testMPI. py
```

其中 - n 6 表示指定在 6 个处理器上运行 testMPI. py。

通过对以上简单例子的学习，小 G 基本了解掌握了 F2PY 的基本使用方法。小 G 随后利用 F2PY 对自己常用的 Fortran 程序进行了封装，这一部分的内容将在 14.2 节 "业务场景示例" 进行详细介绍。

14.1.4 SWIG——Python 中调用 C/C ++ 代码

SWIG （Simple Wrapper Interface Generator） 的名称直译是 "简化封装接口生成器"，它简化了将不同语言 （包括 Perl，PHP，Python，Tcl and Ruby 等脚本语言以及 go，Java，Lua，Octave，Scilab 和 R 等非脚本语言） 连接到 C 和 C ++ 程序的封装工作，可以接受 C/C ++ 声明并自动地创建从其他语言访问这些声明所需的封装代码。一般情况下，SWIG 不需要修改现有代码，并且给出头文件即可自动封装整个库。

小 G 对 SWIG 封装过程的了解也是通过一个简单例子开始的。小 G 想在 Python 程序中调用如下的 C 程序 foobar. c：

```c
#include <math. h>
#include <stdio. h>

float foo(float a,float b,float c){
  c = sqrt(a*a +b*b);
  printf("c =% f ",c);
}
```

foobar. c 与 14.1.3 节中的 Fortran 程序 foo. f 90 一样，都是读入直角三角形的两条直角边的长度，然后计算并返回斜边的长度，存储三条边的长度的变量 （a，b，c） 均为单精度 （float） 浮点数。foobar. c 的头文件 foobar. h 的内容为：

```c
float foo(float a,float b,float c);
```

还需要一个接口文件 foobar. i 以及 setup. py 文件。其中 foobar. i 文件的内容为：

```
%module foobar
%{
#include "foobar.h"
%}
%include "foobar.h"/* make interface to all funcs in foobar.h* /
```

setup. py 文件的内容为：

```
from distutils.core import setup,Extension
foobar_module =Extension('_foobar',
  sources =['foobar_wrap.c','foobar.c'],
)
setup(name ='foobar',
  version ='0.1',
  author ="SWIG Docs",
  description ="""Simple swig example""",
  ext_modules =[foobar_module],
  py_modules =["foobar"],
)
```

以上 foobar. c，foobar. h，foobar. i 和 setup. py 等文件准备完毕后，即可以利用 SWIG 生成封装代码 foobar_wrap. c。

```
swig -python foobar.i
```

然后运行下面命令得到链接库：

```
python setup.py build_ext
```

编译通过后，即可通过 testSWIG. py 程序来调用 foobar. c。

```
from foobar import foo
```

现代化编程方法 ▷▷▷▷▷▷
与地球物理开源软件实践 Modern programming techniques
and the practices for open source geophysical software

```
import numpy as np
a = np.array([3.0])
b = np.array([4.0])
c = np.array([0.0])


foo(a,b,c)
print(c)
```

与 14.1.3 节中情形类似，还是要利用含有一个元素的 Numpy 数组来表示 a，b 和 c 这 3 个变量。运行 testSWIG.py 后，得到以下输出结果。

```
$ python testSWIG.py
c =   5.00000000
[5.]
```

以上就是小 G 使用 SWIG 实现 Python – C 混合编程的一个简单例子。对于 Python – C/C ++ 混合编程的封装工具，还有 Python C API、Ctypes 以及 Cython 等。其中，基于 Python – C – API 可以用 C/C ++ 编写 Python 扩展模块，这些扩展模块可以调用 C/C ++ 函数。Ctypes 提供了 C 兼容的数据类型；Cython 既是写 C 扩展的类 Python 语言，也是这种语言的编译器。Cython 语言是 Python 的超集，带有额外的结构，允许调用 C 语言的函数以及用 C 类型来注释变量和类属性。限于篇幅，本节对这几个工具不做详细介绍。接下来的 14.2 节将结合小 G 常用的业务程序，介绍 Python 混合编程的几个实际示例。

14.2 业务场景示例

14.2.1 调用 Fortran 程序 FA2BOUG 计算布格重力异常

本节将以小 G 常用的计算布格重力异常（Bouguer gravity anomaly）的 Fortran 程序 FA2BOUG 为例，详细说明如何基于 F2PY 在 Python 中调用 Fortran 程序。FA2BOUG 是由西班牙 Instituto de Ciencias de la Tierra 的 Fullea J. 等人研发的一款计算布格重力异常的开源 Fortran 90 程序。该程序的逻辑清晰、算法完善，而且易于使用，一直都是小 G 处理布格异常计算业务的首选程序。经过 14 - 1 节的学习历程之后，小 G 将 FA2BOUG 程序进行了改写，并完成了相应的 FA2Boug. py 程序，并可利用 F2PY 在 FA2Boug. py 中调用 FA2BOUG. f90. 图 14 - 1 给出了小 G 整理后的 FA2BOUG 文件夹的目录结构。

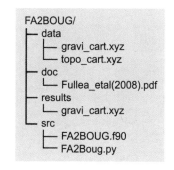

图 14 - 1　FA2BOUG 文件夹目录结构

（1）data 子目录下，gravi_cart. xyz 为自由空气（free - air）重力异常或经过布格板（Bouguer slab）改正的布格异常（单位为毫伽），topo_cart. xyz 为 DEM 数据（单位为米），在陆地上为高程，在海洋上为海深．"_cart" 表示数据为直角坐标系（Cartesian coordinates），xyz 数据均为三列，x，y 为平面坐标，z 分别为重力异常或 DEM 数值。

（2）doc 子目录下，Fullea_etal（2008）. pdf 为 Fullea 等（2008）发表在 Computers & Geosciences 上的论文 "FA2BOUG—A FORTRAN 90 code to compute Bouguer gravity anomalies from gridded free - air anomalies：Application to the Atlantic - Mediterranean transition zone"。

（3）results 子目录下，存放的是程序输出结果 gravi_cart. xyz。

（4）SRC 子目录下，FA2BOUG. F90 为小 G 修改过的计算布格重力异常的 Fortran 源程序，这是一个串行 Fortran 90 程序，FA2Boug. py 为 Python 调用程序。程序运行所需参数目前均在 FA2Boug. py 输入，主要参数的说明见表 14 - 1。

表 14 - 1　FA2BOUG. f90 程序中主要的参数列表

参数名	I/O	类型	说明
det_flag		int	值为 1 时采用 topo_cart_det. xyz，其他值时不采用
N_topo		int	topo_cart. xyz 的 x 方向点数
M_topo		int	topo_cart. xyz 的 y 方向点数
R_d	I	double	远区半径
R_i		double	近区半径
inc_Rd		double	远区格网间距
inc_Ri		double	近区格网间距，topo_cart 的分辨率
land_flag		char	值为 on 计算陆地和海洋区域，其他值仅计算海洋区域

现代化编程方法
与地球物理开源软件实践 Modern programming techniques
and the practices for open source geophysical software

续表

参数名	I/O	类型	说明
slab_Boug_flag		int	值为 1 时，输入重力异常为经布格板改正的布格异常，其他值输入为自由空气重力异常
rho_c		double	地壳密度
rho_w		double	水密度
isos_flag		int	值为 1 时计算均衡异常，其他值不计算
d_rho_moho		double	壳幔密度差异（均衡计算）
T0		double	地壳厚度（均衡计算）
topo_fname		char	输入的 DEM 数据名，最长 80 字符
grav_fname		char	输入的重力异常数据名，最长 80 字符
topoDet_fname		char	输入的 Detailed DEM 数据名，最长 80 字符
N_tot		int	输入重力异常的点数
BA_slab	O	double	布格板改正的布格异常
BA_full		double	完全布格重力异常
isosA_Airy		double	基于 Airy – Heiskanen 的均衡异常

使用 F2PY 获得 Python 可调用的链接库的过程如下，Fortran 编译器选的是 Intel Fortran 编译器 ifort（F2PY 命令参数的说明见 14.1.3 节）。

```
f2py - c FA2BOUG. f90 -- f90exec = ifort - m FA2boug
```

Python 程序 FA2Boug. py 的部分内容如下：

```
import numpy as np
import os
import FA2Bouguer


print("***** We are now running FA2BOUG***** ")


det_flag = 0
```

```
inc_Rd = 4.0
inc_Ri = 2.0
rho_c = 2670.0
rho_w = 1030.0
N_topo = 409
M_topo = 499
R_d = 167.0
R_i = 20.0
land_flag = 'on'
slab_Boug_flag = 0
isos_flag = 1
d_rho_moho = 450.0
T0 = 30.0
topo_fname = os. path. join( "data" ,"topo_cart. xyz" )
grav_fname = os. path. join( "data" ,"gravi_cart. xyz" )
topoDet_fname = os. path. join( "data" ,"topo_cart_det. xyz" )
```

如上述 Python 代码中粗体部分所示，DEM 数据和自由空气重力异常的文件名由 Python 传递到 Fortran，读取过程在 Fortran 程序中完成，这样就避免了从 Python 传递数组到 Fortran。由于 Python 中数组是按行优先（row-major）的方式存储，而 Fortran 中数组则是按列优先（column-major）的方式存储。对于一个 3×3 的二维数组 A（3，3），行优先和列优先两种存储方式的差异如图 14-2 所示。

由图 14-2 可以看到，对于 3×3 的二维数组 A（3，3），Python 在内存中的存储顺序为 A（1，1），A（1，2），A（1，3），A（2，1），A（2，2），A（2，3），A（3，1），A（3，2），A（3，3）。

而 Fortran 在内存中存储的顺序为：

A（1，1），A（2，1），A（3，1），A（1，2），A（2，2），A（3，2），A（1，3），A（2，3），A（3，3）。

由于行优先（row-major）和列优先（column-major）存储的较大差异，如果直接将 Python 数组传递到 Fortran 中，容易出现问题。因此，在 FA2Boug. py 中选择了将 DEM 数

现代化编程方法 ❯❯❯❯❯❯
与地球物理开源软件实践 Modern programming techniques
and the practices for open source geophysical software

A(1,1)	A(1,2)	A(1,3)
A(2,1)	A(2,2)	A(2,3)
A(3,1)	A(3,2)	A(3,3)

行优先

| A(1,1) | A(1,2) | A(1,3) | A(2,1) | A(2,2) | A(2,3) | A(3,1) | A(3,2) | A(3,3) |

A(1,1)	A(1,2)	A(1,3)
A(2,1)	A(2,2)	A(2,3)
A(3,1)	A(3,2)	A(3,3)

列优先

| A(1,1) | A(2,1) | A(3,1) | A(1,2) | A(2,2) | A(3,2) | A(1,3) | A(2,3) | A(3,3) |

图 14-2　行优先（row-major）和列优先　（column-major）存储的差异

据和自由空气重力异常的文件名由 Python 传递到 Fortran、由 Fortran 程序完成数组的读取这一操作。

　　小 G 为了验证自己修改的 FA2Boug. py 程序，计算了跟 Fullea 等（2008）论文中相同区域（大西洋 – 地中海连接带的海洋区域）的布格重力异常，结果如图 14 – 3 所示。此结

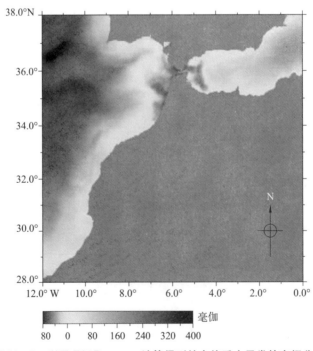

图 14 – 3　利用 FA2Boug. py 计算得到的布格重力异常的空间分布

果与 Fullea 等（2008）论文中的结果一致，证实了从 Python 中调用 FA2BOUG.f90 的过程一切正常，并获得了正确的输出结果。

14.2.2　调用 Fortran 并行程序

本节将以小 G 自己编写的计算重力异常的并行程序 ModDg.f90 为例，说明如何基于 F2PY 在 Python 中调用 Fortran 并行计算程序。ModDg.f90 中计算重力异常离散值的 subroutine 参数如下：

```fortran
subroutine DgCalcScatter(fcomm,num,latP,l onP,heightP,nEGM,Dg)
```

其中前两个参数分别为 MPI 参数和计算点的数量。

本例中，小 G 编写的 Python 调用程序为 CalcDg.py，程序的部分代码如下所示：

```python
lat_rad = latlonheight[:,0]* ModDg. constants. deg2rad
lon_rad = latlonheight[:,1]* ModDg. constants. deg2rad
height = latlonheight[:,2]

Dg = np. zeros( num , dtype = float , order = 'F')

ModDg. shdg. dgcalcscatter(fcomm,lat_rad[0:],lon_rad[0:],\
    height[0:],nEGM,Dg[0:],num)
```

不同于 14.2.1 节中将文件名传递到 Fortran、由 Fortran 完成数组读取这一操作，本例中小 G 选择将数组由 Python 传递到 Fortran 中。这一传递需要 Numpy 数组的支持，而且需要特别指明数组的存储顺序为 order = 'F'（上面代码片段中加粗的部分）。其中 'F' 指的是 Fortran – style，即按列优先（column – major）的格式进行存储。若 order = 'C'，则指的是 C – style，即按行优先（row – major）的方式进行，这也是 Numpy 数组的默认存储方式。

细心的读者到这里可能已经发现，DgCalcScatter 这个函数的参数调用顺序，在 Fortran 的 subroutine 和 Python 中有些不同：在 Fortran 的 subroutine 中，num 为第二个参数，而在 Python 中，num 为最后一个参数。这个差异的产生，是由于 F2PY 自动生成的封装代码所致，由于 latP，IonP，height 和 Dg 都是 num 长度的一维数组，因此 F2PY 将 num 视为了可

现代化编程方法 ⟫⟫⟫⟫⟫
与地球物理开源软件实践 Modern programming techniques
and the practices for open source geophysical software

选参数并置于参数的最后。因此，在 Python 中调用 Fortran 函数前，最好先将封装后相关函数的文档打印出来，print（ModDg.shdg.dgcalcscatter. _doc_）的显示结果为：

```
dgcalcscatter(fcomm,latp,lonp,heightp,negm,dg,[num])


Wrapper for"dgcalcscatter".


Parameters
----------
fcomm:input int
latp:input rank -1 array('d')with bounds(num)
lonp:input rank -1 array('d')with bounds(num)
heightp:input rank -1 array('d')with bounds(num)
negm:input int
dg:in/output rank -1 array('d')with bounds(num)


Other Parameters
----------------
num:input int,optional
Default:len(latp)
```

另外需要注意一点，封装后所有函数的函数名均为小写，如原 Fortran 函数 DgCalcScatter，封装后的函数名变为 dgcalcscatter。还需说明的是，由于 Python 数组的索引（index）默认从 0 开始，在传递数组的时候要注意这一点，如 CalcDg.py 代码片段中的 latlonheight 是一个 num×3 的数组，latlonheight[:, 0] 表示其第一列的所有元素。

处理了所有注意因素后，按如下命令指定在 6 个 CPU 上运行 CalcDg.py，可以看到程序正常运行：

```
$ mpiexec - n 6 python - m mpi4py CalcDg.py
```

```
process          3 of          6 is alive
process          0 of          6 is alive
process          1 of          6 is alive
process          4 of          6 is alive
process          5 of          6 is alive
process          2 of          6 is alive
Computing Dg!
num,nEGM              96          2190
Points per process,number of processes          16          6
```

14.3　小结

在本章中，小 G 通过自己的学习经历，详细总结了在 Python 中直接调用 Fortran 和 C/C++ 程序的注意事项，并基于 Python – Fortran 混合编程完成了 2 项实际业务应用，通过 F2PY 调用 Fortran 程序计算了布格重力异常（串行程序）和重力异常（MPI 并行程序）。读者可以结合自己实际，尝试在 Python 中进行 Fortran 或 C/C++ 混合编程。

篇首语：小 G 经过一段时间的学习，基本掌握了用于提高团队内部协同工作效率的现代化编程和科研工具使用方法。然而，如何通过现代化的 IT 技术驱动科研生态系统建设，加速新方法和数据的流转，提升使用价值，让可重复的科研成为常态，相关能力尚待提高。

为此，小 G 及其团队应用上述最新的 IT 技术，研发并提供了具备跨平台能力和广泛兼容性的 GEOIST 开源软件。GEOIST 软件坚持科研成果开放、共享的精神理念，提供了多种地球物理数据处理和正反演算法，涵盖重力数据处理、位场正反演、地震目录分析、连续时间序列处理等多个领域方向，期待相关科研工作者和小 G 一起学习和使用。

现代化编程方法 〉〉〉〉〉〉
与地球物理开源软件实践 Modern programming techniques
and the practices for open source geophysical software

第 15 章 　**GEOIST 软件基础**

通过前一段时间的学习，小 G 收获了很多知识，但对实际工作中需要用到的工具并不是很了解。小 G 听说 GEOIST 软件包是一个关于地球物理数据处理以及正反演的工具包，正好小 G 在日常的学习工作中涉及到这些内容，因此想了解一下这个工具包的具体使用方法。在正式学习 GEOIST 之前，小 G 先介绍一下 GEOIST 包的特点、功能以及如何安装等，在此将学习经验分享给大家。

15.1　GEOIST 简介

15.1.1　认识 GEOIST 软件包

GEOIST 是一套开源的地球物理软件，该软件基于 Python 语言和面向对象方法编写，采用模块化设计，最新版本已发布在 Github 网站。GEOIST 软件包提供了多种地球物理数据处理和正反演算法，涵盖重力数据处理、位场正反演、地震目录分析、连续时间序列处理等多个领域，适合解决地球物理数据处理与解释领域的相关科研和生产问题，其标志如图 15 - 1。

图 15 - 1　GEOIST 标志

1. 重力平差和模型粗计算

针对流动重力数据处理中与测量仪器和方法相关的不确定性，该模型引入贝叶斯优化方法，可以有效减小数据解算误差，估计参数的不确定性。

2. 密度结构反演与成像

提供了时变模型、三维密度结构模型的反演功能，特别是针对反演方程中的权参数选择问题，提供了优化方法。

3. 弹性厚度反演

提供了导纳和相关系数联合反演方法，可以提供用于从重力异常估算岩石圈有效弹性厚度的方法。

4. 位场异常计算和变换

提供了重力异常计算函数，地磁场化极，以及位场的空间解析延拓等功能。

5. 地磁模型计算和分析

提供了多种地磁模型解算程序，包括主磁场、岩石圈磁场、电离层磁场等。

6. 地震目录分析

提供了地震目录下载、管理、可视化、质量控制、平滑、震级转换等多种功能。

7. 时间序列处理

提供了时间序列数据预处理，去趋势、平滑、去尖峰、突跳等功能，还包括了异常自动检测功能。

GEOIST 的核心围绕地震行业的科研需求开展，采用社区型开发理念，欢迎大家贡献代码。GEOIST 的部分代码参考了其他开源项目，经过优化和修改，进行了重新集成，以便更适合于使用。

GEOIST 着重围绕重力位场正反演技术进行算法研发，引入贝叶斯数据同化技术和方法，相关成果在地球物理资料解释和研究中，具有重要的应用与研究价值。目前，上述相关地球物理研究中常用的工具软件多以商业为主，而开源软件提供的功能有限，特别是针对解决当前国内外对大规模和时变重力反演方面还没有很好的工具软件，因此，GEOIST 可提供科研工作者学习和使用。

15.1.2　GEOIST 的结构

GEOIST 软件包集成的模块是以路径形式组织，共包含 10 个文件夹。按照功能划分，每个文件夹内部的程序通常用于解决一类问题。下面简单介绍一下：

- catalog 文件夹：地震目录分析相关的程序。
- flex 文件夹：估算岩石圈有效弹性厚度的程序。

- gravity 文件夹：重力平差相关的程序。
- gridder 文件夹：离散数据网格化相关程序。
- magmod 文件夹：地磁模型解算相关程序。
- inversion 文件夹：地球物理反演求解算法程序。
- pfm 文件夹：位场数据处理和模型反演程序。
- snoopy 文件夹：时间序列数据处理和异常检测程序。
- vis 文件夹：可视化相关程序。
- others 文件夹：数据管理等辅助功能程序。

在了解上述文件夹下面集成的程序功能类别后，大家可以根据自己的需要进行选择和扩展。需要注意的是，有时候为了解决一个问题，往往需要多个目录下的程序相互辅助才能完成，不同目录下的程序之间可能是有相互依赖关系的，不建议直接删除不需要的模块/路径来使用 GEOIST（这样做极有可能会出现错误）。

15.1.3　GEOIST 的工作路径

任何程序或软件在运行过程中，都需要进行数据交换（远程和本地，内存和磁盘），因此需要本地路径暂存数据。GEOIST 为方便管理，提供了统一的工作路径。用户只需要调用统一的命令就可以使用系统路径，不依赖于操作系统。这样做的好处是避免程序中出现本地路径，给移植造成麻烦（因为你的代码 copy 给其他人，但是他的电脑上没有你的路径）。

用法示例如下：

```
import geoist
print(geoist.USER_DATA_PATH)
print(geoist.TEMP_PATH)
print(geoist.DATA_PATH)
print(geoist.EXAMPLES_PATH)
```

运行结果（Print 的信息）输出内容：

```
/home/username/.local/share/geoist
```

```
/home/username/.local/share/geoist/temp
/home/username/.local/share/geoist/data
/home/username/.local/share/geoist/examples
```

15.1.4　GEOIST 的数据获取功能

在地球物理数据处理和计算之前，通常需要获取远程数据，可能是一个 URL 地址，或者 Restful 的 API 形式。GEOIST 软件包在 others 的目录下提供了 fetch_data.py 程序，用于实现这些功能（当然你也可以根据实际情况扩展它）。

API 形式：一些 API 地址有时候不容易记忆，以 USGS 的地震目录为例，用户不必记住具体地址和参数，通过 usgs_catalog 函数就可以实现了，下面代码 usgsfile 变量是下载后本地的存储文件名。

```
from geoist.others.fetch_data import usgs_catalog
usgsfile = 'usgsca.csv'
localpath2 = usgs_catalog(usgsfile,'1970 - 01 - 01','2020 - 01 -
01','15','55','70','135',minmag = '5')
print(localpath2)
```

运行结果，Print 的信息如下：

```
C:\Users\chens\AppData\Local\geoist\geoist\data\usgsca.csv
```

URL 形式：数据获取可以是一个指定的 URL 地址，下面是从内网的服务器地址下载一个地震目录文件的方法。当然，任何支持下载的 URL 都可以复用该函数。

```
import geoist.others.fetch_data as data
from geoist.others.fetch_data import retrieve_file as downloadurl
url = data.ispec_catalog_url
print(url)
filename = '2020 - 03 - 25CENC - M4.7.dat'
```

```
localpath = downloadurl(url + filename, filename)
print(localpath)
```

运行结果，Print 的信息如下：

```
http://10.2.14.222/catalog/
C:\Users\chens\AppData\Local\geoist\geoist\data\2020 -03 -25CENC -
M4.7.dat
```

15.2 GEOIST 安装

15.2.1 环境准备

在安装 GEOIST 之前，你必须确保 GEOIST 所依赖的其他第三方软件包可用，这可以通过 conda 包管理器来查看。我们推荐使用 Anaconda 提供的环境，可以省去一些主流的第三方包安装和配置麻烦。

你可以从国外官方 conda 地址下载安装包 conda – forge channel：

```
conda config --prepend channels conda - forge
```

如访问速度较慢，可以使用国内镜像地址来安装第三方包：

```
conda config -- add channels https://mirrors.tuna.tsinghua.edu.cn/
anaconda/pkgs/free/
conda config -- add channels https://mirrors.tuna.tsinghua.edu.cn/
anaconda/pkgs/main/
conda config --set show_channel_urls yes
```

另外，对于可能的兼容性问题，你可以在本地创建一个专用于 GEOIST 的虚拟环境（这里假设虚拟环境名称为 GEOIST，当然你可以设置为任何你期望的名字）：

```
conda create -- name GEOIST python = 3.6 pip numpy pandas xarray
scipy numba h5py Cython matplotlib seaborn
```

激活创建好的 GEOIST 的虚拟环境：

```
conda activate GEOIST
```

好了，现在我们进入到了 GEOIST 环境中，可以开始准备安装 GEOIST 包了。

15.2.2 安装 GEOIST

我们可以直接通过 pip 命令远程下载安装：

```
pip install git +https://github.com/igp-gravity/geoist.git
```

如果网络速度较慢可以先下载项目代码到本地，再使用 pip：

```
git clone https://github.com/igp-gravity/geoist.git
cd geoist
pip install.
```

如果安装成功，可以在 python 环境中，运行：

```
import geoist
```

如果代码顺利执行未报错，则说明 GEOIST 已完成安装。

另外，GEOIST 也支持 Docker 安装方式，直接可以运行 docker poll 拉取命令：

```
docker pull registry.cn -beijing.aliyuncs.com/rular099/geoist:0.0.1
```

好了，现在我们可以自由探索 GEOIST 的强大功能了。

15.3 小结

本章概述了 GEOIST 软件包的特点、功能，同时为大家系统总结了 GEOIST 包的安装经验。希望通过这一章的学习和实践，你可以顺利完成 GEOIST 环境、各种依赖及 GEOIST 包本身的安装工作。

第 16 章　重力数据处理和分析

重力数据是研究地球内部结构和变形的重要依据，对矿产勘查、岩石圈形变与演化、地震孕育及深部动力学过程等的认识具有十分重要的作用。重力测量是通过重力仪器观测被探测物体受地球的吸引所产生的重力异常来达到探测目的。小 G 发现实际测量的重力数据由于仪器精度不完善、人为因素、外界条件、测点分布不足和应用需求的不同等影响，会存在测量数据平差、重力异常计算、数据格网化、重力异常提取、分离、融合、增强等多种不同需求。因此，要想应用野外采集的重力数据进一步研究地球内部结构变形特征，通常需要根据研究目的进行一系列处理校正计算，GEOIST 软件包针对常用的重力数据处理功能提供了一套完整的解决方案。主要包括了重力异常平差、重力异常改正、数据格网化、位场延拓、空间导数计算和数据趋势分析等。下面小 G 就把自己的学习经验分享给大家，希望读者能通过学习这一章的内容掌握基本的重力数据处理能力。

16.1　重力数据平差

重力测量的核心目标是获取高精度的重力异常信号。现有陆基重力观测仪器以弹簧型相对重力仪为主，由于测点之间地理跨度大，一般双程闭合时间长，如果要获得高精度重力测量结果，需要考虑仪器的非线性漂移特性等问题。

GEOIST 团队基于贝叶斯原理，提出了一种改进的重力平差算法，假设仪器的漂移率光滑是已知的先验信息，在此基础上，根据贝叶斯统计学方法估计最优化参数，形成了一套用于改进现在广泛应用的线性漂移平差模型新方法，完成了新平差算法的设计与代码编写工作。

重力平差在概念上与水准平差类似，但是原理上不同，因为相对重力仪测量的段差具有独立性，平差最重要的是对仪器漂移率进行最优估计。

对于水准测量必须知道每个段差才能计算。举个例子，假设水准测量中间一个数据丢失了，后续平差将无法开展。而重力不一样，中间去掉几个测量数据，还是可以形成新的段差组合，平差不受影响。

本节我们重点以小 G 熟悉的地震重力为例，介绍一下重力平差基础知识及 GEOIST 相关处理流程。

16.1.1　冗余测量

相对于勘探重力测量，地震重力测量对数据精度和质量的控制要求更高。表 16 – 1 从 9 个方面对这两种测量进行了对比，从信噪比上面看，地震重力相关数据处理问题是典型的弱信号提取和控制问题。

表 16 – 1　地震重力测量特点

类别	地震重力测量	勘探重力测量
1. 测量仪器	相对重力仪 Lacoste G 或 CG – 5	相对重力仪 Lacoste G 或 CG – 5
2. 仪器精度	测量精度 0.01mGal 读数精度 0.001mGal	测量精度 0.01mGal 读数精度 0.001mGal
3. 测点情况	空间不均匀/埋固定点	测网基本规则/临时点 RTK 测坐标
4. 测量面积	10^2km^2 以上	$1 \sim 10 \text{km}^2$
5. 测点距离	10km 以上	少于 1km 至 0.01km 1:1 万规范：线距 0.1km，点距 0.05km
6. 质量控制	闭合时间：1~3 天 自差 0.025mGal/互差 0.30mGal	闭合时间：少于 12 小时 测点精度 0.03mGmal（1:1 万）
7. 精度控制	少量绝对重力点/0.005mGal 双台仪器同步测量	基点或基点网 单台测量，5% 检查点
8. 场源目标	中下地壳/10~30km	浅地表/小于 10km
9. 信噪比值	1~10 倍/时间变化	10^3 倍/空间变化

注：勘探重力测量参数部分参考《SY_T 5819 – 2002 地面重力勘探技术规程》内容。

地震重力外业工作，通常是双仪器同步测量、单点全闭合、每个点仪器读数至少为三个。因此，如果单从地震重力测量的数据采集量来看，地震重力测量的冗余数据很多。这无疑为后续的处理和建模分析提供了基础的数据保证。

16.1.2　平差方法与残差序列

在 GEOIST 的 gravity 模块中，提供了三种平差方法，包括经典平差方法（cls）和用于解决相对重力仪非线性漂移问题的两种贝叶斯平差方法（Baj 和 Baj1 方法）。其中，相较于 Baj 方法，Baj1 方法添加了估计相对重力仪格值系数的功能。

```
#Selection of adjustment methods
# cls:initial adjustment class
# Baj:Bayesian gravity adjustment
# Baj1:Modified Bayesian gravity adjustment
gravwork. adj_method = 3 #1:cls;2:Baj;3:Baj1
```

通过不同的平差算法，对实际测量数据进行平差计算之后，可以得到每个测点的残差重力值，让我们先看看下面的图 16 – 1，该图为实际测量数据用不同平差方法（Baj 和 cls）得到的计算结果。

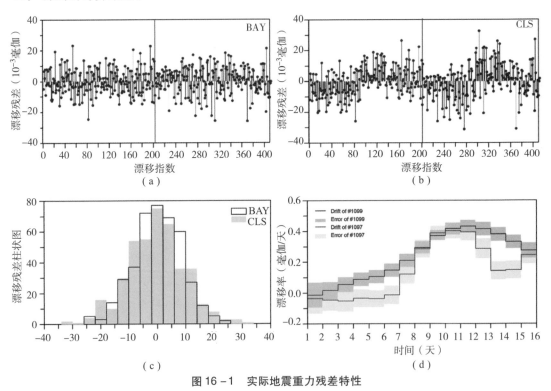

图 16 – 1　实际地震重力残差特性

其中图 16 – 1b 为采用线性漂移模型平差计算得到的残差序列，图中红线左右分别为两台仪器的残差结果。横坐标按照每个测量段差的时间顺序排列。从图 16 – 1b 中，我们可以看到假定在一个测量周期内，仪器漂移为线性，那么明显残差序列中包含着非随机的信号。

这与高斯平差模型中将干扰作为白噪声的假设就存在矛盾了。而采用非线性漂移的贝叶斯模型，残差序列如图 16-1a 所示，两台仪器的残差序列更符合随机特征。

图 16-1c 是两种不同方法的残差直方图结果，通过对比可以看出两者直方图特征没有明显区别。图 16-1d 是贝叶斯方法估计的仪器在测量周期内的非线性漂移特征。在 16 天的测量周期内，这两台仪器每日的漂移率变化明显有一定的变化，通过在华北地区的测量研究表明，这种变化对测量结果可能产生几微伽到十几微伽的影响。

当然，这种影响对于勘探重力测量来讲可以忽略不计，但对于研究时变重力信号的重力测量来讲是至关重要的。

因此，段差序列的残差分析和对比是作为评价平差方法和数据质量的第一个关键指标。

16.1.3　互差与段差

除了相对重力仪的非线性漂移问题，每台仪器的格值或一次项系数也至关重要。因为，高精度的重力测量，每台相对重力仪都需要进行定期标定，重力测量数据需要通过格值系数换算后才能转换为重力值。

假设一台仪器的格值精度为 $5 \times 10^{-5} \mathrm{m/s}^2$，那么对于一个 $200 mGal$ 段差而言，就有 $10 \mu Gal$ 的不确定性。两个测点之间的段差能达到 $200 mGal$，这在山区和地形起伏较大的地区非常常见。而从一些已有研究来看，有些相对重力仪的变化可能达到 $5 \times 10^{-5} \mathrm{m/s}^2$ 水平。

在实际的重力野外工作中，我们经常会遇到自差符合很好、但是互差超限的情况，这就可能与仪器的格值系数不准确有关。

我们再看一下图 16-2，图中为实际数据绘制得到。图中横坐标为每个测段之间的段差，纵坐标为两台仪器测量同一个测段得到的结果之间的差异。屏幕上蓝色图标为用先验格值系数进行平差后得到的结果，从线性拟合的结果可以看出，其互差与段差出现了明显的线性相关特征（屏幕上蓝色虚线）。而如果通过格值系数的贝叶斯优化（Baj1），这种相关性可以显著降低。

这种优化是如何实现的呢？现代的流动重力测网中，包含多个绝对重力点或起算基点，通过引入这些基点可以在测量中对标定不准确的格值系数进行优化。别看这一点点的优化，在大段差地区（比如 200~500mGal 大小段差测网）可以减小几十微伽量级的测量误差。

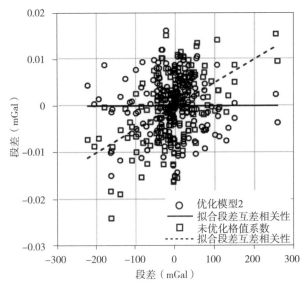

图 16 – 2　段差残差

因此，仪器之间互差与段差之间的线性分析。可以作为评价重力测量平差方法和数据质量的第二个关键指标。

一句话总结：今天讨论的两个残差分析方法，是评价地震流动重力数据质量的关键指标。当然，它们也可以用来选择平差方法和判断数据测量是否可靠。用专门的一节讨论这个问题就是要为后续程序的设计和使用提供基础知识。其实任何数据处理方法都是越简单越好，能用简单模型解决的问题一定不要用复杂模型，如果你的数据用简单模型或平差方法处理后，其残差特征没有以上分析的两个特征，那就说明你选择的平差方法是合适的，没必要再做过多的分析和处理。

16.1.4　光滑先验

在讨论光滑先验之前，我们先看一张图，图 16 – 3 是相对重力仪 55 天连续观测实验，在此基础上，去掉固体潮等已知信号后，观测残差曲线显示在图 16 – 3（a）中。其漂移显然已经不再线性，如果用二次函数拟合一条漂移曲线，图 16 – 3（a）中同样给出了新的拟合残差曲线，变化幅度在 ±150 微伽之间。

图 16 – 3（b）分别给出了采用分段线性拟合的漂移率曲线和残差特征曲线。

这个实验说明，对于周、月尺度的相对重力仪漂移，用线性模型或多项式模型拟合并

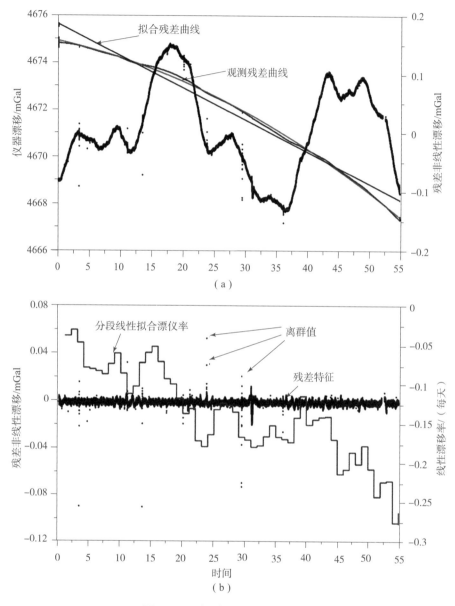

图 16 - 3　相对重力仪的残差特性

不合适。下面我们看看每天拟合的漂移率变化有什么特征，图 16 - 3（b）中的分段线性漂移率变化，直方图如图 16 - 4 所示。

　　因此，对于漂移率的变化我们可以用一个均值为零，给定方差的随机函数来描述。或者可以通过漂移率光滑来引入一个新的函数，而不光滑程度就可以用这个高斯分布来表示。

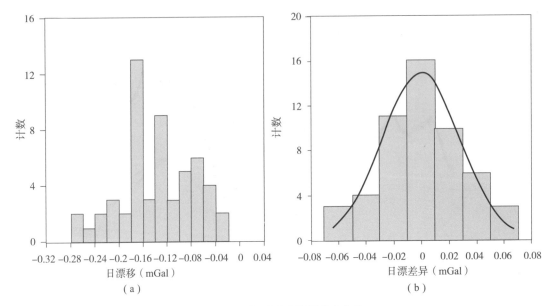

图 16 - 4　相对重力仪漂移率变化

16.1.5　贝叶斯优化

如果将漂移率光滑引入到平差方程，那么如何获得光滑参数呢？这就涉及到贝叶斯优化。贝叶斯优化的基本原理，来自于贝叶斯公式，如图 16 - 5 所示。

图 16 - 5　贝叶斯和贝叶斯公式

在这里我们略去复杂的理论说明。直接引入 ABIC 这个度量方法，使 ABIC 最小化就可以得到最优的参数估计。对于两个参数的 ABIC 优化问题，ABIC 的函数特性如图 16 – 6 所示。

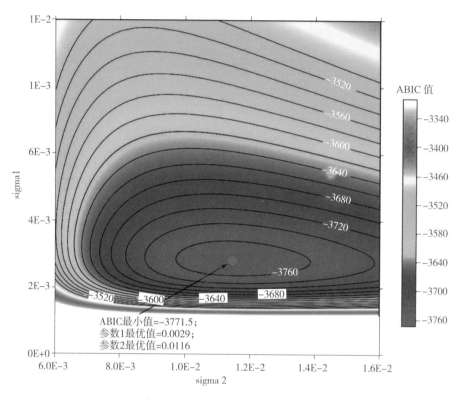

图 16 – 6　两参数的 ABIC 函数特征

16. 1. 6　格值分析

假设一个测段的重力差 100mGal，采用相对重力仪测量后，由于格值的偏差，如果格值系数相差 10^{-4}，那么就会有 $10\mu\mathrm{Gal}$ 的误差。通常我们采用多台仪器同时测量，当同时测量的相对重力仪格值系数存在误差时，在仪器之间的互差上会体现出来。

格值的问题有时让人很头疼，当没有绝对重力控制的时候，相对重力仪标定只能采用"少数服从多数"的规则。假设同时测量的两台仪器格值都存在偏差，往往测量数据的自差和互差都会看起来很好，很难从观测数据中检测出来。

这时候，通过测网中的绝对重力点来评价仪器格值是否准确就十分必要了。那具体要怎么做呢？

现代化编程方法 >>>>>>
与地球物理开源软件实践 Modern programming techniques
and the practices for open source geophysical software

可以通过交叉验证（Cross - validation）的方式，就是抽取测网中一定数量的绝对点，然后，通过相对重力平差，估计剩下的绝对点值。如果根据相对重力推算的绝对重力值，与实测相近，那就可以在一定程度上说明，相对重力仪格值没问题，如果差得多，那第一个怀疑的问题可能就是仪器格值啦！

开展这种交叉验证的工作时，可以用随机的绝对点控制平差，然后再用剩下的开展评价。

绝对检验，这里指的是 Cross - validation，绝对重力与相对重力测量都是独立的。通过一定比例的绝对点参与平差，其他的绝对点参与评价，这就是绝对检验的核心。因为，只有用一个独立的结果去检验另一个结果的可靠性才有意义。当前，在我国大部分地区的重力测网，都是绝对重力和相对重力互相混合布置，这就为绝对点交叉验证实验提供了数据基础。

如表 16 - 2 所示，分别采用贝叶斯平差（Baj）和经典平差方法（cls）处理首都圈测网的流动重力观测数据，可以看出 Baj 方法得到绝对点的平差值与绝对重力测量结果的差异更小。

表 16 - 2   首都圈测网经典平差与贝叶斯平差的绝对点交叉验证结果

计算使用的 AG 台站	AG台站	BAY		CLS	
		Est. value	Diff	Est. value	Diff
BJT	ZJK	1001. 7 ± 13. 53	− 0. 3	10005 ± 14. 33	− 1. 5
	DX	7574. 4 ± 20. 69	49. 6	7585. 7 ± 21. 43	60. 9
	BJT	544. 5 ± 1. 54	0. 0	544. 5 ± 1. 54	0
ZJK	ZJK	1002. 0 ± 2. 07	0	1002. 0 ± 2. 07	0
	DX	7574. 7 ± 17. 56	49. 9	7587. 1 ± 17. 95	62. 3
	BJT	544. 8 ± 13. 60	0. 3	546. 0 ± 14. 39	1. 5
DX	ZJK	952. 0 ± 17. 49	− 50. 0	939. 6 ± 17. 91	− 62. 4
	DX	7524. 8 ± 1. 67	0	7524. 8 ± 1. 67	0
	BJT	494. 9 ± 20. 67	− 49. 6	483. 6 ± 21. 44	− 60. 9
BJT & DX	ZJK	983. 7 ± 11. 39	− 18. 3	977. 6 ± 11. 91	− 24. 4
	DX	7525. 1 ± 1. 66	0. 3	7525. 1 ± 1. 67	0. 3
	BJT	544. 3 ± 1. 54	− 0. 2	544. 2 ± 1. 54	− 0. 3

16.1.7　动态平差概念

地震重力研究的对象是时变重力场，时变重力场量级很小。相对重力和绝对重力的外业工作差别很大，实际外业通常很难同步进行。也就是说在实际流动重力平差的时候，能给提供的绝对重力点约束值，很可能是半年前测量的。

这种情况下，怎么给一个合理的绝对基点约束值呢？基点在这个差的半年期间，怎么给基点估计一个合理的值，使用线性趋势外插过去，还是有什么好的办法？

对于动态平差问题，主要需要实现的是时变重力场的建模问题。对于重力的时间变化率可以表示为：

$$\tilde{g}_L(t) = \frac{\mathrm{d}g_L}{\mathrm{d}t} \approx \frac{\Delta g_L}{\Delta t}$$

如果将重力变化的时间光滑先验表示为：

$$\min \int \left(\frac{\mathrm{d}\,\tilde{g}_L}{\mathrm{d}t} \right)^2 \mathrm{d}t$$

可以用以下离散化形式来描述动态平差问题：

$$\frac{-2}{(t_i - t_{i-1})(t_{i+1} - t_i)(t_{i+1} - t_{i-1})} \begin{bmatrix} t_{i+1} - t_i \\ t_{i-1} - t_{i+1} \\ t_i - t_{i-1} \end{bmatrix}^{\mathrm{T}} \begin{bmatrix} g_L(t_{i-1}) \\ g_L(t_i) \\ g_L(t_{i+1}) \end{bmatrix} \sim \mathrm{Normal}(0, \boldsymbol{W}_T^{-1})$$

如果套用上述的贝叶斯方法，可以将其平差问题，转换为 ABIC 的最优化问题：

$$\mathrm{ABIC} = \mathrm{lgdet} \begin{pmatrix} W & 0 \\ 0 & W_g \end{pmatrix}^{-1} + \mathrm{logdet}\, \bar{\bar{\boldsymbol{S}}}^{\mathrm{T}} \bar{\bar{\boldsymbol{W}}}\, \bar{\bar{\boldsymbol{S}}} - \mathrm{lgdet}(2\pi B^{\mathrm{T}} \boldsymbol{W}_B \boldsymbol{B})$$

$$- \mathrm{lgdet}(2\pi \boldsymbol{B}_t^{\mathrm{T}} \boldsymbol{W}_T \boldsymbol{B}_t) + \mathrm{lgmin}[\bar{U}(X)] + 2(\mathrm{NO.}\ of\ hyperparamrters)$$

16.1.8　模型与参数

实际重力数据处理中出现的新问题，需要新的理论和模型支撑，但是当有多个模型或算法可供选择的时候，如何合理使用新的方法和理解其中参数的意义呢？

为了解决非线性漂移、仪器格值和绝对测量不同步等问题，前面我们在平差方程中，引入了多个待确定参数。但是这种做法无疑将模型变得越来越复杂。

贝叶斯思想指导我们可以从引入先验信息出发，通过数据来更合理地确定模型参数。传统的目标函数最小化问题，转变为后验概率最大化的问题，通过 ABIC 值小化来选择模

现代化编程方法 ❯❯❯❯❯❯
与地球物理开源软件实践 Modern programming techniques
and the practices for open source geophysical software

型参数。这个最优化途径，可以让众多模型参数的调节过程。更容易实现自动化。

但是，必须要说的是，模型参数的设置必须是合理的，过多的参数可以让拟合残差更小，但是直接后果是让模型缺乏通用性。在机器学习领域，过多的模型参数能够很好地拟合数据，但是模型泛化能力会被降低。

我们再介绍一下 GEOIST 中支持的重力平差几种算法中确定模型参数的几个原则。

（1）Occam's Razor 原理。

在很多地球物理反演中我们都看到过 Occam 这个单词。

奥卡姆剃刀定律是由 14 世纪英格兰的逻辑学家、圣方济各会修士奥卡姆的威廉（William of Occam，约 1285 年至 1349 年）提出。这个原理可简称为"如无必要，勿增实体"，即"简单有效原理"。

对于科学家，奥卡姆剃刀原理还有一种表述形式：如果你有两个或多个原理，它们都能解释观测到的事实，那么你应该使用简单或可证伪的那个，直到发现更多的证据。对于同一种现象，最简单的解释往往比复杂的解释更正确。在选择算法或建模的过程中，记住一个基本原则：让事情保持简单。

因此，对于时变重力平差算法的选择，同样也适用这个道理。这个原理也常称为吝啬定律（Law of parsimony），或者称为朴素原则。

（2）实战原则。

在实际的平差过程中，模型参数越多可以将实际数据拟合得越好。但是，复杂模型往往会使数据过度解释。

当引入更复杂模型来处理数据的时候，一定要非常小心，引入新参数就意味着新的不确定性。能用简单模型解释，绝不能用更复杂的模型。

另外，通过独立的检验方法，可以测试你选择方法的合理性。

比如在重力平差问题中，可以先用线性平差方法进行试算，通过残差分析和绝对重力检验，看看结果是否符合预期。

如果出现明显的非线性漂移问题，且测网中部分绝对重力点抽样验证时出现较大偏差，这时候再考虑用更复杂的模型。

对于多台仪器测量，当怀疑某台仪器格值误差较大时，可以用优化前后数据进行对比，看看残差特征哪个更符合模型假设。

对于有些无论如何也拟合不好的测段，可以将其看作 outlier，先舍掉再计算。

16.1.9　微重力变化

以往分析这种重力场时变信号多采用等值线方法进行分析，由于地表实际重力观测受限于环境、交通、仪器、成本等因素，重力测点空间分布不均匀，时间采样高度离散化。

由于重力场随时间变化的量级很小，与测量误差之间的区别不显著。常规方法对高度离散的测点进行插值后，再进行等值线绘制，往往会掺入一定的虚假异常信号。针对这些问题，我们提出一种专用的可视化方法研究时变重力场变化特征，并定义相关指标量辅以定量分析。

（1）段差变化图。

流动重力测量是在固定测点间进行往返测量，相邻两个测点之间的重力段差作为测量的基本单元，具有一定的独立性。重力段差的测量误差除了与扣除仪器漂移、固体潮等因素后的往返测量闭合差有关外，还与两个测点之间的段差值大小相关。而对一个测段进行多次测量获取的重力段差变化相比段差值本身仅为 $10^{-3} \sim 10^{-4}$ 倍。针对这些特点，我们重新定义了基于流动重力段差变化的可视化方法。

图 16-7（a）中 A 和 B 两点表示一个测段的相邻两个测点，O 点表示测段 AB 连线的中心点。以 O 点为椭圆中心，椭圆的两个轴所在直线分别用 p 轴和 v 轴表示，p 轴平行于测段 AB，v 轴垂直于测段 AB。箭头所在直线与 p 轴重合，箭头的尾部起始于椭圆中心 O 点，箭头指向段差变化增大的方向。对重力段差值、重力段差的时间变化值以及测量误差进行归一化处理，使得段差、段差变化和测量误差这些物理量以相同比例变化。

（2）实际资料。

图 16-8 是实际资料绘图结果，可以看出测网重力变化较小，区域重力场变化较为平缓，重力场自西北向东南呈现正、负、正的有序性变化，其中延庆南部测点的箭头都向外发散，这种情况可能是由于单个测点的环境变化所导致的四周测点产生较大的段差变化。重力等值线是由重力点值分析方法插值得到的，从图 16-8 可以看出，测网北部观测数据很少，但是由于插值却出现了许多条重力等值线，产生了虚假的重力异常值。

在流动段差图中，区域的重力场变化通常呈连续的趋势性变化，但图 16-8 中宣化东部的两个测点的箭头长度明显大于观测误差，这是由于此处的两个测点周围测点非常少，

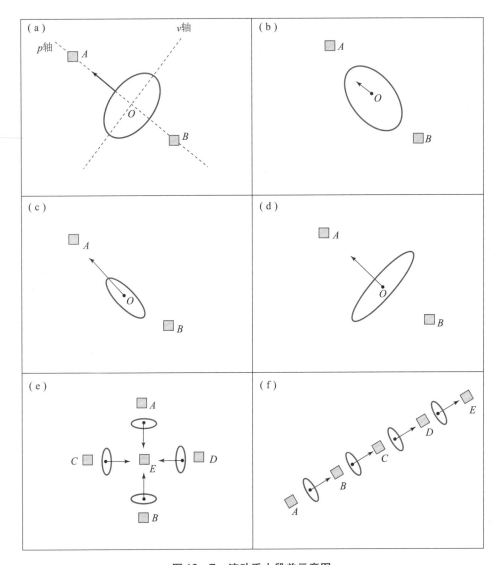

图 16-7　流动重力段差示意图

无法反映测网的重力场趋势性变化，因此这两个测点所产生的重力异常具有很大的不确定性。通过对比流动段差分析法与重力点值分析法，可以清楚地看到流动段差分析方法有助于分析观测数据中不可靠的部分，便于筛选剔除数据，尤其对重力测量数据较为稀疏区域的作用更为突出。

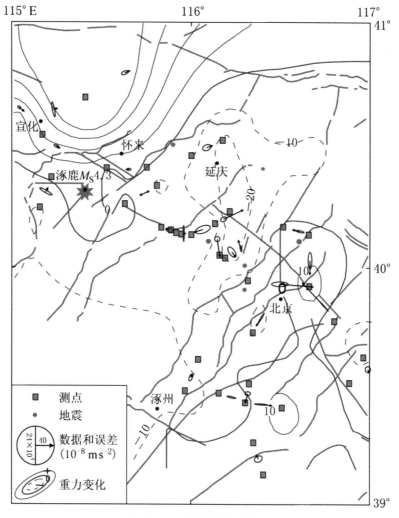

图 16 -8　实际资料绘图结果

16.2　计算重力异常

经过重力平差处理之后的观测数据，下一步要想应用于地壳结构等研究，通常需要进行一系列校正，才能得到研究所需要的重力异常。这些校正一般包含四种：正常场校正、高度校正、中间层校正、地形校正。前两种称之为自由空气校正，全算上叫布格校正。

可能有人会问，为什么要做这么多校正呢？这是因为重力随着场源与观测点之间的不同差别很大。地球实际上是一个椭球体，随着纬度不同，重力值变化很快（图 16 -9）。

还有就是地球表面有山、有谷，高度不同测量得到的重力值也不一样。

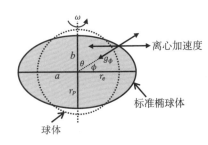

理论重力值

$$\beta = \left(\frac{5m}{2} - e\right) \quad m = \frac{\omega^2 r_e}{g_e} \quad e = \frac{a-b}{a}$$

$$g_\phi = g_e(1 + \beta \sin^2\phi + \cdots)$$

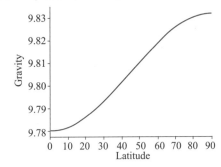

正常重力计算公式：

$$g_\phi = 978037.7(1 + 0.0053024 \times \sin^2\phi + \cdots)$$

图 16 – 9　理论重力值随纬度的变化

　　要想看到由于地壳结构差异引起的重力异常，首先必须把这些与纬度、高度相关的重力变化都校正掉。这种定义在标准椭球体上的理论重力场，我们称之为正常重力场。对所有的数据，采用统一个标准进行校正，就可以得到重力异常啦，见图 16 – 10。

重力异常

我们将大地水准面上的实测重力场 g_{geoid} 与参考椭球面上的正常重力场 $g_{ellipsoid}$ 之间的幅度差异定义为重力异常。

$$\Delta g = g_{geoid} - g_{ellipsoid}$$

图 16 – 10　重力异常的定义

　　一般来说，计算好的自由空气异常样子看上去与地形高度相关；而布格异常与地形不相关，在山区有时候会因为存在低密度的山根，而出现与地形反相关的特征见图 16 – 11。

　　简单说了计算重力异常的原理后，我们开始动手吧，看看在 GEOIST 中有哪些函数可以用于重力数据校正。

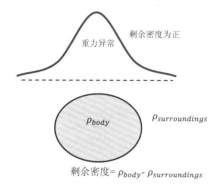

辉长岩 $= 2900 \pm 200 \mathrm{kg} \cdot \mathrm{m}^{-3}$

片麻岩 $= 2750 \pm 100 \mathrm{kg} \cdot \mathrm{m}^{-3}$

石灰岩 $= 2650 \pm 50 \mathrm{kg} \cdot \mathrm{m}^{-3}$

石英岩 $= 2650 \pm 50 \mathrm{kg} \cdot \mathrm{m}^{-3}$

花岗岩 $= 2600 \pm 100 \mathrm{kg} \cdot \mathrm{m}^{-3}$

砂岩 $= 2300 \pm 400 \mathrm{kg} \cdot \mathrm{m}^{-3}$

盐岩 $= 2250 \pm 150 \mathrm{kg} \cdot \mathrm{m}^{-3}$

白垩岩 $= 2000 \pm 100 \mathrm{kg} \cdot \mathrm{m}^{-3}$

由于剩余密度体的存在，旋转椭球体模型并不能描述实际的重力场

图 16 – 11　剩余密度与重力异常示意图

　　计算正常场的代码在 normgra 模块中实现，支持两种计算正常重力值的公式，接口分别为 gamma_closed_form 和 gamma_somigliana_free_air，需要输入纬度和高度两个参数，默认是 WGS84 椭球，还支持 GRS80 椭球参数。

　　此外，还有函数 bouguer_plate 可以计算布格板（中间层）重力异常（$2\pi\rho Gh$），输入参数为观测高度。

```
from geoist.pfm import normgra

lat = 45.0

height = 1000.0

grav = 976783.05562266 #mGal

gamma = normgra.gamma_closed_form(lat,height)

#gamma1 = normgra.gamma_closed_form(lat,height,ellipsoid = GRS80)

somi = normgra.gamma_somigliana_free_air(lat,height)

#somi1 = normgra.gamma_somigliana_free_air(lat,height,ellipsoid = GRS80)

bug = normgra.bouguer_plate(height)

print(gamma)

print(somi)

print(bug)
```

现代化编程方法 ⟫⟫⟫⟫⟫
与地球物理开源软件实践 Modern programming techniques
and the practices for open source geophysical software

运行后，三个 print 的结果如下：

```
980311.2896926827
980311.1769377294
111.94694713134103
```

输入重力值单位为 mGal，高度单位为 m，经纬度为 dd.ddd 格式。布格异常计算公式
如下：

```
bouguer = grav - gamma - bug
 -3640.181017154048
```

好了，重力异常计算就这么简单，大家可以自己动手算一算了！

16.3 投影变换

在重力位场数据处理中，经常要求在直角坐标系下进行计算。因此，需要通过投影变
换的方式，将经纬度坐标变换为直角坐标。

所谓地图投影就是建立地图平面上的点（x，y）和地球表面上的点（x1，y1）之间的
函数关系。地图投影中不可避免地会存在变形（长度变形、角度变形），在建立一个投影
时不仅要建立（x，y）与（x1，y1）之间的关系，而且要研究投影变形的分布与大小。最
常见的投影如图 16－12 所示，分为方位投影、圆柱投影和圆锥投影三种。

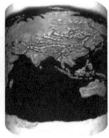

图 16－12　地图投影样式

首先，我们看一下圆柱投影，比如图 16－13（左图）所示的 Mercator 圆柱投影，特
点是在纬度方向上发生变形。

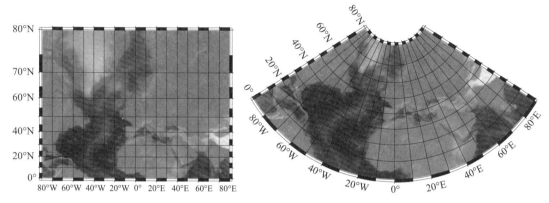

图 16 – 13　Mercator 圆柱投影（左）与 Lambert 等角圆锥投影（右）

而圆锥投影，如图 16 – 13（右图）的 Lambert Conformal Conic projection（LCC）等角圆锥投影所示，在经纬度方向都会发生一定程度的变形。

了解了投影的概念后，再看看在 python 里面怎么做。通过 pyproj 库，可以使用很多投影，请用下面代码测试一下：

```
import pyproj
lcc = pyproj. Proj( proj = 'lcc')
pyproj. Proj. srs
```

如果安装了 pyproj 库，应该输出下面信息：

```
lcc. srs
Out[195]:' + units = m + proj = lcc'
```

大家注意 out 后面的字符串，这个就是 Proj 的 string 表示形式。也支持 EPSG 的代码，如：wgs84 = pyproj. Proj(init = "epsg:4326")。

每种投影都有自己的名称缩写，比如上面两种投影的缩写是 merc 和 lcc，大家可能记不住，输入 pyproj. pj_list 可以查看定义的全部投影。

```
pyproj.pj_list
Out[192]:
```

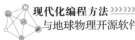

```
{'aea':'Albers Equal Area',
'aeqd':'Azimuthal Equidistant',
'airy':'Airy',
'aitoff':'Aitoff',
'alsk':'Mod. Stererographics of Alaska',
'apian':'Apian Globular I',
'august':'August Epicycloidal',
'bacon':'Bacon Globular',
'bipc':'Bipolar conic of western hemisphere',
'boggs':'Boggs Eumorphic',
'bonne':'Bonne(Werner lat_1 =90)',
'cass':'Cassini',
'cc':'Central Cylindrical',
'cea':'Equal Area Cylindrical',
'chamb':'Chamberlin Trimetric',
'collg':'Collignon',
'comill':'Compact Miller',
'crast':'Craster Parabolic(Putnins P4)',
'denoy':'Denoyer Semi -Elliptical',
'eck1':'Eckert I',
......
```

实际输出很多，我们就显示到这里。说了这么多，大家要知道正确设置这个 string 很重要。下面分别列出经纬度、merc 和 lcc 三种 string 的设置方式：

```
p_jw =" +proj =longlat +ellps =WGS84 +datum =WGS84 +no_defs"
1
p_lcc =" +proj =lcc +lon_0 =100 +lat_0 =35 +lat_1 =45 +ellps =
WGS84 +datum =WGS84 +no_defs +units =km"
```

这三个 string 设置好了之后就可以进行投影变换了，方法如下：

```
topo1 = topo.project(p_merc)
topo2 = topo.project(p_lcc)
fig,(ax0,ax1) = plt.subplots(nrows = 1,ncols = 2,figsize = (12,6))
ax0.imshow(topo1.getData())
ax1.imshow(topo2.getData())
```

结果如图 16 – 14 所示，原来的地形，变成了两种投影后的样式。

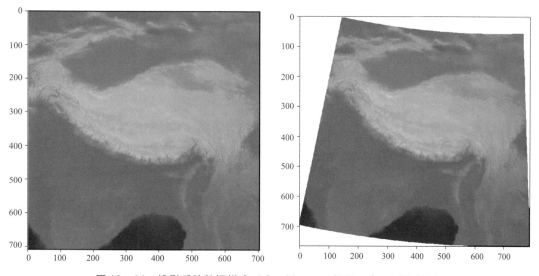

图 16 – 14 投影后的数据样式（左：Mercator 投影，右：LCC 投影）

如果期望变回来，再转换一次即可，如下形式：

```
topo0 = topo2.project(p_jw)
```

我们对比一下投影前后的信息：

```
print(topo._geodict)
Bounds:(70.0000,105.0000,15.0000,45.0000)
Dims:(0.0438,0.0501)
```

现代化编程方法 >>>>>>
与地球物理开源软件实践 Modern programming techniques
and the practices for open source geophysical software

```
Shape:(600,800)
print(topo0._geodict)
Bounds:(70.9722,106.3932,13.3594,47.1704)
Dims:(0.0413,0.0413)
Shape:(820,859)
```

投影转换前后边界会发生一点变化，这时候再重新剪裁一下即可。

16.4 数据网格化

实际陆地重力数据处理过程，需要对每个测量点进行重力异常计算。计算好每个点上的重力异常后，要看重力异常场的特征或者进一步进行空间导数和延拓等变换。都需要网格化的数据，网格数据是地球物理数据处理和解释的基础，如果你使用的是球谐模型来描述的重力异常场，网格化就可以省略了，直接用球谐函数解算规则格点上的重力异常就可以形成网格数据。通常野外测量的离散点要先转换为规则的网格数据才能进行进一步的变换与计算。下面我们就谈谈在 GEOIST 中怎样实现对网格数据的定义以及相应操作接口使用方法。

网格数据这里指的是规则网数据，网格定义如图 16 – 15 所示。计算机绘制等值线，一般都需要用网格数据来表示。如果不是网格数据，通常需要通过插值算法先变成网格数据。

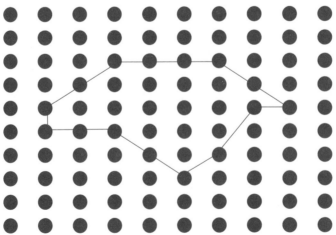

图 16 – 15　网格数据分布示意图

在地球物理重力数据处理和模型计算中，一般也要先插值成规则的网格数据，才能满足进一步数据处理的要求。

网格数据定义有很多种，一般都包括文件头和数据体两部分，不同的文件头定义有差别。常用的网络数据定义包括：ESRI 的网格数据定义，Netcdf，Surfer 等。

在 GEOIST 的 others 模块中，可以实现对网格数据的定义和操作。基本类的继承关系如下：Dataset –> Grid –> Grid2D –> GMT or GDAL。

网格信息数据定义类为 GeoDict。

下面我们不急着动手，先看看 GEOIST 中依赖的 GDAL 库。

GDAL（Geospatial Data Abstraction Library）是一个重要的第三方支持库，是一个在 X/MIT 许可协议下的开源栅格空间数据转换库。它利用抽象数据模型来表达所支持的各种文件格式，它还有一系列命令行工具可以用来进行数据转换和处理。

有很多著名的 GIS 类产品都使用了 GDAL/OGR 库，包括 ESRI 的 ARCGIS，Google Earth 和跨平台的 GRASS GIS 系统。利用 GDAL/OGR 库，可以直接获得上百种矢量和栅格数据文件的支持。

当然，Python 接口也是有的，如果不知道本地已经安装的 GDAL 版本，可以通过 pip show gdal 命令查看，结果如下：

```
(base)D:\Miniconda3 \Scripts >pip show gdal
Name:GDAL
Version:2.3.3
Summary:GDAL:Geospatial Data Abstraction Library
Home -page:http:∥www.gdal.org
Author:Frank Warmerdam
Author -email:warmerdam@pobox.com
License:MIT
```

GEOIST 中网格数据类型的格式扩展功能、投影变换、重采样等是基于 RasterIO 库开发的，而该库又基于 GDAL，所以，这两个第三方库都要支持。

网格化方法有很多，最小曲率法、克里金法、最小二乘配置法、反距离加权平均法等等，不同方法的优缺点这里不展开讨论。无论什么方法，核心目的都一样，就是尽量避免没有观测数据的地方出现虚假异常。因为一旦出现具有特征的虚假异常，无论是求导还是延拓都将针对不真实的数据进行，会对将来的解释带来影响。

一般而言，评价一个插值方法是否合适，首先应该看插值结果是否会产生高频特征的畸变类异常。如果对于未覆盖观测的区域插值结果呈现出的是平缓的、低频的异常特征，这样的插值方法往往比较合理。从整个频率成分上看，不同空间位置上的异常不会产生与测点疏密相关的高低频特征，这样的插值算法就比较好。

下面我们看看怎么实现插值吧！

1. 投影变换

一般在插值前，需要将经纬度坐标。转换为投影坐标，结合前面介绍的网格投影知识，我们还是使用 pyproj 库。离散点投影变换相比网格投影变换要简单，没有重采样过程，点和点之间都是一一对应关系，记住 Proj 和 transform 两个函数即可。代码如下：

```python
import matplotlib.pyplot as plt
import numpy as np
import pandas as pd
from pathlib import Path
from geoist.pfm import normgra
from geoist import DATA_PATH
import pyproj
# 读取数据
datapath = Path(Path(normgra._file_).parent,'data')
filename = Path(datapath,'ynyx_grav.csv')
gradata = pd.read_csv(filename)

p_jw = " +proj=longlat +ellps=WGS84 +datum=WGS84 +no_defs"
p_lcc = " +proj=lcc +lon_0=102.5 +lat_0=24.38 +lat_1=45 +ellps=WGS84 +datum=WGS84 +no_defs"
proj_xy = pyproj.Proj(p_lcc) #projection=pyproj.Proj(proj="merc",lat_ts=gradata['lat'].mean())
proj_coords = proj_xy(gradata['lon'].values,gradata['lat'].values)
gradata['x'] = proj_coords[0]
gradata['y'] = proj_coords[1]
proj_jw = pyproj.Proj(p_jw)
```

```
origin_lon,origin_lat=pyproj.transform(proj_xy,proj_jw,
gradata['x'].values,gradata['y'].values)
  fig,(ax0,ax1)=plt.subplots(nrows=1,ncols=2,figsize=(12,6))
  ax0.set_title("Locations of gravity anomlay")
  ax0.plot(gradata['lon'],gradata['lat'],"ok",markersize=1.5)
  ax0.set_xlabel("Longitude")
  ax0.set_ylabel("Latitude")
  ax0.set_aspect("equal")
  ax1.set_title("Projected coordinates of gravity anomlay")
  ax1.plot(gradata['x'],gradata['y'],"ok",markersize=1.5)
  ax1.set_xlabel("Easting(m)")
  ax1.set_ylabel("Northing(m)")
  ax1.set_aspect("equal")
  plt.tight_layout()
  plt.show()
```

可视化效果如图 16 - 16 所示。

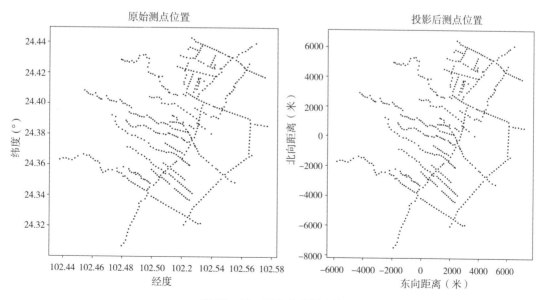

图 16 - 16   离散点投影变换

2. 网格化

离散点网格化，需要使用到 GEOIST 的 gridder 模块，里面有两个类需要导入，分别为：spline，mask。直接看代码吧！

```
from geoist.gridder import spline,mask
#计算重力异常
gradata['freeair']=normgra.gamma_closed_form(gradata['lat'],
gradata['elev'])
gradata['buglayer']=normgra.bouguer_plate(gradata['elev'])
gradata['FGA']=gradata['grav']-gradata['freeair']
gradata['BGA_s']=gradata['grav']-gradata['freeair']-gradata
['buglayer']

BGA=spline.Spline().fit(proj_coords,gradata['BGA_s'].values)
res_BGA=gradata['BGA_s'].values-BGA.predict(proj_coords)
grid=BGA.grid(spacing=2e2,data_names=["BGAs"])
print('网格化信息如下:',grid)
type(grid)
grid1=mask.distance_mask(proj_coords,maxdist=5e2,grid=grid)
grid1.BGAs.plot.pcolormesh()
```

上面代码中，BGA 是 spline 的类实例，在初始化的时候可以将坐标和需要网格化的点值输入。实例化后 BGA 支持 predict 函数，可以对每个点上的插值结果进行校验。grid 函数可以生成网格对象，类型是 xarray 的 dataset。网格化信息如下：

```
4. 网格化信息如下:<xarray.Dataset>
```

想看一下数据长什么样，直接可以 xarray 实例的 plot.pcolormesh() 函数。细心的朋友们注意到还有一个 mask，这个其实就是让距离大于 500m 的点不显示，避免数据太稀疏产生的插值错误信息。如图 16-17 所示。

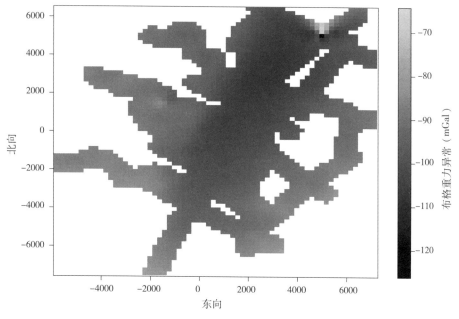

图 16 – 17　网格化后的布格重力异常

下面我们结合四个具体例子，分别说明 GEOIST 网格化数据接口使用方法。

案例一：建立一个最简单的网格对象。

使用 Grid2D 和 GeoDict 两个类，就可以定义一个网格文件，并初始化导入数据。

```python
import matplotlib.pyplot as plt
import numpy as np
from geoist.others.grid2d import Grid2D
from geoist.others.geodict import GeoDict
xmin =118.5
xmax =120.5
ymin =32.0
ymax =34.0
xdim =0.25
ydim =0.25
ncols =len(np.arange(xmin,xmax +xdim,xdim))
```

现代化编程方法 》》》》》
与地球物理开源软件实践 Modern programming techniques
and the practices for open source geophysical software

```
nrows = len(np. arange(ymin,ymax + ydim,ydim))
data = np. arange(0,nrows* ncols)
data. shape = (nrows,ncols)
geodict = {'xmin':xmin,
    'xmax':xmax,
    'ymin':ymin,
    'ymax':ymax,
    'dx':xdim,
    'dy':ydim,
    'nx':ncols,
    'ny':nrows,}
grid = Grid2D(data,GeoDict(geodict))
plt. figure()
plt. imshow(grid. getData(),interpolation = 'nearest')
plt. colorbar()
lat,lon = grid. getLatLon(4,4)
print('The coordinates at the center of the grid are %.3f,%.3f'
%(lat,lon))
    value = grid. getValue(lat,lon)
    print('The data value at the center of the grid is %i' %(value))
```

案例二：抽取一个网格内部的区域。

有了一个网格对象的示例后，可以使用 interpolateToGrid 函数对其进行重采样，指定一个新的 GeoDict 位置后即可，代码如下：

```
xmin = 119. 2
xmax = 119. 8
ymin = 32. 7
ymax = 33. 3
```

```
dx = 0.33
dy = 0.33
nx = len(np.arange(xmin,xmax + xdim,xdim))
ny = len(np.arange(ymin,ymax + ydim,ydim))
sdict = {'ymin':32.7,'ymax':33.3,'xmin':119.2,'xmax':119.8,'dx':
0.33,'dy':0.33,'nx':nx,'ny':ny}
grid2 = grid.interpolateToGrid(GeoDict(sdict))
plt.figure()
plt.imshow(grid2.getData(),interpolation = 'nearest');#'linear
','cubic','nearest'
plt.colorbar()
```

案例三：读取一个实际数据（图 6 – 18）。

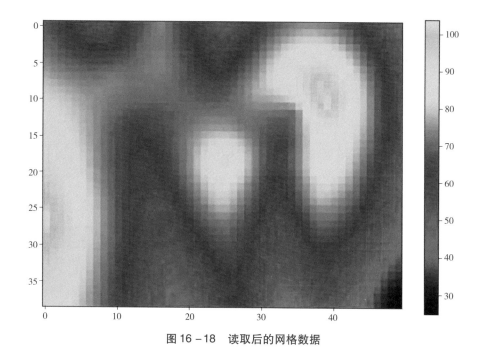

图 16 – 18　读取后的网格数据

读取 GMT 的 Netcdf 格式网格文件：

```
from geoist.others.gmt import GMTGrid
gd0,ff = GMTGrid.getFileGeoDict('d:\out.nc')
grid0 = GMTGrid.load('d:\out.nc',gd0)
plt.figure()
plt.imshow(grid0.getData())
plt.colorbar()
```

读取 Arcinfo Ascii 网格文件:

```
from geoist.others.gdal import GDALGrid
gd1,ff = GDALGrid.getFileGeoDict('d:\out - arc.grd')
grid = GDALGrid.load('d:\out - arc.grd',gd1)
plt.figure()
plt.imshow(grid.getData())
plt.colorbar()
```

案例四: 读取 WGM2012 数据。

首先, 需要下载 WGM2012 数据, 一般包括: 地形、自由空气重力异常、布格重力异常和均衡重力异常四种。默认的是 Netcdf 的网格文件格式。全球的数据分辨率为 2min。

在这里我们直接上代码 (最重要的是知道 GDALGrid 这个类):

```
import matplotlib.pyplot as plt
from geoist.others.gdal import GDALGrid
from geoist.others.utils import map2DGrid
filename1 = 'D:\WGM2012_ETOPO1_ponc_2min.grd'
filename2 = 'D:\WGM2012_Freeair_ponc_2min.grd'
filename3 = 'D:\WGM2012_Bouguer_ponc_2min.grd'
filename4 = 'D:\WGM2012_Isostatic_ponc_2min.grd'
gd1,ff = GDALGrid.getFileGeoDict(filename1)
print(gd1)
```

结果如下：

```
Bounds:( -180.0000,179.9667, -90.0000,90.0000)
Dims:(0.0333,0.0333)
Shape:(5401,10800)
```

结果显示这是全球的数据，经度范围 – 180 到 179.9667；纬度范围：– 90 到 90。网格间距是 0.0333 度，网格有 5401 行，10800 列。

这么大的数据其实没有必要全部都要，所以，可以截取一个区域，方法如下：

```
gd1.xmin =70.0
gd1.xmax =105.0
gd1.ymin =15.0
gd1.ymax =45.0
gd1.nx =800
gd1.ny =600
#读取指定区域
topo =GDALGrid. load(filename1,samplegeodict =gd1,resample =True)
fag =GDALGrid. load(filename2,samplegeodict =gd1,resample =True)
bug =GDALGrid. load(filename3,samplegeodict =gd1,resample =True)
iso =GDALGrid. load(filename4,samplegeodict =gd1,resample =True)
```

注意到上面 load 函数里面，可以设置 samplegeodict 的参数，并且要求数据进行重新采样，如果再输入：print(topo. _geodict)，结果如下：

```
Bounds:(70.0000,105.0000,15.0000,45.0000)
Dims:(0.0438,0.0501)
Shape:(600,800)
```

可以看到网格间距因为重采样发生了一些变换，但是数据范围和行列都是按照我们设置来进行定义的。

如果感觉这个区域范围还是太大，再取一块数据怎么办呢？

现代化编程方法 ▷▷▷▷▷▷
与地球物理开源软件实践 Modern programming techniques
and the practices for open source geophysical software

别着急，可以通过 cut 函数实现，方法如下：

```
topoc = topo. cut(80,90,30,35,align = True)
```

Cut 之后，返回一个新的网格对象 topoc，再通过 print(topoc._geodict) 进行数据特征显示，结果如下：

```
Bounds:(80.0313,89.9750,30.0751,34.9833)
Dims:(0.0438,0.0501)
Shape:(99,228)
```

16.5　数据去趋势

在不同比例尺的重力异常图上，经常可以看到背景性的趋势变化特征。这种趋势性特征，根据研究目的的不同，通常要进行提取或剔除。

一般在重力位场解释中认为，深部场源体的异常特征以低频为主，而浅部的多呈现高频特征。这些特征都是定性的，没有严格上的定量关系。比如：一张百 km 尺度的重力异常图/曲线，整个界面上的趋势异常特征。可以解释为与莫霍面的起伏相关，因为地壳和地幔之间的密度差异最大。但如果你要通过重力资料研究浅部的构造，比如断裂的倾角、走向，这种趋势性的异常往往首先要考虑去掉。这就是去趋势，或场源分离；反之，如果要分离浅部的高频干扰，就是平滑。

下面我们就看看该怎么实现这些处理步骤，在上面网格化的基础上，我们再导入 trend 类，使用方法与上面的网格化十分类似，都是在类的初始化时设置好参数，开始拟合，代码如下：

```
from geoist. gridder import trend
trend = trend. Trend(degree = 1). fit(proj_coords,gradata['BGA_s'].
values)
print('4. 拟合的趋势系数:'. format(trend. coef_))
trend_values = trend. predict(proj_coords)
residuals = gradata['BGA_s']. values - trend_values
```

```
resBGA = spline. Spline(). fit(proj_coords, residuals)
grid2 = resBGA. grid(spacing = 2e2, data_names = ["resBGA"])
grid3 = mask. distance_mask(proj_coords, maxdist = 5e2, grid = grid2)
plt. figure()
grid3. resBGA. plot. pcolormesh()
```

大家注意 residuals = gradata['BGA_s']. values – trend_values，这段代码，这段代码计算得到的 residuals 数据就是剩余布格重力异常，这个异常通常可以直接用于资料解释。

16.6　位场解析延拓

位场延拓是重力异常进行深浅部异常分离处理的另一种重要方法。位场延拓需要使用 pftrans 模块下的 upcontinue 函数，其中有两个参数需要设定，一个是 shape，另一个是 height。height 单位为 m，向上为正。代码如下：

```
from geoist. pfm import pftrans
from geoist. vis import giplt
import numpy as np
import pandas as pd
import matplotlib. pyplot as plt
from pyproj import Proj


#数据取自 WGM2012 模型
data = pd. read_csv("ex_bouguer. csv")


lat = np. array(data["LAT"])
lon = np. array(data["LON"])
p2 = Proj(proj = 'tmerc', lon_0 = np. min(lon), lat_0 = np. min(lat),
preserve_units = False)
```

现代化编程方法 ▷▷▷▷▷▷
与地球物理开源软件实践 Modern programming techniques
and the practices for open source geophysical software

```
X,Y = p2(lon,lat)
gravity_origin = np. array(data["GRAVITY"])
#数据网格大小
shape = (121,121)
height = 5000
bgas_contf = pftrans. upcontinue(X,Y,gravity_origin,shape,height)
args = dict(shape = shape,levels = 20,cmap = plt. cm. RdBu_r)
fig,axes = plt. subplots(1,2,figsize = (12,5))
axes = axes. ravel()
plt. sca(axes[0])
plt. title("Original")
plt. axis('scaled')
giplt. contourf(X,Y,gravity_origin,** args)
plt. colorbar(pad = 0). set_label('mGal')
giplt. m2km()
plt. sca(axes[1])
plt. title('Upward continuation 5000m')
plt. axis('scaled')
giplt. contourf(X,Y,bgas_contf,** args)
plt. colorbar(pad = 0). set_label('mGal')
giplt. m2km()
fig. tight_layout()
```

这些需要注意的是，upcontinue 函数需要输入的位场数据格式为 x，y，z 形式，这三个都必须是 1 - d array。向上延拓 5000m 后的布格重力异常如图 16 - 19 所示。

向上延拓 5000m 后，异常是不是变光滑了！其实延拓也起到了一种滤波效果。

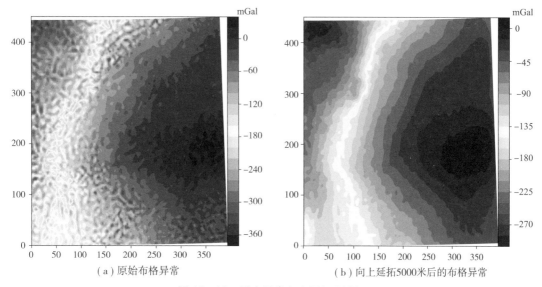

(a) 原始布格异常　　　　　　　　　　(b) 向上延拓5000米后的布格异常

图 16-19　重力异常向上延拓 5000m

16.7　空间导数计算

空间导数计算是重力位场空间变换的核心。空间导数的计算与延拓类似，都在 pftrans 模块下，函数名称为：derivx，derivy，derivz。分别对应三个方向。参数多了一个 order，可以设置求取不同阶数。另外，还有一个函数 tga 可以用于求位场的解析信号。

如果我们将刚才的数据分别求导数和解析信号，代码形式如下：

```
bgas_dx = pftrans.derivx(X,Y,bgas_contf,shape)
bgas_dy = pftrans.derivy(X,Y,bgas_contf,shape)
bgas_dz = pftrans.derivz(X,Y,bgas_contf,shape)
bgas_tga = pftrans.tga(X,Y,bgas_contf,shape)
args = dict(shape = shape,levels = 20,cmap = plt.cm.RdBu_r)
fig,axes = plt.subplots(2,2,figsize = (12,12))
plt.sca(axes[0,0])
plt.title("Derivative of BGA in X")
plt.axis('scaled')
```

现代化编程方法 >>>>>>
与地球物理开源软件实践 Modern programming techniques
and the practices for open source geophysical software

```python
giplt.contourf(X,Y,bgas_dx,** args)
plt.colorbar(pad =0).set_label('mGal/m')
giplt.m2km()
plt.sca(axes[0,1])
plt.title("Derivative of BGA in Y")
plt.axis('scaled')
giplt.contourf(X,Y,bgas_dy,** args)
plt.colorbar(pad =0).set_label('mGal/m')
giplt.m2km()
plt.sca(axes[1,0])
plt.title("Derivative of BGA in Z")
plt.axis('scaled')
giplt.contourf(X,Y,bgas_dz,** args)
plt.colorbar(pad =0).set_label('mGal/m')
giplt.m2km()
plt.sca(axes[1,1])
plt.title("Total gradient amplitude of BGA")
plt.axis('scaled')
giplt.contourf(X,Y,bgas_tga,** args)
plt.colorbar(pad =0).set_label('mGal/m')
giplt.m2km()
plt.sca(axes[1,0])
plt.title("Derivative of BGA in Z")
plt.axis('scaled')
giplt.contourf(x,y,bgas_dz,** args)
plt.colorbar(pad =0).set_label('mGal/m')
giplt.m2km()
plt.sca(axes[1,1])
plt.title("Total gradient amplitude of BGA")
```

```
plt.axis('scaled')
giplt.contourf(x,y,bgas_tga,** args)
plt.colorbar(pad = 0).set_label('mGal/m')
giplt.m2 km()
```

效果如图 16 - 20 所示:

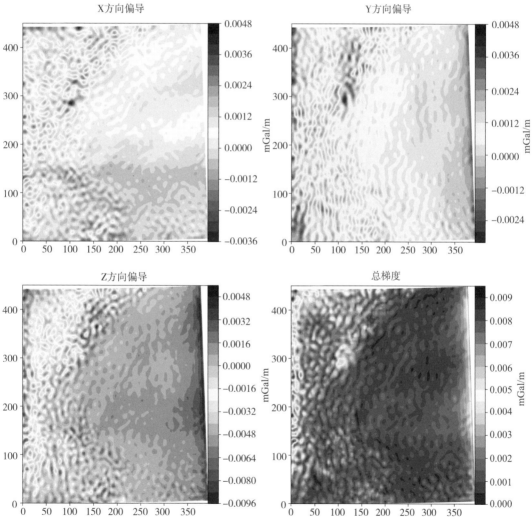

图 16 - 20　空间导数计算

现代化编程方法 >>>>>>
与地球物理开源软件实践 Modern programming techniques
and the practices for open source geophysical software

16.8 小结

本章概述了 GEOIST 软件包中重力数据平差、重力异常计算、投影变换、数据格网化、数据去趋势、位场解析延拓和空间导数计算等几个主要功能，并给出了实现相关功能的相应代码。希望通过这一章的学习，你能获得根据研究需要熟练处理重力数据的能力。

地磁数据处理与分析

学习完怎样处理和分析重力数据，小 G 再来跟大家分享一下对地磁数据进行处理与分析的方法吧。磁法勘探是重力勘探的姊妹手段，地磁场和重力场统称为位场，对于同一个场源体，二者之间可以通过泊松公式实现直接转换，如图 17 - 1 所示。在位场反演构建核函数时，二者也并无差别。地磁场的数据处理与分析与十六章中的重力场大致相似，包括地磁异常计算、插值、平滑、空间解析延拓以及计算空间导数等方法，但略有差别的是，地磁异常的处理分析还包括化极等方法。下面就跟随小 G 一起学习吧！

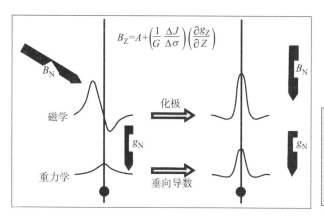

图 17 - 1　重磁异常的泊松关系示意图

17.1　地磁模型计算

地磁场无时无刻不在变化，一般可以分为：主磁场、岩石圈场和外源场。其中主磁场最强可以达到 50000nT 以上，外源场次之约 1000nT，岩石圈场最弱。由于地球的地磁北和地理北不重合，地磁北总是在变化之中，历史上还曾经发生过多次倒转，但总体来说变化不是很快，因此，依据现有观测数据可以用模型来描述地球主磁场的这种变化，通常 5 年

现代化编程方法 ▷▷▷▷▷▷
与地球物理开源软件实践 Modern programming techniques
and the practices for open source geophysical software

更新一个模型（见图 17 - 2）。常说的 IGRF 和 WMM 就是最有名的两款，但如果要计算某一个时间地点的地磁场参考值，下载模型文件后还必须进行一系列解算才能实现。下面小G 就为大家介绍一下在 GEOIST 软件包中，如何通过调用函数实现对地磁模型的解算。

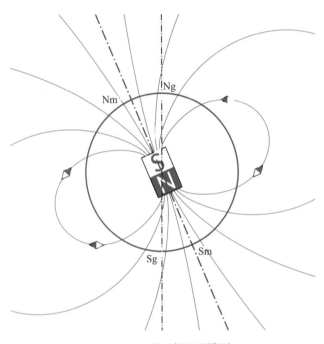

图 17 - 2　地磁偶极子模型

（图片引自：JrPol，CC BY - SA 3.0，https://commons.wikimedia.org/w/index.php?curid = 4587887）

17.1.1　支持的地磁模型

目前，GEOIST 共支持 IGRF、WMM、CHAOS、MF、EMM、LCS、SIFM、DIFI 这 8 种模型的解算，这些模型都是以高斯球谐分析方法为基础，结合大量地磁场实测资料建立的。下面是这些模型的详细信息：

1. IGRF 模型

国际地磁参考场模型（International Geomagnetic Reference Field，简称 IGRF）是国际上通用的标准地磁模型，是一种根据高斯理论建立的用于描述地球主磁场及其长期变化在全球分布的数学模型。它是由国际地磁和高空大气物理协会（IAGA）的 V - MOD 工作小组建立和维护的。模型每隔 5 年更新一次。1968 年，IAGA 发布了第 1 代 IGRF 模型（IGRF - 1）。2014 年，IAGA 发布了第 12 代 IGRF 模型（IGRF - 12）。至此，IGRF 包括了

1900—2015 年（间隔 5 年）共 24 个主磁场模型，其适用的时间范围为 1900.01.01—2019.12.31。IGRF－12 融合了卫星（Swarm：2013—2014、Ørsted：1999—2013、CHAMP：2000—2010、SAC－C：2001—2013）数据、地面台站观测数据和地面流动磁测数据，球谐系数 13 阶，对应的空间分辨率为 3000km。该模型地磁场的全球估计精度约为 50 ～ 300nT。

2. WMM 模型

世界地磁场模型（World Magnetic Mode l，简称 WMM）是一种主要用于描述地球主磁场，兼顾岩石圈磁场和海洋感应磁场长波成分的数学模型。WMM 是 IGRF 的候选模型之一。该模型主要为美国、英国国防部、北大西洋公约组织（NATO）和国际海道测量组织（WHO）提供导航及定向服务，同时在民用导航定位系统和航向姿态测量系统中也有着广泛应用。WMM 是由美国国家地理空间情报局（NGA）和英国国防地理中心（DGC）提供资助，并由美国国家地球物理数据中心（NGDC）联合英国地质调查局（BGS）共同研制的世界地磁模型。模型每隔 5 年更新一次。最新的 WMM2015 模型在 2014 年 12 月发布，有效使用期为 2015.01.01—2019.12.31。WMM2015 模型所使用的数据主要包括卫星磁测（Swarm：2013—2014、Ørsted：1999—2013、CHAMP：2000—2010）和地面台站时均值两种类型。该模型的球谐系数是 12 阶，对应的空间分辨率为 3200km。该模型地磁强度的全球估计精度约为 90－170nT。

3. CHAOS 模型

CHAOS 系列模型（CHAMP/Ørsted/SAC－C model）是描述全球地磁场（包括内源场和外源场）及其长期变化的高精度数学模型。该模型在构建过程中，采用了一些新的改进技术，如：重新确定资料筛选标准、矢量资料的坐标转化、外源磁场的拟合等，使模型的可靠性得以提高。它是由丹麦国家空间中心（DTU Space）建立和维护的。2006 年，DTU Space 提出了第一代 CHAOS 模型。第一代 CHAOS 模型是利用 1999 年 3 月至 2005 年 9 月的 CHAMP、Ørsted 和 SAC－C 三颗卫星的高精度磁测数据计算得到的。DTU Space 在 2008—2016 年先后提出了 xCHAOS、CHAOS－2、CHAOS－3、CHAOS－4、CHAOS－5 和 CHAOS－6 模型。最新的 CHAOS－7 模型在 2019 年发布，有效使用期为 1999－2020 年。CHAOS－7 使用的数据包括卫星磁测数据（来自 CHAMP、Ørsted、SAC－C、Cryosat2 和 Swarm 卫星）和 182 个地面台站数据。CHAOS－7 模型球谐级数展开至 90 阶，其中，地核磁场为 1～20 阶，岩石圈磁场为 21～90 阶。

4. MF 模型

MF 模型（Magnetic Field，简称 MF）是基于 CHAMP 卫星数据构建的描述岩石圈磁场的数学模型。它在推测岩石圈的组成和结构上有独特的优势，其中的长波长成分是编制大陆异常图、全球尺度海洋异常图和航磁异常图的重要依据，而且具有较高的精度。MF 模型是由德国国家地球科学研究中心（GFZ）建立和维护的。第 1 代的 MF1 模型于 2002 年发布，用 15－80 阶球谐函数描述岩石圈磁场的可见部分。最新的 MF7 模型在 2010 年 8 月发布。该模型主要使用了 2007 年 5 月至 2010 年 4 月的 CHAMP 卫星数据，球谐级数展开至 133 阶，对应的空间分辨率为 300km。

5. EMM 模型

增强地磁场模型（Enhanced Magnetic Model，简称 EMM）是描述地球主磁场和岩石圈磁场的数学模型。EMM 模型是利用球谐分析法描述岩石圈磁场的模型中精度和空间分辨率最高的模型之一，其包含的地球岩石圈磁场信息更加全面精细。该模型被广泛应用于民用定位导航系统中，具有很高的实用价值。EMM 模型是由美国国家地球物理数据中心（NGDC）和英国地质调查局（BGS）联合研制和维护的。该模型的前身是 NGDC－720 模型。最新的 EMM2017 模型在 2017 年 7 月发布，有效使用期为 2000－2022 年。EMM2017 使用的数据包括卫星、航空、海洋和地面磁测数据，球谐级数展开至 790 阶（地核磁场为 1－15 阶，岩石圈磁场为 16－790 阶），空间分辨率达到 51km。

6. LCS 模型

基于 CHAMP 和 Swarm 卫星数据的岩石圈磁场模型（Lithospheric model derived from CHAMP and Swarm satellite data，简称 LCS）是描述全球岩石圈磁场的高精度数学模型。LCS 模型是由丹麦国家空间中心（DTU Space）的 Nils Olsen 教授领导的科研小组于 2017 年首次提出的，目前只有一个版本 LCS－1。该模型使用了 CHAMP 卫星在 2006 年 9 月至 2010 年 9 月期间以及 Swarm 的 Alpha 和 Charlie 两颗卫星在 2014 年 4 月至 2016 年 12 月期间的磁测数据。该模型是由磁梯度数据计算得到的。LCS－1 用 16－185 阶球谐函数表示岩石圈磁场，空间分辨率达到 220km。但需要注意的是，当球谐阶数大于 133 时，模型会出现严重的能量泄露现象。

7. SIFM 模型

Swarm 初始磁场模型（Swarm Initial Field Model，简称 SIFM）是描述地球磁场（包括主磁场和岩石圈磁场）及其长期变化的数学模型。该模型是由丹麦国家空间中心（DTU Space）的 Nils Olsen 教授领导的科研小组于 2014 年提出的。SIFM 模型在构建过程中，仅使用了由欧洲航天局（ESA）发射的 Swarm 系列卫星（Alpha、Bravo 和 Charlie）在 2013 年 11 月至 2015 年 1 月期间的磁测数据。该模型首次利用由低轨道卫星数据计算得到的磁梯度信息来提高模型精度，并取得了良好效果（模型估计值与卫星实测值的平均残差值仅为 0.12nT）。SIFM 模型球谐级数展开至 70 阶，对应的空间分辨率为 550km。对静态岩石圈磁场值（15－70 阶）的描述，SIFM 和 MF7 模型基本接近。

8. DIFI 模型

专用电离层磁场反演模型（Dedicated Ionospheric Field Inversion Model，简称 DIFI）是描述地球中低纬度地区（＋／－55 度之间）在地磁静日期间的太阳宁静区（Solar－quiet，Sq）和赤道电急流（Equatorial Electro－Jet，EEJ）磁场（此类磁场属于地磁场中占比例极小的感应磁场）及其变化的数学模型。DIFI 模型是由欧洲航天局（ESA）提供资助，并由科罗拉多大学波尔得分校的环境科学合作研究所（CIRES）和巴黎地球物理学院（IPGP）共同研制的。该模型的计算方法于 2013 年首次提出。在 2015－2016 年期间，CIRES 发布了 DIFI－2015a、DIFI－2015b 和 DIFI－2 版本。最新的 DIFI－3 模型在 2017 年发布。该模型在构建过程中，使用了 Swarm 系列卫星和地面观测台站在 2013 年 12 月至 2017 年 6 月期间的磁测数据。DIFI－3 模型球谐级数展开至 60 阶。

17.1.2　地磁模型计算函数接口

首先，在 GEOIST 的 GEOIST \ magmod \ data 目录下，已经存放了全部支持模型的球谐函数文件，打开 init. py 文件，可以查阅到如下信息：

```
WMM_2015 = join(_DIRNAME,'WMM2015v2.COF')

WMM_2020 = join(_DIRNAME,'WMM2020.COF')

EMM_2010_STATIC = join(_DIRNAME,'EMM－720_V3p0_static.cof')

EMM_2010_SECVAR = join(_DIRNAME,'EMM－720_V3p0_secvar.cof')

CHAOS6_CORE_X8 = join(_DIRNAME,'CHAOS－6－x8_core.shc')

CHAOS6_CORE_LATEST = CHAOS6_CORE_X8

CHAOS6_STATIC = join(_DIRNAME,'CHAOS－6_static.shc')

IGRF11 = join(_DIRNAME,'igrf11coeffs.txt')

IGRF12 = join(_DIRNAME,'IGRF12.shc')
```

现代化编程方法 ⟫⟫⟫⟫⟫
与地球物理开源软件实践 Modern programming techniques
and the practices for open source geophysical software

```
IGRF13 = join(_DIRNAME,'igrf13.COF')
SIFM = join(_DIRNAME,'SIFM.shc')
LCS1 = join(_DIRNAME,'LCS-1.shc')
MF7 = join(_DIRNAME,'MF7.shc')
```

要想使用这些模型，在 python 程序中，直接 import 即可，如下：

```
from geoist.magmod.data import(
    EMM_2010_STATIC,EMM_2010_SECVAR,WMM_2015,WMM_2020,IGRF13,
    CHAOS6_CORE_LATEST,CHAOS6_STATIC,
    IGRF11,IGRF12,SIFM,)
```

其次，有了模型就是要加载解算函数了，在 GEOIST 的 GEOIST\magmod\magnetic_model 目录下，有多种类型的解算函数接口，import 方法如下：

```
from geoist.magmod.magnetic_model.loader_igrf import load_model_igrf
from geoist.magmod.magnetic_model.loader_wmm import load_model_wmm
from geoist.magmod.magnetic_model.loader_emm import load_model_emm
```

接下来，要注意的就是时间定义，表示时间除了公历日期外，还常用到儒略日，有时候需要相互转换。直接 import 函数即可，方法如下：

```
import datetime as dt
from geoist.magmod.time_util import(
    decimal_year_to_mjd2000,decimal_year_to_mjd2000_simple,
mjd2000_to_decimal_year,mjd2000_to_year_fraction
    )
```

准备好上面的步骤后，我们就可以计算了，不论什么模型，最后计算都要调用 eval 函数，示例如下：

```
wmm2020 = load_model_wmm(WMM_2020)
d2 = 2022.5
loc1 = (80.0,0.0,100.0)
wmm2020.eval(decimal_year_to_mjd2000(d2),loc1,0,0,** options)
```

简单来讲，就是先 import 所有要用的接口，然后 load 模型，再 eval 一个时间地点的模型，来计算磁场参考值即可。

17.1.3　一个完整的简单例子

通过上面的介绍，我们来看看如果要完成一个模型的计算代码大概是什么样子。下面我们测试用一个电离层模型（DIFI4）计算一个地面点在 1 天 24 小时地磁场变化的结果。

完整代码如下：

```
import datetime as dt

from geoist.magmod.data import DIFI4
from geoist.magmod.magnetic_model.loader_mio import(
load_model_swarm_mio_internal,
load_model_swarm_mio_external)

from geoist.magmod.time_util import decimal_year_to_mjd2000
from geoist.magmod.util import datetime_to_decimal_year

loc = (45.0,105.0,1.0)
options = {"f107":70,"scale":[1,1,-1]}   # -1 is Z direction

# load DIFI4 model
difi4 = load_model_swarm_mio_external(DIFI4)
difi42 = load_model_swarm_mio_internal(DIFI4)
```

现代化编程方法 >>>>>>
与地球物理开源软件实践 Modern programming techniques
and the practices for open source geophysical software

```
#get_ipython().run_line_magic('matplotlib','inline')
import matplotlib.pyplot as plt
plt.rcParams['font.sans-serif']=[u'SimHei']
plt.rcParams['axes.unicode_minus']=False
import numpy as np
magdifi=np.zeros(3*24).reshape(24,3)
magdifi2=np.zeros(3*24).reshape(24,3)

for i in range(24):
    t1=decimal_year_to_mjd2000(datetime_to_decimal_year(dt.
datetime(2019,1,1,i,0,30)))
    magdifi[i]=difi4.eval(t1,loc,0,0,**options)
    magdifi2[i]=difi42.eval(t1,loc,0,0,**options)

plt.title("DIFI-4电离层磁场模型")
plt.xlabel("协调世界时/h")
plt.ylabel("Sq强度/nT")
plt.plot(magdifi[:,0],'bo',label="北向分量-X")
plt.plot(magdifi[:,1],'rd',label="东向分量-Y")
plt.plot(magdifi[:,2],'g*',label="垂向分量-Z")
plt.plot(magdifi[:,0]+magdifi2[:,0],'b',label="北向分量-X2")
plt.plot(magdifi[:,1]+magdifi2[:,1],'r-.',label="东向分量-
Y2")
plt.plot(magdifi[:,2]+magdifi2[:,2],'g:',label="垂向分量-Z2")
plt.legend()
plt.show()
```

如果正确运行，结果可视化如图17-3所示。

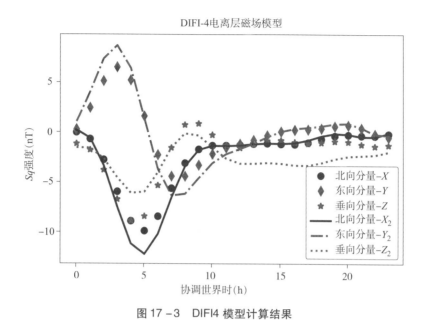

图 17-3　DIFI4 模型计算结果

你亲自操作一下，就会发现，加载模型，确定接口，计算再加上可视化，计算地磁模型，其实并不难。

17.1.4　结语

计算地磁模型，获得指定时空地点的地磁参考场，在地磁勘探、导航领域都有重要的应用。特别是对于高精度磁场参数的预报更加关键。基于 magmod 程序包提供的程序接口可以作为开发多种地磁应用软件的基础，甚至可以进一步开发为在线的 API 服务接口。

17.2　地磁模型计算模块更新

本节将继续介绍地磁模型计算模块针对 IGRF13 和 WMM2020 最新模型的更新支持情况。GEOIST 的地磁模型模块支持多种地磁场模型的球谐系数解算，地磁模型计算模块目前支持 8 种全球地磁模型场模型，本次又将 WMM 和 IGRF 模型进行了计算服务更新，使其支持最新的 WMM2020 和 IGRF13 版本模型计算服务。

1. 地磁场模型

地球磁场跟地球引力场一样，是一个地球物理场，它是由基本磁场与变化磁场两部分组成的。基本磁场是地磁场的主要部分，起源于地球内部，比较稳定，变化非常缓慢。变

现代化编程方法 ❯❯❯❯❯❯
与地球物理开源软件实践 Modern programming techniques
and the practices for open source geophysical software

化磁场包括地磁场的各种短期变化，与电离层的变化和太阳活动等有关，一般很微弱。

IGRF（International Geomagnetic Reference Field，国际地磁参考场）是有关地球主磁场与长期变化的模型，IGRF 的误差来源包括：忽略外源场、球谐级数的截断、台站分布的不均匀、测量、忽略地壳磁异常场等。IAGA 的有关小组每 5 年给出一个世界地磁参考场（IGRF）。

WMM 模型与 IGRF 类似，也是描述地球主磁场的模型。一般用于海洋磁力测量地磁正常场校正。该模型也是 5 年更新一次，最新模型为 WMM2020。

最新版本的国际地磁参考场模型的发布，一般能更好地反映地磁场的空间和时间变化规律。

为尽快将新的模型应用到实际测量正常场校正数据处理及其他应用领域中，GEOIST 集成的地磁模型计算模块针对最新发布的上述两个模型系数进行了更新。

2. 地磁模型计算模块

* IGRF11&12&13 model

* WMM. COF – WMM 2010/2015/2020 magnetic model coeficients

* EMM – 720_V3p0_static. cof – EMM 2010 magnetic model coeficients（static）

* EMM – 720_V3p0_secvar. cof – EMM 2010 magnetic model coeficients（secular variation）

* CHAOS – 6 Core Static x8 Core model

* DIFI model – ionospheric model

* LCS – 1 model LCS – 1 lithospheric field model

* MF7 model crustal field model MF7 by Stefan Maus and co – workers.

* SIFM model SIFM：Swarm Initial Field Model

3. 地磁模型计算更新模块使用示例代码

下面我们给出最新的 WMM2020 和 IGRF13 模型计算示例代码：

```
import datetime as dt

from geoist. magmod. magnetic_model. loader_igrf import load_model_igrf
from geoist. magmod. magnetic_model. loader_wmm import load_model_wmm
from geoist. magmod. magnetic_model. loader_emm import load_model_emm
from geoist. magmod. magnetic_model. loader_shc import(
```

```
load_model_shc,load_model_shc_combined,
)
from geoist.magmod.magnetic_model.loader_mio import(
load_model_swarm_mio_internal,
load_model_swarm_mio_external,
)

from geoist.magmod.data import(
  EMM_2010_STATIC,EMM_2010_SECVAR,WMM_2015,WMM_2020,IGRF13,
  CHAOS6_CORE_LATEST,CHAOS6_STATIC,
  IGRF11,IGRF12,SIFM,
)
from geoist.magmod.time_util import(
  decimal_year_to_mjd2000,decimal_year_to_mjd2000_simple,
mjd2000_to_decimal_year,mjd2000_to_year_fraction
)
from geoist.magmod.util import datetime_to_decimal_year,vnorm

from geoist.magmod.magnetic_model.parser_mio import parse_swarm_
mio_file
from geoist.magmod.magnetic_model.tests.data import SWARM_MIO_
SHA_2_TEST_DATA
import geoist.magmod._pymm as pymm

print(SWARM_MIO_SHA_2_TEST_DATA)#DIFI4 is a type of MIO SHA model
print(mjd2000_to_decimal_year(7305))
print(mjd2000_to_decimal_year([5479.,7305.,6392.0]))
d1 =dt.datetime(2015,1,1)  # import time,location(lat,lon)
d11 =datetime_to_decimal_year(d1)# datetime to decimal year
```

现代化编程方法 >>>>>>
与地球物理开源软件实践 Modern programming techniques
and the practices for open source geophysical software

```
loc = (30.0,40.0,1000.0)
wmm2015 = load_model_wmm(WMM_2015)   #load wmm2015 model
igrf11 = load_model_igrf(IGRF11)     #load igrf11 model
igrf12 = load_model_shc(IGRF12,interpolate_in_decimal_years =
True)    #load igrf12 model


igrf13 = load_model_igrf(IGRF13)
wmm2020 = load_model_wmm(WMM_2020)


emm = load_model_emm(EMM_2010_STATIC,EMM_2010_SECVAR)   #load
emm model
options = {"scale":[1,1,-1]}   #-1 is Z direction


## renew for the IGRF13 and WMM2020 models on 2020 -03 -22
d2 =2022.5
loc1 = (80.0,0.0,100.0)
wmm2020.eval(decimal_year_to_mjd2000(d2),loc1,0,0,** options)
igrf13.eval(decimal_year_to_mjd2000(d2),loc1,0,0,** options)
## the result has been checked with WMM2020 testvalues.pdf import
datetime as dt


from geoist.magmod.magnetic_model.loader_igrf import load_model_
igrf
from geoist.magmod.magnetic_model.loader_wmm import load_model_wmm
from geoist.magmod.magnetic_model.loader_emm import load_model_emm
from geoist.magmod.magnetic_model.loader_shc import(
load_model_shc,load_model_shc_combined,
)
from geoist.magmod.magnetic_model.loader_mio import(
```

```
    load_model_swarm_mio_internal,
    load_model_swarm_mio_external,
)


from geoist.magmod.data import(
    EMM_2010_STATIC,EMM_2010_SECVAR,WMM_2015,WMM_2020,IGRF13,
    CHAOS6_CORE_LATEST,CHAOS6_STATIC,
    IGRF11,IGRF12,SIFM,
)
from geoist.magmod.time_util import(
    decimal_year_to_mjd2000,decimal_year_to_mjd2000_simple,
mjd2000_to_decimal_year,mjd2000_to_year_fraction
)
from geoist.magmod.util import datetime_to_decimal_year,vnorm


from geoist.magmod.magnetic_model.parser_mio import parse_swarm_
mio_file
from geoist.magmod.magnetic_model.tests.data import SWARM_MIO_
SHA_2_TEST_DATA
import geoist.magmod._pymm as pymm


print(SWARM_MIO_SHA_2_TEST_DATA)#DIFI4 is a type of MIO SHA model
print(mjd2000_to_decimal_year(7305))
print(mjd2000_to_decimal_year([5479.,7305.,6392.0]))
d1=dt.datetime(2015,1,1)  # import time,location(lat,lon)
d11=datetime_to_decimal_year(d1)# datetime to decimal year
loc=(30.0,40.0,1000.0)
wmm2015=load_model_wmm(WMM_2015)   #load wmm2015 model
igrf11=load_model_igrf(IGRF11)     #load igrf11 model
```

现代化编程方法 ▶▶▶▶▶
与地球物理开源软件实践 Modern programming techniques
and the practices for open source geophysical software

```
igrf12 = load_model_shc(IGRF12,interpolate_in_decimal_years =
True)     #load igrf12 model


igrf13 = load_model_igrf(IGRF13)

wmm2020 = load_model_wmm(WMM_2020)


emm = load_model_emm(EMM_2010_STATIC,EMM_2010_SECVAR)    #load
emm model
options = {"scale":[1,1,-1]}  #-1 is Z direction


## renew for the IGRF13 and WMM2020 models on 2020-03-22
d2 =2022.5
loc1 =(80.0,0.0,100.0)
wmm2020.eval(decimal_year_to_mjd2000(d2),loc1,0,0,** options)
igrf13.eval(decimal_year_to_mjd2000(d2),loc1,0,0,** options)
## the result has been checked with WMM2020testvalues.pdf
```

如需验证结果的准确性，可以参考表 17-1。上面代码有点复杂，最有用的就是后面 4 行，如果不需要其他模型，可以忽略前面的内容。

表 17-1　WMM2020 版本模型系数

时间	高程 (km)	纬度 (°)	经度 (°)	X (nT)	Y (nT)	Z (nT)	H (nT)	F (nT)	I (°)	D (°)	GV (°)
2020	0	80	0	6570.4	-146.3	54606.2	6572.0	55000.1	83.14	-1.28	-1.28
2020	0	0	120	39624.3	109.9	-10932.5	39624.4	41104.9	-15.42	0.16	—
2020	0	-80	240	5940.6	15772.1	-52480.8	16853.8	55120.6	-72.20	69.36	-50.64
2020	100	80	0	6261.8	-185.5	52429.1	6264.5	52802.0	83.19	-1.70	-1.70
2020	100	0	120	37636.7	104.9	-10474.8	37636.9	39067.3	-15.55	0.16	—
2020	100	-80	240	5744.9	14799.5	-49969.4	15875.4	52430.6	-72.37	68.78	-51.22

时间	高程 （km）	纬度 （°）	经度 （°）	X （nT）	Y （nT）	Z （nT）	H （nT）	F （nT）	I （°）	D （°）	GV （°）
2020.5	0	80	0	6529.9	1.1	54713.4	6529.9	55101.7	83.19	0.01	0.01
2020.5	0	0	120	39684.7	−42.2	−10809.5	39684.7	41130.5	−15.24	−0.06	—
2020.5	0	−80	240	6016.5	15776.7	−52251.6	16885.0	54912.1	−72.09	69.13	−50.87
2020.5	100	80	0	6224.0	−44.5	52527.0	6224.2	54894.5	83.24	−0.41	−0.41
2020.5	100	0	120	37694.0	−35.3	−10362.0	37694.1	3902.4	−15.37	−0.05	—
2020.5	100	−80	240	5815.0	14803.0	−49755.3	15904.1	52235.4	−72.27	68.55	−51.47

时间	高程 （km）	纬度 （°）	经度 （°）	Xdot （nT/yr）	Ydot （nT/yr）	Zdot （nT/yr）	Hdot （nT/yr）	Fdot （nT/yr）	Idot （°/yr）	Ddot （°/yr）	
2020	0	80	0	−16.2	59.0	42.9	−17.5	40.5	0.02	0.51	—
2020	0	0	120	24.2	−60.8	49.2	24.0	10.1	0.08	−0.09	—
2020	0	−80	240	30.4	1.8	91.7	12.4	−83.5	0.04	−0.10	—
2020	100	80	0	−15.1	56.4	39.2	−16.8	36.9	0.02	0.51	—
2020	100	0	120	22.9	−56.1	45.1	22.8	9.8	0.07	−0.09	—
2020	100	−80	240	28.0	1.4	85.6	11.4	−78.1	0.04	−0.09	—
2020.5	0	80	0	−16.2	59.0	42.9	−16.2	40.7	0.02	0.52	—
2020.5	0	0	120	24.2	−60.8	49.2	24.2	10.5	0.08	−0.09	—
2020.5	0	−80	240	30.4	1.8	91.7	12.6	−83.4	0.04	−0.09	—
2020.5	100	80	0	−15.1	56.4	39.2	−15.5	37.1	0.02	0.52	—
2020.5	100	0	120	22.9	−56.1	45.1	23.0	10.2	0.07	−0.09	—
2020.5	100	−80	240	28.0	1.4	85.6	11.6	−78.0	0.04	−0.09	—

17.3　计算地磁异常

地磁场的理论分布是有变化的。实际测得的地球磁场强度和理论磁场强度是有区别的，这种区别称地磁异常。在实际工作中，会发现某地区实测地磁场要素的数据与正常值有显著的差别，这种差别称作地磁异常。

野外实测的地磁数据一般包括三种：主磁场、外源场、岩石圈磁场。通常磁法勘探中，关注的主要是岩石圈磁场。主磁场一般根据 IGRF 或 WMM 模型计算得到即可，外源

现代化编程方法 >>>>>>
与地球物理开源软件实践 Modern programming techniques
and the practices for open source geophysical software

场可以在勘探区位置架设一个日变站，然后把
每日测量结果与其观测结果相减即可。

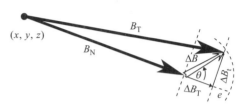

如图 17 - 4 所示，B_T 表示测量到的总磁场
强度，B_N 为主磁场强度，ΔB 为磁异常强度。
在实际计算的过程中，为了简化计算，令
$\Delta B_T = \Delta B$，$\Delta B_T = B_T - B_N$。

图 17 - 4　地磁异常表示

由于测量点的总场方向与主磁场方向总有一个差异角度 θ，直接减会引起误差 θ，其
大小如表 17 - 2 所示。

表 17 - 2　主磁场强度 B_N、磁异常强度 ΔB 及误差 $e\Delta B_T$ 大小

B_N	ΔB	$e\Delta B_T$（max）
30000nT	500nT	4nT
30000nT	10000nT	1667nT
70000nT	10000nT	714nT

17.4　地磁分量转换

地磁场的七个分量，一般知道三个可
以计算其余四个。图 17 - 5 为地磁场分量
示意图。

在任一点 P 上，磁场矢量（红线）通
常用其方向、在该方向上的总值 F 以及 H
和 Z，即 F 的局部水平分量和垂直分量表
示。角 D 和 I 表示磁场矢量的定向，磁偏
角 D 为水平面上 H 和地理北之间的夹角，
磁倾角 I 为磁场矢量和 H 所在水平面之间
的夹角。

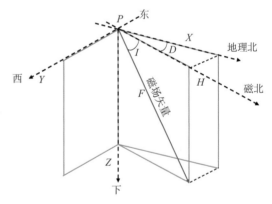

图 17 - 5　地磁分量

```
from geoist.pfm.magdir import DipoleMagDir
# Give the centers of the dipoles
centers =[[3000,3000,1000],[7000,7000,1000]]
```

```
# Estimate the magnetization vectors
solver = DipoleMagDir(x,y,z,tf,inc,dec,centers).fit()
# Print the estimated and true dipole monents,inclinations and
declinations
print('Estimated magnetization(intensity,inclination,declination)')
for e in solver.estimate_:
  print(e)
```

地磁分量估计结果如下:

```
Estimated magnetization(intensity,inclination,declination)
[2514.452175001507, -20.01579001683044, -10.036363448371244]
[4181.363570901708,3.0373253097068478, -66.96549442175747]
```

结果如图 17 - 6 所示:

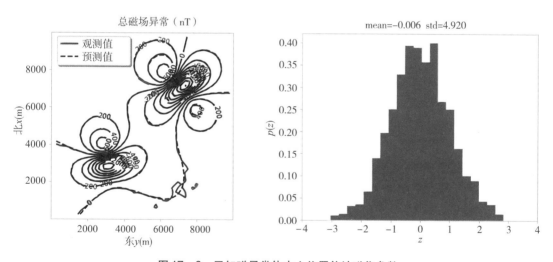

图 17 - 6　已知磁异常体中心位置估计磁化参数

17.5　地磁数据化极

化到地磁极（RTP, reduced to the pole）, 是一种将斜磁化 ΔT 或 Za 磁异常换算为各种垂直磁化磁异常的磁场换算方法。因为地球磁场在每个位置方向都不相同, 在两极位置近

现代化编程方法 〉〉〉〉〉〉
与地球物理开源软件实践 Modern programming techniques
and the practices for open source geophysical software

似垂直磁化，在赤道位置近似为水平磁化，如图 17 – 7 所示，故称化到地磁极，简称：
化极。

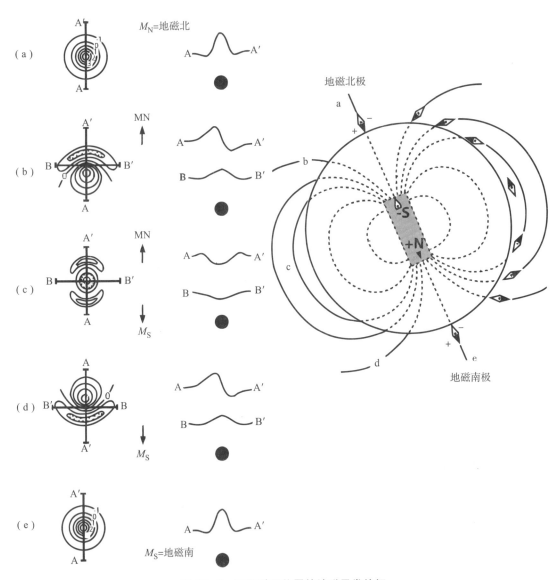

图 17 – 7　不同地理位置的地磁异常特征

地磁异常位置：（a）地磁北极　（b）北—中纬度　（c）地磁赤道　（d）南—中纬度　（e）地磁南极

　　一般来讲，低纬度地区磁异常比较复杂，异常化极直观简单，较易于解释。化极后的
磁异常一般就可以直接进行解释了，这也是地磁异常解释相比重力异常略复杂的一点。

　　磁异常化极程序实现如下：

```
from geoist.pfm import prism,pftrans
#Reduce to the pole using FFT.Since there is only induced magnetization,
the
# magnetization direction (sinc and sdec) is the same as the
geomagnetic field
pole =pftrans.reduce_to_pole(x,y,tf,shape,inc,dec,sinc = inc,
sdec =dec)
# Calculate the true value at the pole for comparison
true =prism.tf(x,y,z,model,90,0,pmag =giutils.ang2vec(10,90,0))

fig,axes =plt.subplots(1,3,figsize =(14,4))
for ax in axes：
ax.set_aspect('equal')
plt.sca(axes[0])
plt.title("原始总磁场异常")
giplt.contourf(y,x,tf,shape,30,cmap =plt.cm.RdBu_r)
plt.colorbar(pad =0).set_label('nT')
giplt.m2km()
plt.sca(axes[1])
plt.title("极点真值")
giplt.contourf(y,x,true,shape,30,cmap =plt.cm.RdBu_r)
plt.colorbar(pad =0).set_label('nT')
giplt.m2km()
plt.sca(axes[2])
plt.title("简化至极点")
giplt.contourf(y,x,pole,shape,30,cmap =plt.cm.RdBu_r)
plt.colorbar(pad =0).set_label('nT')
giplt.m2km()
plt.tight_layout()
plt.show()
```

化极效果如图 17 -8 所示：

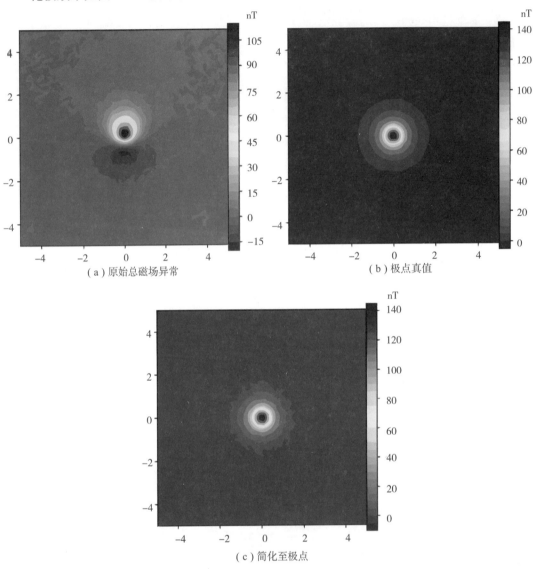

（a）原始总磁场异常

（b）极点真值

（c）简化至极点

图 17 -8   地磁异常化极效果对比

17.6   小结

本章概述了 GEOIST 中地磁模型计算、地磁模型计算模型模块更新、地磁异常计算、地磁分量转换、地磁数据化极等主要功能，并给出了实现相关功能的相应代码。希望通过这一章的学习，你能获得根据研究需要熟练处理地磁数据的能力。

第 18 章　重磁模型正反演

重磁位场是最基本的地球物理场，重磁异常数据是场源异常的客观响应，在实际应用中我们更加关注场源异常而不是异常响应，而重磁位场正反演是联系场源异常与重磁响应最直接的手段。通常情况下，地球物理反演问题以正演问题为前提，重磁位场可以近似线性模型，重磁正演问题转化为求解核函数，重磁反演是以核函数为基础采用迭代算法寻找与观测数据拟合最好的场源模型。GEOIST 软件包可以实现常规的重磁数据正反演功能。本章中小 G 从基本的正演问题入手，在此基础上，结合正则化约束项，详细讲解如何利用 GEOIST 软件包实现重磁正反演功能。

18.1　重力异常正演

18.1.1　网格生成

重力异常正演关键记住两点，场源定义和观测系统生成，在 gridder 模块中，由两个函数负责生成网格，regular 生成规则网格，scatter 可生成随机网格。

图 18-1 是一个采用 reguler 生成的规则网格的样子，函数调用方法如下：

```
shape =(10,10)
xp,yp,zp = gridder. regular(( -5000,5000, -5000,5000),shape,z = -
150)
```

reguler 函数包括三个参数，第一个参数是坐标范围，（x1，x2，y1，y2）的元组，第二个是点数 shape，第三个是观测高度 z 的坐标。

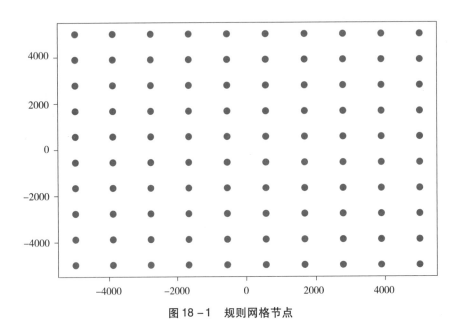

图 18 - 1　规则网格节点

当然也可以生成非均匀网格，换做调用 scatter 函数即可（图 18 - 2），参数设置与 regular 相似。不多解释，看代码就明白了。

```
xp,yp,zp =gridder. scatter(( -5000,5000, -5000,5000),shape1,z = -150)
plt. scatter(xp,yp)
```

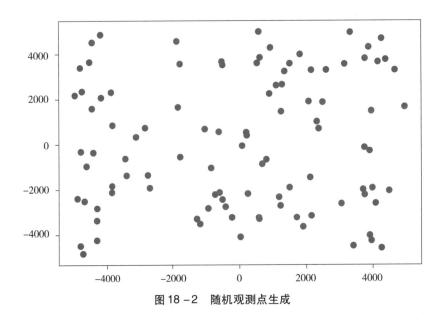

图 18 - 2　随机观测点生成

18.2.2　正六面体模型重力异常正演计算

给定一个场源的几何形态与剩余密度，计算指定位置的重力异常值，这个过程就是异常体的正演。下面我们看看在 GEOIST 中有哪些函数支持正演功能。

六面体作为最常见的几何形态，在位场解释中具有广泛的应用，因为任何复杂的三维异常体都可以用一组六面体来逼近。

inversion 模块中的 geometry.py 文件中封装了多种形体类定义，Prism 就是六面体，生成模型代码如下：

```
geometry.Prism( -4000, -3000, -4000, -3000,0,2000,{'density':
1000})
```

生成一组模型，用一个 list 包装起来即可，模型单元坐标单位 m，向下为正，密度单位 kg/m^3。

下面代码定义了三个模型，剩余密度分别为 1000，-900，1300kg/m^3，图 18 - 3 为正演得到的理论重力位，实现函数为 potential。

```
import matplotlib.pyplot as plt
# local imports
from geoist import gridder
from geoist.inversion import geometry
from geoist.pfm import prism
from geoist.vis import giplt
model = ( geometry.Prism( -4000, -3000, -4000, -3000,0,
2000,{'density':1000}),
geometry.Prism( -1000,1000, -1000,1000,0,2000,{'density':-900}),
geometry.Prism(2000,4000,3000,4000,0,2000,{'density':1300})]
shape =(100,100)
xp,yp,zp =gridder.regular(( -5000,5000, -5000,5000),shape,z = -150)
field0 =prism.potential(xp,yp,zp,model)
fields =[prism.gx(xp,yp,zp,model),
```

现代化编程方法 >>>>>>
与地球物理开源软件实践 Modern programming techniques
and the practices for open source geophysical software

```
        prism.gy(xp,yp,zp,model),
        prism.gz(xp,yp,zp,model),
        prism.gxx(xp,yp,zp,model),
        prism.gxy(xp,yp,zp,model),
        prism.gxz(xp,yp,zp,model),
        prism.gyy(xp,yp,zp,model),
        prism.gyz(xp,yp,zp,model),
        prism.gzz(xp,yp,zp,model)]
    titles =['potential','gx','gy','gz',
    'gxx','gxy','gxz','gyy','gyz','gzz']
    plt.figure(figsize =(8,8))
    plt.axis('scaled')
    plt.title(titles[0])
    levels =giplt.contourf(yp* 0.001,xp* 0.001,field0,shape,15)
    cb =plt.colorbar()
    giplt.contour(yp* 0.001,xp* 0.001,field0,shape,
    levels,clabel =False,linewidth =0.1)
    plt.show()
    plt.figure(figsize =(8,8))
    plt.subplots_adjust(left =0.03,right =0.95,bottom =0.05,top =
0.92,hspace =0.3)
    plt.suptitle("Potential fields produced by a 3 prism model")
    for i,field in enumerate(fields):
        plt.subplot(3,3,i +1)
        plt.axis('scaled')
        plt.title(titles[i +1])
```

```
levels =giplt. contourf(yp* 0.001,xp* 0.001,field,shape,15)
cb =plt. colorbar()
giplt. contour(yp* 0.001,xp* 0.001,field,shape,
levels,clabel =False,linewidth =0.1)
plt. show()
```

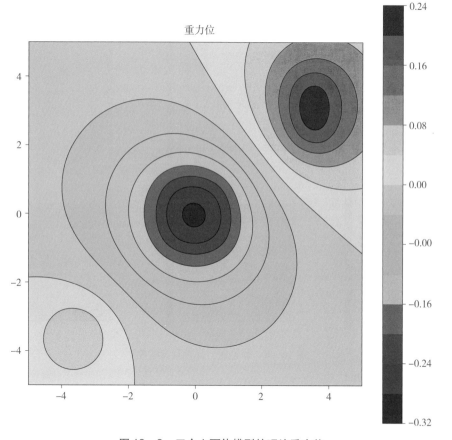

图 18 -3　三个六面体模型的理论重力位

代码中利用 prism. gx/gy/gz/gxx/gxy/gxz/gyy/gyz/gzz 等函数可以计算重力异常与重力梯度异常，效果见图 18 -4。

现代化编程方法 ▶▶▶▶▶
与地球物理开源软件实践 Modern programming techniques
and the practices for open source geophysical software

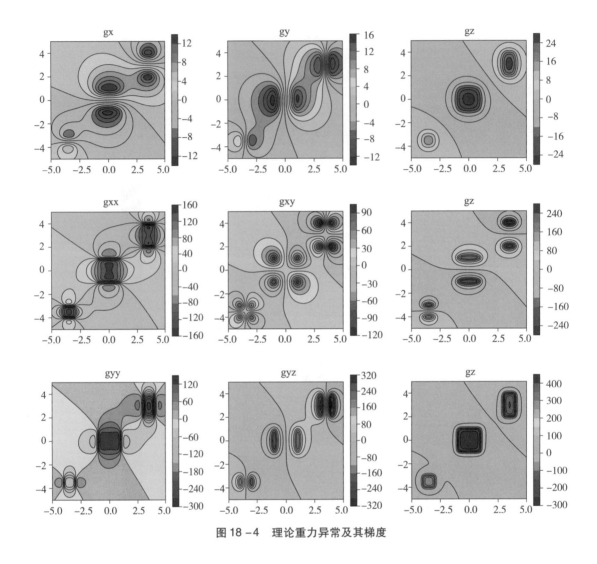

图 18 – 4　理论重力异常及其梯度

18.3.3　球坐标下的六面体模型重力异常正演计算

　　除了正六面体外，在球坐标系下，还支持 Tesseroid 形式的单元，直接经纬度剖分网格即可，不用变换为直角坐标。这对大尺度模型解释是有用的，比如地震重力场源模型计算与解释。放两个单元正演一下，效果见图 18 – 5。

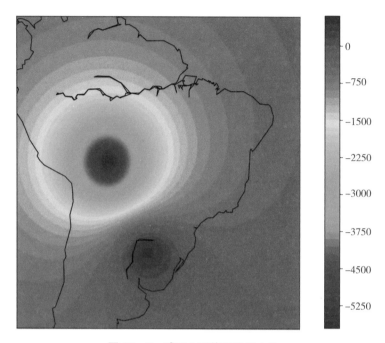

图 18 - 5　球面六面体理论重力位

球面六面体正演代码与正六面体类似，详细如下：

```
import time
# 3rd imports
import matplotlib. pyplot as plt
from mpl_toolkits. basemap import Basemap
# local imports
from geoist import gridder
from geoist. inversion. geometry import Tesseroid
from geoist. pfm import polyprism,giutils,tesseroid
from geoist. vis import giplt
model =[Tesseroid( -60, -55, -30, -27,0, -500000,props ={'density':200}),
    Tesseroid( - 66, - 62, - 18, - 12,0, - 300000, props = {' density ':
-500})]
    # Create the computation grid
```

现代化编程方法 >>>>>
与地球物理开源软件实践 Modern programming techniques
and the practices for open source geophysical software

```
area = ( -80 , -30 , -40 ,10)
shape = (100 ,100)
lons, lats, heights = gridder. regular( area, shape, z =250000)
start = time. time( )
fields = [
tesseroid. potential( lons, lats, heights, model),
tesseroid. gx( lons, lats, heights, model),
tesseroid. gy( lons, lats, heights, model),
tesseroid. gz( lons, lats, heights, model),
tesseroid. gxx( lons, lats, heights, model),
tesseroid. gxy( lons, lats, heights, model),
tesseroid. gxz( lons, lats, heights, model),
tesseroid. gyy( lons, lats, heights, model),
tesseroid. gyz( lons, lats, heights, model),
tesseroid. gzz( lons, lats, heights, model)]
print( "Time it took:% s" % ( time. time( ) - start))
titles = ['potential','gx','gy','gz','gxx','gxy','gxz','gyy','gyz','gzz']
bm = giplt. basemap( area,'merc')
plt. figure( )
plt. title( titles[0])
giplt. contourf( lons, lats, fields[0], shape, 40, basemap = bm)
giplt. draw_coastlines( bm)
plt. colorbar( )
```

18.2　地磁异常正演

18.2.1　地磁异常与居里面深度

19 世纪末，著名物理学家皮埃尔·居里（居里夫人的丈夫）在自己的实验室里发现磁石的一个物理特性，就是当磁石加热到一定温度时，原来的磁性就会消失。后来，人们把这个温度叫"居里点"。

根据这个理论：在地壳内部温度发生变化时，岩石会失去磁性，因此，通过磁异常图可以研究岩石圈的温度状态，居里面就是这样一个温度界面。

居里面以下的物质一般认为没有磁性，因此这个界面通常是地磁异常场源解释的底界面。

18.2.2　地磁异常正演

地磁正演是地磁异常进行场源解释的基础。前面已经介绍过重力模型正演方法，其实磁异常正演也非常类似，直接看代码吧！

```
import os
import pathlib
import numpy as np
from numpy import*
import pandas as pd
from geoist.pfm import normgra
from geoist import DATA_PATH
from scipy.interpolate import griddata
import matplotlib.pyplot as plt
from geoist.pfm import prism,pftrans,giutils
from geoist import gridder
import geoist
from geoist.inversion.mesh import PrismMesh
from geoist.inversion import geometry


#正演数据类型:tf——磁场总强度;x——磁场东向分量;y——磁场北向分量;
z——磁场垂向分量
d_c = "tf"


dir_name = os.path.abspath('.') + r'/mag_forward_output'
if not os.path.exists(dir_name):
os.mkdir(dir_name)
```

现代化编程方法 »»»»»
与地球物理开源软件实践 Modern programming techniques
and the practices for open source geophysical software

```
meshfile = dir_name + r'/msh1.txt'

magfile = dir_name + r'/mag1.txt'

magoutfile = dir_name + r'/mag1.csv'

magoutfile1 = dir_name + r'/mag1n.csv'


#磁异常体形态设置
area = tuple([-500,500,-500,500,100,-500])# x,y,z
#磁异常体网格划分
shape = tuple([5,20,20])# z y x
#观测面设置
narea = tuple([-1000,1000,-1000,1000])
#观测网格划分
nshape = tuple([40,40])# y x
#设置观测面高度,磁倾角,磁偏角以及模拟噪声水平
z0 = -1
inc = 90
dec = 13
noise = 0

#异常体磁化率设置
mag1 = np.zeros([5,20,20])
mag1[2:3,7:13,12:17] = 2

mag1 = mag1.flatten()
mesh = PrismMesh(area,shape)
mesh.addprop('magnetization',mag1.ravel())
mesh.dump(meshfile,magfile,'magnetization')
#生成核矩阵
kernel = []
xp,yp,zp = gridder.regular(narea,nshape,z = z0)
for i,layer in enumerate(mesh.layers()):
```

```
    for j,p in enumerate(layer):
      x1 =mesh. get_layer(i)[j]. x1
      x2 =mesh. get_layer(i)[j]. x2
      y1 =mesh. get_layer(i)[j]. y1
      y2 =mesh. get_layer(i)[j]. y2
      z1 =mesh. get_layer(i)[j]. z1
      z2 =mesh. get_layer(i)[j]. z2
      den =mesh. get_layer(i)[j]. props
      model =[geometry. Prism(x1,x2,y1,y2,z1,z2,
          {'magnetization':giutils. ang2vec(1,inc,dec)})]

      if d_c =='x':
        field =prism. bx(xp,yp,zp,model)
      if d_c =='y':
        field =prism. by(xp,yp,zp,model)
      if d_c =='z':
        field =prism. bz(xp,yp,zp,model)
      if d_c =='tf':
        field =prism. tf(xp,yp,zp,model,inc,dec)

  kernel. append(field)

  kk = np. transpose (kernel)    # kernel matrix for inversion, 500
cells* 400 points
  field_mag =np. mat(kk)* np. transpose(np. mat(mag1. ravel()))
  field_mag1 = giutils. contaminate(np. array(field_mag). ravel(),
noise,percent =True)


  field =field_mag1. reshape(40,40)
```

```
x = xp. reshape(40,40)
y = yp. reshape(40,40)
plt. contourf(y,x,field,cmap = "jet")
plt. colorbar()
plt. show()
```

运行以上代码，所得结果如图 18 - 6 所示。

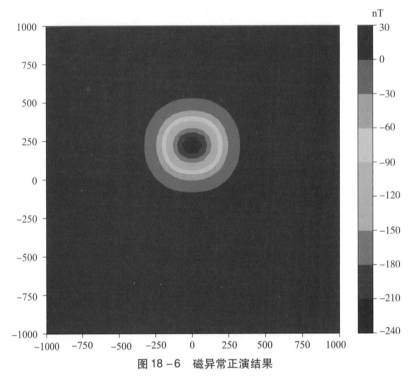

图 18 - 6　磁异常正演结果

与重力异常正演相比，磁异常正演还包括以下几个特有的参数，分别为磁偏角、磁倾角和磁分量。

修改磁倾角与磁偏角运行结果见图 18 - 7。

```
z0 = -1
inc = 45
dec = 45
noise = 0
```

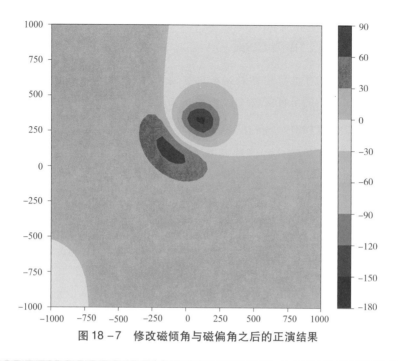

图 18 - 7 修改磁倾角与磁偏角之后的正演结果

#正演数据类型：tf——磁场总强度；x——磁场东向分量；y——磁场北向分量；
z——磁场垂向分量

d_c = "x"

d_c = "8"

在此基础上修改磁分量，运行结果见图 18 - 8。

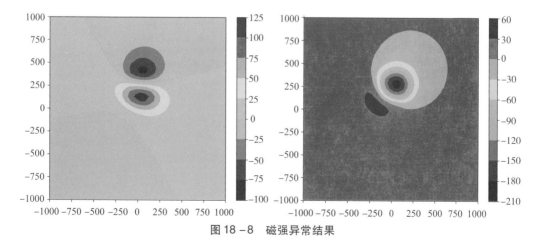

图 18 - 8 磁强异常结果

（左）磁异常正演 x 分量结果；（右）磁异常正演 z 分量结果

现代化编程方法 》》》》》》
与地球物理开源软件实践 Modern programming techniques
and the practices for open source geophysical software

18.3　重磁物性结构反演

重磁位场正反演技术在地球物理资料解释和研究中，具有重要的应用与研究价值。但相关地球物理研究中常用的工具软件多以商业为主，而开源软件提供的功能有限，特别是当前国内外对解决大规模和时变重磁反演问题，还没有很好的软件可开源且免费提供给科研工作者学习和使用。本节小 G 在详细讲解重磁反演原理（图 18 - 9）的基础上，以重力场三维密度结构反演为例，展示如何利用 GEOIST 开源软件包进行反演操作，通过学习本节内容，可以处理常规的反演问题。

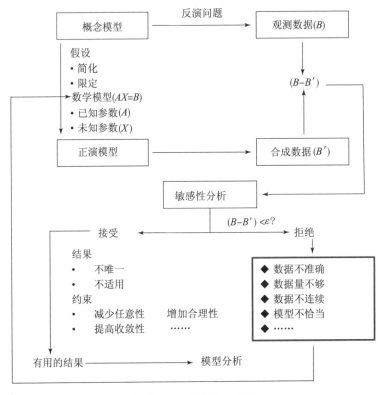

图 18 - 9　反演基本原理

18.3.1　反演基础知识

1. 观测方程

$$Gm = d$$

其中，m 表示场源，d 表示观测到的异常场，G 为核函数。

通常，G 用矩阵表示，而 m 和 d 是一维向量。反演问题是 d 为已知，求 m 的过程。正演反之。

一般在实际计算过程中，如果观测点数量为 Nd，场源 m 的剖分数量为 Nm，用矩阵表示的维数为 Nd 行 $\times Nm$ 列。

对于已知场源求异常的正演过程来说，上述方程计算是稳定的，没有问题，关键在于反演。

如果 $Nm \gg Nd$，方程为典型的欠定类型。这种反演问题是没有唯一解的，必须通过正则化等处理后才能求解。

当然，如果大家问，是否能通过增加观测点的数量来让方程数量增加，而达到有唯一解的目的呢？理论上来讲是可以的，但要求观测系统的设计满足求解重力位场泊松方程的边值问题条件。

或者简单地说一下，如果你想反演地球内部的密度分布，必须让观测系统遍布整个地球表面才行。但是这在现实中通常无法做到，因为我们的观测一般仅可以在有限的地表范围内实施，这种情况下，即使观测点数大于场源剖分的单元数量，矩阵的条件数也会非常大，求解还是很困难的，而这时候还需要通过正则化的方法改善核矩阵的性质。

因此，下面我们说一下正则化问题。

2. 正则化

正则化（Regularization）最早由苏联数学家、地球物理学家吉洪诺夫（Tikhonov）提出，也叫吉洪诺夫正则化。正则化后的反演目标函数数学形式可表示为：

$$\phi = \|Gm - d\|^2 + \lambda \|m\|^2$$

上式中右端第二项通常称为正则项，其核心思想是引入一个罚函数 λ，在原来的 norm 项中加入对模型 m 的约束。

其矩阵实现等价于以下形式：

$$G^2 m = d^2$$

其中，

$$G^2 = \left(\frac{G}{\lambda I}\right) d^2 = \left(\frac{d}{0}\right)$$

对比上式中的 G^2 和上一部分的 G，扩展后的核矩阵性质发生了变化。给定一个合适的 λ 后，反演问题则可以获得唯一解。

现代化编程方法 >>>>>>
与地球物理开源软件实践 Modern programming techniques
and the practices for open source geophysical software

在实际反演问题中，往往根据需求采取不同的正则化方法，常见的包括最小模型约束、光滑约束、深度加权等。此时，正则项可写为：

$$\varphi_m = \lambda \parallel W_m (m - m_{ref}) \parallel^2$$

$$W_m^T W_m = \alpha_s W_r I + \alpha_y W_r B_x^T B_x + \alpha_y W_r B_y^T B_y + \alpha_z W_r B_z^T B_z$$

上式中，α_s、α_x、α_y、α_z 分别为最小模型约束系数以及 x、y、z 三个方向上光滑项的系数；W_r 为深度加权函数；B_x、B_y、B_z 为光滑矩阵，通常选择一阶差分或二阶差分形式。

深度加权函数有多种，通常采用以下形式：

$$W_r (z) = \frac{1}{(z_i + z_0)^{\frac{\beta}{2}}}$$

式中：z_i 为每个单元的深度；z_0、β 为参数，通常情况下取 $\beta = 2$。

3. 求解

通常情况下，反演是在最小二乘解意义下求解，表示为：

$$m = \text{argmin} \{ \parallel Gm - d \parallel^2 + \lambda \parallel m \parallel^2 \}$$

$$m = [G^T G]^{-1} G^T d$$

重磁位场反演问题是很难的。就像你把很多个照片合成起来容易，但是要再分开可就难啦！

不止是重磁位场反演，对于大多数的地球物理反演问题，理论上在数学里没有唯一解，但是，工程实践中需要得到一个合理的结果，因此，重磁位场有几个关键点需要研究，我们总结为以下几点：

（1）约束条件，也可以说是正则项的选择方法研究。要想改善反演结果，让其更接近于真实的地质情况，控制反演过程的有效方法就是正则项部分，对于很多已知的先验比如模型光滑、深度加权、参数有效范围都有很多研究成果，派生出各种针对特定问题的研究方法。联合反演也可以看成此类，常见的如重震联合反演，从几何相似性提出的交叉梯度联合反演等等。

（2）大规模计算，上面我们看到的核函数 G，对于重力反演问题是非稀疏的（地震波层析成像的核函数 G 是稀疏的），因为场源对于每个观测都是有贡献的。稠密矩阵很麻烦，模型规模一大内存就扛不住了，$100 \times 100 \times 100$ 这么大规模的场源反演问题，对于 PC 或普通工作站基本用常规方法是无解的。小波压缩、分块计算等一些手段常常用于解决此类问题。

（3）反演求解，这个方向通常侧重于将线性方程解法应用于改善反演问题求解效率方面，因为对直接矩阵求逆进行方程求解，一般而言不太现实，迭代法作为求解此类方程组的技巧性方法可以更加节省内存开销。比如：代数重构法、预条件子法等。

18.3.2 利用 GEOIST 反演的代码实现

好了，现在我们已经知道反演的基本原理了，那么在 GEOIST 软件包中是如何实现重磁反演功能的呢？现在小 G 以重力三维密度结构反演为例，用一个完整的例子来演示如何实现反演功能。

```
#导入依赖模块
import matplotlib.pyplot as plt
import numpy as np
from geoist import gridder
from geoist.inversion import geometry
from geoist.pfm import prism
from geoist.pfm import giutils
from geoist.inversion.mesh import PrismMesh
from geoist.vis import giplt
from geoist.inversion.regularization import Smoothness,Damping
from geoist.inversion.pfmodel import SmoothOperator
from geoist.inversion.hyper_param import LCurve
from geoist.pfm import inv3d


#创建网格参数文件以及密度文件,便于mesh3D软件读取并进行三维成像
meshfile = r"d:\msh.txt"
densfile = r"d:\den.txt"


#生成场源网格10km* 20km* 5km,500 个单元,z方向5层
area = ( -20000,20000, -40000,40000,2000,32000)#NS EW Down
```

现代化编程方法 〉〉〉〉〉〉
与地球物理开源软件实践 Modern programming techniques
and the practices for open source geophysical software

```python
shape = (10,20,5) #nz ny nx


#构建网格单元
mesh = PrismMesh(area,shape)


#设置理论模型密度分布
density = np.zeros(shape)
density[3:8,9:12,1:4] = 1.0 # z x y
#将密度数据写入文件
mesh.addprop('density',density.ravel())
mesh.dump(meshfile,densfile,'density')


#生成核矩阵
kernel = []
narea = ( -28750,28750, -48750,48750) #NS,EW
nshape = (30,40) #NS,EW
depthz = []
xp,yp,zp = gridder.regular(narea,nshape,z = -1)
for i,layer in enumerate(mesh.layers()):
  for j,p in enumerate(layer):
    x1 = mesh.get_layer(i)[j].x1
    x2 = mesh.get_layer(i)[j].x2
    y1 = mesh.get_layer(i)[j].y1
    y2 = mesh.get_layer(i)[j].y2
    z1 = mesh.get_layer(i)[j].z1
    z2 = mesh.get_layer(i)[j].z2
    den = mesh.get_layer(i)[j].props
    model = [geometry.Prism(x1,x2,y1,y2,z1,z2,{'density':1000.})]
    field = prism.gz(xp,yp,zp,model)
```

```
kernel. append( field)
depthz. append( ( z1 + z2)/2.0)
kk =np. array( kernel)
kk = np. transpose ( kernel )    # kernel matrix for inversion, 500
cells* 400 points
#获取利用理论重力异常
field =np. mat( kk)* np. transpose( np. mat( density. ravel()))


#似然函数
datamisfit = inv3d. Density3D( np. array( field. T). ravel(),[ xp,yp,
zp],mesh)


#构建最小结构约束正则项
#regul =Damping( datamisfit. nparams)


#创建光滑矩阵
smop =SmoothOperator()
nz =2
ny =2
nx =2
p =np. eye( nz* ny* nx). reshape( -1,nz,ny,nx)
sx =smop. derivation( p,component = 'dx'). reshape( nz* ny* nx, -1)
sy =smop. derivation( p,component = 'dy'). reshape( nz* ny* nx, -1)
sz =smop. derivation( p,component = 'dz'). reshape( nz* ny* nx, -1)


#不同方向光滑权重设置
am =100.0
ax =0.1
ay =0.2
```

现代化编程方法 ⟫⟫⟫⟫⟫⟫
与地球物理开源软件实践 Modern programming techniques
and the practices for open source geophysical software ——

```
az =3.0
深度加权参数
z0 =10000
beta =1.0


wdepth =np. diag(1. /(np. array(depthz) +z0 )** beta)
#构建正则项
sm =np. vstack((am* np. eye(nz* ny* nx)* wdepth,
az* np. dot(sz. T,wdepth),
          ay* np. dot(sy. T,wdepth),
          ax* np. dot(sx. T,wdepth)))
regul =Smoothness(sm)

datamisfit = inv3d. Density3D (np. array(field. T). ravel(),[xp, yp,
zp],mesh
                 ,movemean =False)
regul_params =[10** i for i in range( -10,10,1)]
density3d =LCurve(datamisfit,regul,regul_params,loglog =True)


initial =np. zeros(nz* ny* nx)#np. ones(datamisfit. nparams)
minval =initial
maxval =initial +1.0
bounds =list( zip(minval,maxval))
x0 =initial +1.0
_ = density3d. config (' tcbound ', bounds = bounds, nparams =
datamisfit. nparams,x0   =x0). fit()
print (' Hyperparameter  Lambda  value  is  { } ' .format
(density3d. regul_param_))

density3d. plot_lcurve()
```

```
predicted = density3d[0].predicted()
residuals = density3d[0].residuals()


plt.figure(figsize = (16,8))
plt.subplot(1,2,1)
plt.axis('scaled')
plt.title('inversed gravity anomlay(mGal)')
levels = giplt.contourf(yp* 0.001,xp* 0.001,predicted,nshape,15)
cb = plt.colorbar(orientation = 'horizontal')
giplt.contour(yp* 0.001,xp* 0.001,predicted,nshape,
        levels,clabel = False,linewidth = 0.1)


plt.subplot(1,2,2)
plt.axis('scaled')
plt.title('residual(mGal)')
levels = giplt.contourf(yp* 0.001,xp* 0.001,residuals,nshape,15)
cb = plt.colorbar(orientation = 'horizontal')
giplt.contour(yp* 0.001,xp* 0.001,residuals,nshape,
        levels,clabel = False,linewidth = 0.1)
print('res mean = {:.4f};std = {:.4f}'.format(residuals.mean(),
residuals.std()))


densinv = r"d:\deninvmean.txt"
values = np.fromiter(density3d.p_,dtype = np.float)
reordered = np.ravel(np.reshape(values,mesh.shape),order = 'F')
np.savetxt(densinv,reordered,fmt = '% .8f')
```

反演中正则化参数选取如图 18 - 10 所示。

现代化编程方法 ▶▶▶▶▶
与地球物理开源软件实践 Modern programming techniques
and the practices for open source geophysical software

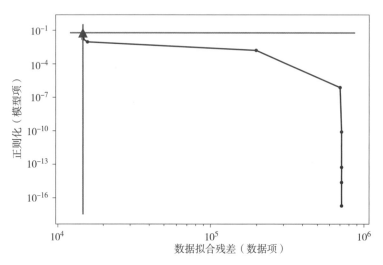

图 18 – 10   权重参数选择的 L 曲线图

反演结果预测重力数据及重力异常拟合残差如图 18 – 11 所示。

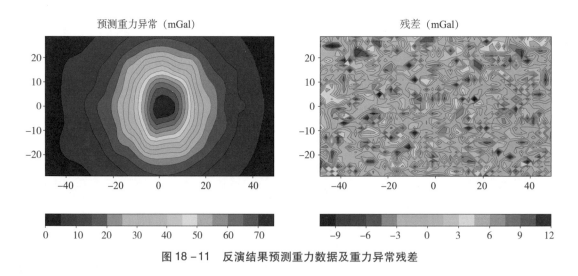

图 18 – 11   反演结果预测重力数据及重力异常残差

从图 18 – 11 右图可以看出，拟合残差符合高频噪声分布，说明反演所采用重力异常得到了很好的解释。

18. 3. 3   反演结果可视化工具

首先简要介绍一下由 UBC – GIF 团队开发的重磁位场三维反演软件系统中的两个小工

具，分别叫 MeshTools3d 和 gm – data – viewer，前者是用来打开重磁模型数据，后者可以对比模型正演的数据结果。

1. MeshTools3D

运行 exe 文件后，会弹出如图 18 – 12 所示的对话框，Mesh 打开 dump 函数里面 meshfile 指定的文件，Model 则打开 densfile 对应的文件。下面的 Second Model 还可以加一个对比模型，然后可以在两个模型之间对比。

模型打开无误后，主界面如图 18 – 13 所示。上面的 W/E/S/N/T/B 按钮是控制三维切片方向的，四个箭头（←→↑↓）控制模型旋转。

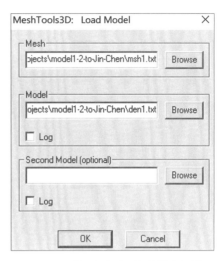

图 18 – 12　MeshTools3D 数据选择界面

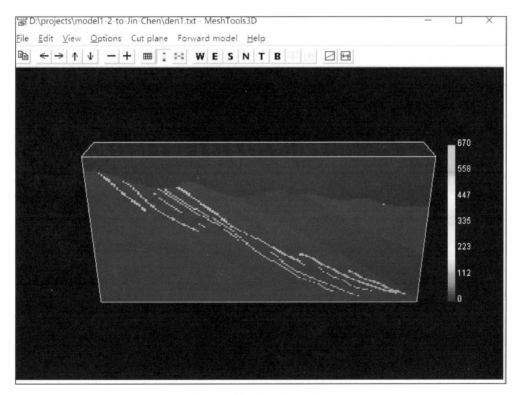

图 18 – 13　软件成图效果

现代化编程方法 >>>>>>
与地球物理开源软件实践 Modern programming techniques
and the practices for open source geophysical software

这个软件还支持不同的显示方式，软件操作起来并不难，作为模型结果显示足够了。此外，Meshtools3D 软件能很好补充 GEOIST 没有 GUI 界面的不足，所以，推荐大家使用。

2. gm – data – viewer

下面我们看看第二个工具：gm – data – viewer。该工具是用来查看模型对应的异常数据，以及用来显示观测与正演的数据对比。如图 18 – 14 所示，"Load Data"打开数据界面中，第一行要求输入一个数据，第二行要求输入第二个数据，这些 dat 格式

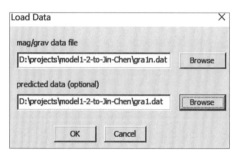

图 18 – 14　gm – data – viewer 数据选择界面

很简单，第一行给出点数，然后就是 x，y，z，data 这样四列即可，输入数据为 ascii 格式，对比结果见图 18 – 15。

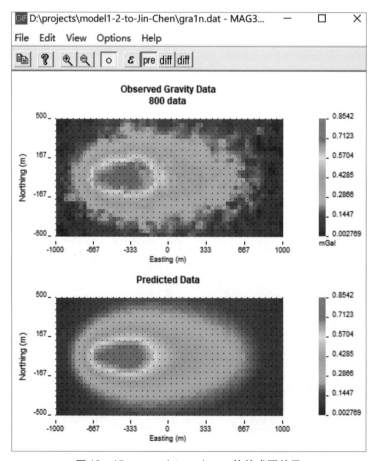

图 18 – 15　gm – data – viewer 软件成图效果

上面的 diff 按钮，读者也可以试试，如果你想看看这两幅数据的差异，用这个准没错。

大家可能会问，怎么输出这个 dat 文件呢？不急，很简单，我们写几行代码就行啦。

```
with open(graoutfile,'w')as f:
f.write('! model 1 gravity anomlay(mGal) \n')
f.write('{}\n'.format(len(field_gra)))
for i in range(len(field_gra)):
f.write('{} {} {} {}\n'.format(yp[i],xp[i],zp[i],np.array(field_
gra[i]).ravel()[0]))
```

上面五行代码，就可以实现把一个模型计算的 dat 文件保存到磁盘。

18.4　小结

与反演相关的代码和模型文件详见表 18 - 1。

表 18 - 1　GEOIST 反演相关程序代码功能

文件名	目录	说明
prism. py	pfm	六面体核函数计算程序
giutils. py	pfm	常用函数，safe_dot，safe_solve 等自动判断稀疏矩阵采用合适的实现方式，contaminate 函数生成噪声等
inv3d. py	inversion	反演用户接口，如重力反演，Density3D 类的实现，该类从 Misfit 派生
base. py	inversion	OptimizerMixin，OperatorMixin 等基类的定义
regularization. py	inversion	正则化项生成，继承关系 OperatorMixin -> Regularization -> Damping
hyper_param. py	inversion	LCurve 类的定义，继承关系 OptimizerMixin -> LCurve，实现 fit 方法
mesh. py	inversion	生成场源对象，PrismMesh 为六面体网格，TesseroidMesh 是 PrismMesh 派生类，生成球坐标系下的六面体
misfit. py	inversion	数据项生成，Misfit 类的定义，L2 norm，多重继承 OptimizerMixin，OperatorMixin 基类，实现 value 方法．
optimization. py	inversion	矩阵求解实现，直接求解，牛顿法，马奎特法、最速下降法等

现代化编程方法 >>>>>>>
与地球物理开源软件实践 Modern programming techniques
and the practices for open source geophysical software

续表

文件名	目录	说明
abic. py	inversion	贝叶斯反演的 ABIC 计算核心程序。Ⅰ. SmoothOperator：光滑矩阵 B 和向量 v 的操作，derivation 是计算 Bv，rderivation 是计算 BTv。Ⅱ. AbicLSQOperator：求解 MinU 时的最小二乘算子。Ⅲ. GravInvAbicModel：进行 abic 反演计算的类。
abic_fft. py	inversion	abic 辅助函数实现，fft 等
walsh. py	inversion	矩阵压缩 walsh 变换，实现 walsh 变换和反变换的类
toeplitz. py	inversion	利用核矩阵的 toeplitz 性，简化存储和操作
pfmodel. py	inversion	静态重力反演，核心类 InvModel 实现
pfmodel_ts. py	inversion	时变重力反演，核心类 InvModelTS 实现
utils. py	others	几个帮助函数，画图、存取文件等
giplt. py	vis	辅助画图的函数 contour，contour 等

本章概述了 GEOIST 中的重力异常正演、地磁异常正演、重磁物性结构反演等主要功能，并给出了实现相关功能的相对应代码。希望通过这一章的学习，你能熟练掌握重磁数据正反演计算基本流程和相关技术要素。

<table>
<tr><td>第 19 章</td><td>地震目录分析与质量控制</td></tr>
</table>

第 19 章　地震目录分析与质量控制

通过前面的基础学习，小 G 对 GEOIST 软件包有了较好的认识，但地震学作为地球物理领域的另一个重要分类，GEOIST 软件包中是否还包括有关地震观测处理的其他应用呢？重羊绒数据处理反演领域的应用地震目录的分析和处理（earthquake catalogue）作为地震观测中最基础和最核心的产品，也是开展地震活动特征、地球动力学、地震危险性分析等工作最重要的数据资料。对小 G 来说，想成为一名专业的地震学者，更好地开展地震研究工作，学习地震目录的分析和质量控制方法是至关重要的一步。

地震目录主要包含有发震时刻、震中经度和纬度、震源深度、地震震级等基本地震参数，常见的地震目录如日本气象厅（JMA）地震目录、韩国气象厅（KMA）地震目录、中国地震台网中心的《全国统一正式目录》等等。除了我们常见的国家和区域地震目录外，利用在全球范围布设的地震台网、各个国家地震台网的协议交换等，还可实时产出全球地震目录。例如，美国国家地震信息中心（NEIC）的震中初步报告（PDE）、英国国际地震中心（ISC）的地震目录等等。此外，有些地震目录还产出其他震源参数信息，例如哥伦比亚大学的全球地震矩张量计划产出的 GCMT 目录就包含有标量地震矩 M0、矩张量分量、矩震级 Mw 等信息。美国 NEIC 还提供宽频带辐射能力量目录，给出能量震级 Me、宽频带辐射能力 ES 及其测定误差等等信息。然而，由于对传统地震目录的时、空、强基本要素的分析越来越落后于地震危险性分析业务和研究的需要，且不同来源的地震目录也存在着各种差异。为此，拓展地震目录的维度、对地震目录产品进行分析和质量控制就成为重要的尝试和探索。

通常的地震目录分析过程是以地震目录为输入，经过模型计算得到一系列关键指标参数，以评价当前某个区域范围的地震活动情况和并对震情形势做出判断。GEOIST 软件是如何对地震目录进行分析和处理的呢？GEOIST 软件中的地震目录分析与指标计算模块的主要功能是保证对通过质量合格检测的地震目录产品进行分析和指标量计算。本节小 G 来跟大家分享一下 GEOIST 在实现地震目录分析与质量控制方面的模块功能。

现代化编程方法 ▷▷▷▷▷
与地球物理开源软件实践 Modern programming techniques
and the practices for open source geophysical software

19.1　地震目录分析与指标计算模块

　　GEOIST 中的地震目录分析与指标计算模块是基于 Python 语言，采用面向对象开发技术实现的专业地震目录分析工具包。该工具包包含了八个主要类结构，现有的 v1.0 版本系统的主要类结构定义和接口函数如图 19－1 所示，可实现地震目录的多条件筛选、主余震分离、震中分布图生成、目录完整性分析、b 值等指标计算等分析功能。

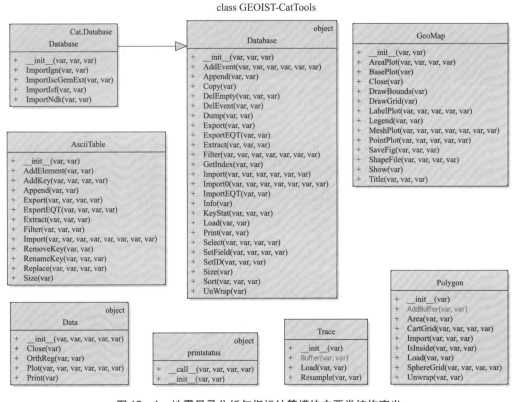

图 19－1　地震目录分析与指标计算模块主要类结构定义

　　下面我们对 GEOIST 地震目录分析与指标计算模块的主要功能用法分别进行说明。

19.1.1　地震目录下载与筛选

1. 地震目录下载

　　地震目录一般是指以规定格式存储了地震三要素（时间、地点、震级）的记录。地震目录可以从网站地址下载或者拷贝文件到本地，有了地震目录文件后，需要将目录建一个库对象。简单概括一下，就是下载、建库、导入。下面的 Python 代码可以实现自动从 USGS 网站下载地震目录、建立目录数据库和将下载的目录导入数据库。

```
import geoist as gi
from geoist. others. fetch_data import usgs_catalog
from geoist. catalog import Catalogue as cat
usgsfile = 'usgscat2. csv' #下载保存到本地的文件名
localpath2 = usgs_catalog(usgsfile,'2014 - 01 - 01','2014 - 01 - 02',
' - 90','90',' - 180','180',minmag = '5')
print(localpath2)　#完整路径信息
dbusgs = cat. Database(usgsfile)#建立一个 EQs 目录对象
dbusgs. Import0(localpath2)#导入刚才下载的本地数据
dbusgs. Info()#打印导入目录信息
```

如果运行正确，结果如下：

```
C:\Users \chens \AppData \Local \geoist \geoist \data \usgscat2. csv
Number of Events:2
Year Rage:(2014,2014)
Magnitude Rage:(5.1,6.5)
Latitude Rage:( -13.8633,19.0868)
Longitude Rage:(120.2389,167.249)
Depth Rage:(10.07,187.0)
```

　　上面的代码主要用于获取 USGS 目录，那么针对其他目录呢，比如中国地震局 CENC 目录。在 GEOIST 中提供了一个 downloadurl 函数，可用于下载任何地址的数据。下面我们也通过程序来演示如何使用这个功能。

```
import geoist. others. fetch_data as data
from geoist. others. fetch_data import_retrieve_file as downloadurl
```

现代化编程方法 》》》》》
与地球物理开源软件实践 Modern programming techniques
and the practices for open source geophysical software

```
from geoist. catalog import Catalogue as cat
url = data. ispec_catalog_url
filename = '2020 - 03 - 25CENC - M4. 7. dat'
localpath = downloadurl(url + filename, filename)
print(localpath)
catname = 'CENCM4. 7'
db2 = cat. Database(catname)
header = ['Year', 'Month', 'Day', 'Hour', 'Minute', 'Second', 'Latitude',
'Longitude', 'Depth', 'MagType', 'MagSize', 'Log']
db2. Import0(localpath, Header = header, Delimiter = '', flag = False)
db2. Info()
```

运行结果如下：

```
geoist \geoist \data \2020 - 03 - 25CENC - M4. 7. dat
Number of Events:7695
Year Rage:(1970, 2020)
Magnitude Rage:(4. 7, 8. 5)
Latitude Rage:( - 65. 6, 84. 5)
Longitude Rage:( - 180. 0, 180. 0)
Depth Rage:(0. 0, 642. 0)
```

这个目录数据较多，共有 7695 条 4.7 级以上的地震目录。

地震目录包含的信息多种多样，要快速统计一个地震目录的基本信息，可以使用函数 Info( )，任何导入 EQs 目录库的对象都有，上面代码中的 db2. Info( ) 就是这个功能。

由于不同机构用到的地震台网不一样，产出的地震目录也有差异。在后面章节中，我们还将进一步讨论如何对不同来源的地震目录进行对比和分析。

2. 地震目录筛选

（1）地震目录的筛选。

对于一个地震目录进行二次筛选，方法有多种，我们看一个最简单的、按照经纬度范围来筛选的示例，代码如下：

```
lon = [70,135]
lat = [15,55]
db2.Filter('Latitude',lat[0],Opr = ' >= ')
db2.Filter('Latitude',lat[1],Opr = ' <= ')
db2.Filter('Longitude',lon[0],Opr = ' >= ')
db2.Filter('Longitude',lon[1],Opr = ' <= ')
```

之后再 Info( ) 一下，结果如下：

```
Number of Events:6221
Year Rage:(1970,2020)
Magnitude Rage:(4.7,8.5)
Latitude Rage:(15.07,54.98)
Longitude Rage:(70.0,134.85)
Depth Rage:(0.0,597.0)
```

（2）地震目录的截取。

如果地震目录很大，计算和分析的速度比较慢。有时候可以只截取需要的一部分地震目录进行分析。前面的筛选是采用 Filter 的方法，下面我们看看另一种实现方式。代码如下：

```
from geoist.catalog import Selection as sel
p = [(90.,20.),(90.,40.),(105.,40.),(105.,20.),(90.,20.)]
db3 = sel.AreaSelect(db2,p)
```

这里用到了 AreaSelect 函数，方法是先定义一个多边形 p，然后，将目录 db2 中的数据选出来，赋值给一个新的叫 db3 的目录对象。

19.1.2　地震目录平滑

地震目录平滑是指通过一平滑算法将每个空间范围内都给一个发震概率或其他量。有时候一些地震风险评估模型也需要空间的连续函数作为输入。CatTools 模块提供的平滑功能采用高斯函数，功能示例代码如下：

```
from geoist.catalog import Smoothing as sm
from geoist.catalog import CatUtils as ct
from geoist.catalog import Exploration as exp
from geoist.catalog import MapTools as map
x1,y1,z1 = exp.GetHypocenter(db3)
P = ct.Polygon()
P.Load(p)
wkt = ct.XYToWkt(P.x,P.y)
xsm,ysm,asm = sm.SmoothMFD(db3,1.,wkt,Delta=0.5)
cfg1 = {'Bounds':[90.,20.,105.,40.],
    'FigSize':[10.,12.],
    'Background':['none',[0.9,0.8,0.6],[0.5,0.8,1.]],
    'Grid':[5.,5.]}
m1 = map.GeoMap(cfg1)
m1.BasePlot()
m1.MeshPlot(xsm,ysm,asm)
#m1.AreaPlot(P.x,P.y,Set=['y',0.5,'k',1])
#m1.PointPlot(xsm,ysm,Set=['o','b',2,1],Label='Grid')
m1.PointPlot(x1,y1,Set=['o','g',5,1],Label='全部')
m1.DrawGrid()
m1.Title('川滇地区 EQ 目录高斯平滑')
m1.Show()
```

该示例代码中的 db3 来自上一节应用 AreaSelect 函数截取的地震目录。如果上面代码正确运行，可以生成如图 19-2 所示结果。

图 19-2 中的小点是这个区域内的地震震中。背景是空间上的连续函数，在空间上地震越多的区域，其颜色越深。

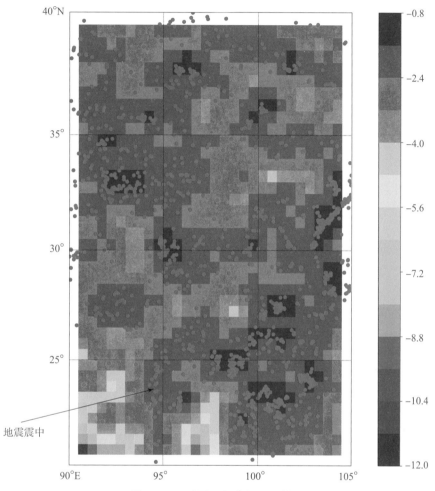

图 19 -2　地震目录高斯平滑效果

19.1.3　去除余震

大地震之后，会诱发一系列余震，把这些地震目录挑出来就是去余震过程。地震事件可以分成前震、主震、余震。一般主震是震级最大的地震，而余震的发生归因于主震的诱发，也就是说这类地震活动不应该算到正常的地震活动里面去。所以，在一些分析地震活动的场景中，需要去掉余震事件。如何去除余震呢？因为主震震级大，而余震除了震级小，另一个特点是距离主震震中距离近，时间短，所以去除余震的办法就是：确定一个明确的筛选规则。

现代化编程方法 >>>>>>
与地球物理开源软件实践 Modern programming techniques
and the practices for open source geophysical software

去余震（decluster）过程，主要是按照地震事件和震级来计算。震级越大我们考虑的时间范围越长，主震周边的地震为余震。在 CatTools 模块里面提供了一个叫 GardnerKnopoff 的去余震方法，示例代码如下：

```
from geoist.catalog import Catalogue as cat
from geoist.catalog import Declusterer as declus
from geoist.others.fetch_data import usgs_catalog
usgsfile = 'usgscat0.csv' #下载保存到本地的文件名
localpath2 = usgs_catalog(usgsfile,'1970-01-01','2019-12-31',
'15','55','70','135',minmag='5')
print(localpath2)   #完整路径信息
dbusgs = cat.Database(usgsfile)#建立一个 EQs 目录对象
dbusgs.Import(localpath2)#导入刚才下载的本地数据
dbm,log1 = declus.WindowSearch(dbusgs,WinFun = declus.GardnerKnopoff,
WinScale = 1)
dbm.Info()
```

下面我们看看去除余震的效果对比：

```
Number of Events:5384
Year Rage:(1970,2019)
Magnitude Rage:(5.0,7.9)
Latitude Rage:(15.017,54.979)
Longitude Rage:(70.02,134.95)
Depth Rage:(0.0,588.0)
```

之后的地震统计结果：

```
Number of Events:2714
Year Rage:(1970,2019)
Magnitude Rage:(5.0,7.9)
```

```
Latitude Rage:(15.017,54.979)
Longitude Rage:(70.02,134.95)
Depth Rage:(0.0,588.0)
```

和之前的地震统计结果相比，去除余震后，地震数量从 5384 减少到 2714。

19.1.4　震级转换

一个地震目录里面如果用了不同的震级标度，由于震级标准不统一，会给地震目录的统计造成困难。不同的地震，根据震中与记录台站之间的距离度量，可以分为远震和近震等。出于多方面的考虑，可能会出现不同的震级标度，从而导致对于同一个地震，两家单位定出来的震级可能会不一样的问题，可以类比于距离单位中的英里和公里。

度量一个地震的震级方法不少，所以震级单位也有很多，比如：M_b（体波震级），M_L（里氏震级），M_S（面波震级），M_w（矩震级）。严格意义上，不同单位的震级之间是不能转换的。但是对于普通的计算和分析需求，可以用经验公式进行转换。下面我们将示例由 Mb 震级转为 Mw 震级，代码如下：

```
from geoist.catalog import Selection as sel
from geoist.catalog import MagRules as mr
sel.MagConvert(dbm,'*',['mb','Mb'],'Mw',mr.mb_Mw_Lin_DiGiacomo2015)
dbm.Info()
```

正确运行后，屏幕输出如下信息：

```
Converting['mb','Mb']to Mw:1236 events found
```

对比转换前后两个同样的事件信息，分别运行 dbm. Events［99］，在转换前：

```
{'Id':'usp00003gf',
'Log':'earthquake',
'Location':[{'Year':1973,
  'Month':9,
```

```
        'Day':21,
        'Hour':13,
        'Minute':48,
        'Second':32.2,
        'Latitude':18.834,
        'Longitude':120.65,
        'Depth':20.0,
        'SecError':None,
        'LatError':None,
        'LonError':None,
        'DepError':None,
        'LocCode':None,
        'Prime':False}],
'Magnitude':[{'MagSize':5.2,
        'MagError':None,
        'MagType':'mb',
        'MagCode':None}]}
```

转换后：

```
{'Id':'usp00003gf',
'Log':'earthquakeMAGCONV(None:mb);',
'Location':[{'Year':1973,
  'Month':9,
  'Day':21,
  'Hour':13,
  'Minute':48,
  'Second':32.2,
  'Latitude':18.834,
```

```
    'Longitude':120.65,
    'Depth':20.0,
    'SecError':None,
    'LatError':None,
    'LonError':None,
    'DepError':None,
    'LocCode':None,
    'Prime':False}],
  'Magnitude':[{'MagSize':5.39,
   'MagError':0.0,
   'MagType':'Mw',
   'MagCode':None}]}
```

通过震级转换，将体波震级 $M_b = 5.2$ 转换为矩震级 $M_w = 5.39$.

M_w 震级物理意义明确，直接与能量对应，是最适合作为统一其他类型震级的标度。在 GEOIST 库里面提供了一个文件名为 mwcat1900utc.csv 的数据文件是中国内陆及周边的 M_w 震级数据。定义其为 cnmw。如果要使用这个格式的目录导入库，可参考以下代码：

```
from geoist.catalog import QCreport as qc
from geoist.catalog import Catalogue as cat
catname = 'cnmw'
localpath = qc.pathname + '\\mwcat1900utc.csv'
db6 = cat.Database(catname)
header = ['Year','Month','Day','Hour','Minute','Second','Latitude',
'Longitude','MagSize','Depth','Log']
   db6.Import0(localpath,Header = header,Delimiter = ',',flag = False)
```

这个 header 定义很灵活，只要这部分信息没错，任何格式的地震目录都是可以轻松玩转的。

现代化编程方法 >>>>>>
与地球物理开源软件实践 Modern programming techniques
and the practices for open source geophysical software

19.1.5　地震活动性的空间分布

描述地震活动性分布，主要包含三类信息，即地震空间分布图、地震时间分布的密度图、深源地震分布图。以美国 USGS 地震目录为例，分别绘制这三类图件的样例，如图 19 – 3 和图 19 – 4 所示。

```
import numpy as np
import cartopy. crs as ccrs
import cartopy. feature as cfeature
from cartopy. io. shapereader import Reader
import matplotlib. pyplot as plt
import shapely. geometry as sgeom
from matplotlib. offsetbox import AnchoredText
from pathlib import Path
from geoist import catalog
from geoist. gravity. gratools import Mapviz
from geoist. others. fetch_data import usgs_catalog
import pandas as pd

map1 = Mapviz(loc = 'cn')
map1. gmt_plot_base(map1. region)
usgsfile = 'usgscatx. csv' #下载保存到本地的文件名
localpath2 = usgs_catalog(usgsfile,'2009 - 01 - 01','2014 - 01 - 02',
map1. region[2],map1. region[3],map1. region[0],map1. region[1],minmag = '5')
print(localpath2)  #完整路径信息
data = pd. read_csv(localpath2)
data = data[ (data['longitude']>=90) & (data['longitude'] <=110)
& (data['latitude']>29) & (data['latitude']<=42)]
datapath = Path(Path(catalog. _file_). parent,'data')
#1. 底图信息
```

```python
plt.figure(dpi=300)
ax=plt.axes(projection=ccrs.PlateCarree())
ax.set_extent([72,137,10,55])
ax.stock_img()
ax.coastlines()
ax.add_feature(cfeature.LAND)
ax.add_feature(cfeature.OCEAN)
ax.add_feature(cfeature.LAKES)
ax.add_feature(cfeature.RIVERS)
#2. 网格线
ax.gridlines(crs=ccrs.PlateCarree(),draw_labels=True)
#3. 自定义信息
fname=Path(datapath,'bou1_4l.shp')
f2name=Path(datapath,'bou2_4l.shp')
faults=Path(datapath,'gem_active_faults.shp')

ax.add_geometries(Reader(str(faults)).geometries(),
ccrs.PlateCarree(),facecolor='none',
edgecolor='red')
ax.add_geometries(Reader(str(f2name)).geometries(),
ccrs.PlateCarree(), facecolor='none',
edgecolor='gray',linestyle=':')
ax.add_geometries(Reader(str(fname)).geometries(),
ccrs.PlateCarree(), facecolor='none',
edgecolor='black')
#4. 地震分布
scatter=ax.scatter(data.longitude,data.latitude,
        s=(0.1*2**data.mag)**2,
        c=data.depth/data.depth.max(),alpha=1,
```

```
            transform = ccrs.PlateCarree(),edgecolor = 'w')
#5. 标注图例
kw = dict(prop = "colors",num = 6,fmt = "{x:.0f} km",
func = lambda s:s* data.depth.max())
legend1 = ax.legend(* scatter.legend_elements(** kw),
            loc = "upper left",title = "Depth")
ax.add_artist(legend1)
kw = dict(prop = "sizes",num = 5,color = scatter.cmap(0.7),fmt = "M
{x:.1f}",
func = lambda s:np.log2(np.sqrt(s)/0.2))
legend2 = ax.legend(*scatter.legend_elements(** kw),
            loc = "lower left",title = "Mag")
```

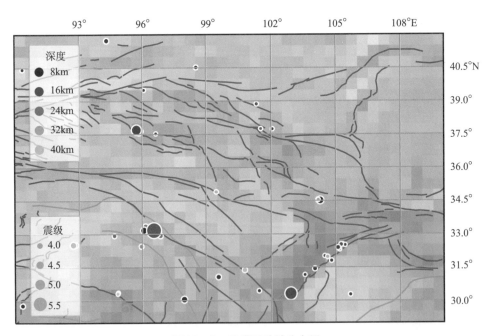

图 19-3 地震活动性分布图

通过以下代码，可以筛选上一段代码中震源深度大于20km的深源地震事件。

```
data =data[data['depth'] >=20]
```

对这些深源地震进行绘图，如图 19 - 4 所示。

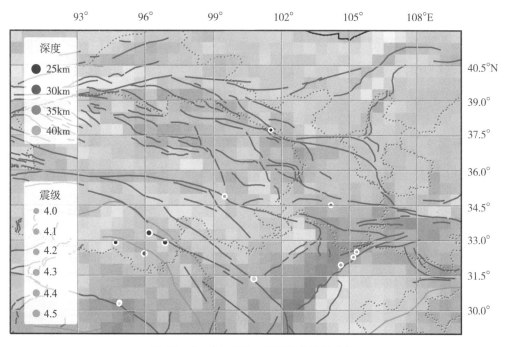

图 19 -4　大于 20km 深源地震事件分布

此外，还可以采用 QCREPORT 中的函数生成相应的地震目录密度的空间分布图，如图 19 -5 所示。

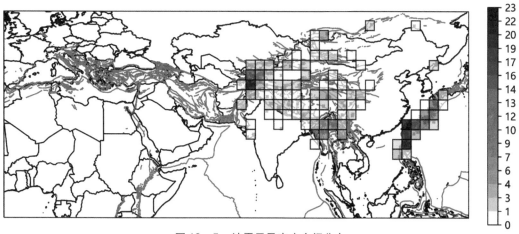

图 19 -5　地震目录密度空间分布

现代化编程方法 ▷▷▷▷▷▷
与地球物理开源软件实践 Modern programming techniques
and the practices for open source geophysical software

19.1.6 震级频度关系和完整性分析

很多地震分析都是基于统计学方法开展的。一个不完整的地震目录，意味着统计结论可能是错误的。通常越小的地震越不好记录，比如 1 级地震可能由于震中周边没有地震仪，就没记录到。完整的目录有助于获得稳定的震级频度关系（Magnitude – Frequency Distribution，MFD）统计。

从专业角度，地震震级和频率之间有相关性，越大震级目录中事件数越少，越小地震数量越多，这叫古登堡 – 里克特（Gutenberg – Richter，G – R）关系。通过这个关系可以得到一个 M_c 震级，小于这个 M_c 的地震，意味着是不完整的。因此，计算出来这个值后，小于 M_c 的地震就不要统计分析了，可能没有意义。图 19 – 6 展示了地震目录的完整性分析。从图中可见两个主要的参数 M_c 和 b 值，这两个参数通常是研究一个时空范围内 EQ 活动性的关键指标。通常认为 b 值与一个区域内的应力水平有关，一般 b 值越小，反映地下的应力水平越高。b 值基于地震目录来计算，采用 QCREPORT 中的 cat_mag_comp 函数可生成图 19 – 6 的地震目录完整性震级分布图。

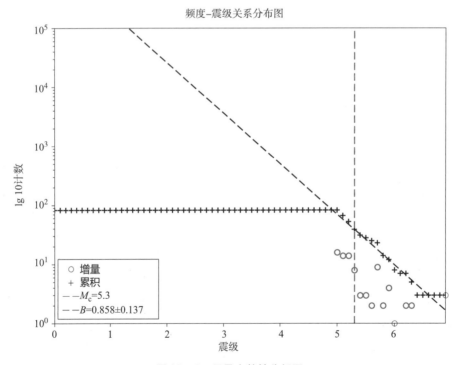

图 19 – 6　目录完整性分析图

另一种常用的震级频度直方图如图 19 - 7 所示。这种震级频度直方图和地震活动性参数 a 和 b 值的实现代码如下：

```
from os.path import dirname
import numpy as np
#local import
from geoist.catalog import Catalogue as Cat
from geoist.catalog import Exploration as Exp
from geoist.catalog import MapTools as Map
from geoist.catalog import Selection as Sel
from geoist.catalog import Seismicity as Sem
from geoist.catalog import Declusterer as Declus
from geoist.catalog import Smoothing as Sm
from geoist.catalog import CatUtils as Ct
# --------------------------------------------------------
pathname = dirname(Ct.__file__)
H = ['Id','','Year','Month','Day','Hour','Minute','Second',
    'Longitude','Latitude','','','','Depth','DepError',
    'MagSize','MagError','','','','','','','','','']


Db = Cat.Database('ISC - GEM')
Db.Import(pathname + '/data/isc - gem - v3.csv',Header = H,SkipLine =
1,Delimiter = ',')


Db.SetField('LocCode','ISC - GEM')
Db.SetField('MagCode','ISC - GEM')
Db.SetField('MagType','MW')
# --------------------------------------------------------
# Search Area(China)using internal filter
```

现代化编程方法 >>>>>>
与地球物理开源软件实践 Modern programming techniques
and the practices for open source geophysical software

```
lon = [70,135]
lat = [15,55]
#地震筛选
Db.Filter('Latitude',lat[0],Opr = ' >= ')
Db.Filter('Latitude',lat[1],Opr = ' <= ')
Db.Filter('Longitude',lon[0],Opr = ' >= ')
Db.Filter('Longitude',lon[1],Opr = ' <= ')
Exp.AgencyReport(Db,'L')
# G - R 关系
Enum,Mbin = Exp.GetKeyHisto(Db,'MagSize',Bnum = 10,Norm = False)
Minc = (max(Mbin) - min(Mbin))/10.
#拟合 b 值
a,b = Sem.MfdOptimize(Enum,Mbin,Minc,max(Mbin))
print('a - value = ',a)
print('b - value = ',b)
```

　　震级频度统计直方图如图 19 - 7 所示。通过运行上述的代码还可得到地震活动性模型最优的参数 a 和 b 值。

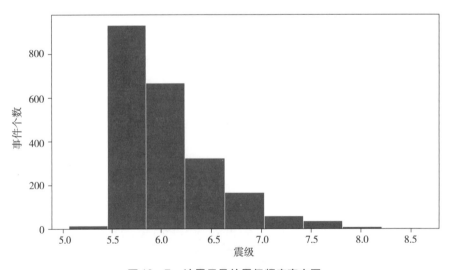

图 19 - 7　地震目录的震级频度直方图

```
a - value = 8.811181038267094
b - value = 0.9807378780371752
```

此外，根据拟合的地震活动性模型参数 a 和 b 值，还可以计算出地震的复发概率（图 19 - 8），代码如下：

```
#复发概率
Sem. MfdPlot(a,b,max(Mbin),Enum = Enum,Ecum = np. cumsum(Enum[::-1])
[::-1],Mbin = Mbin,Minc = [Minc])
```

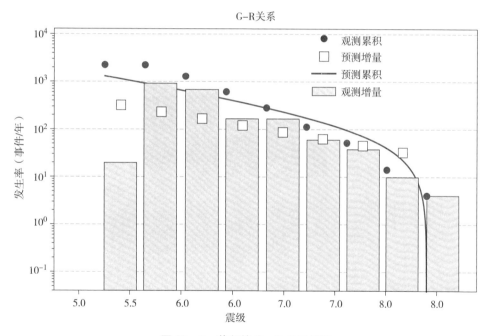

图 19 - 8　截断的 G - R 关系模型

19.1.7　地震目录时间序列分析

如果不考虑地震震中位置，仅从时间上看什么时候地震多，什么时候地震少，这就是地震目录的时间序列分析，其中最有名的当属震级 - 时间关系图，即 M - T 图，很多时候 M - T 图是得出结论的有效依据。图 19 - 9 就是典型的 M - T 图件。有些 M - T 图习惯用竖线来画，但与竖线图相比，图 19 - 9 这种点图方式会更好，因为当地震较多的时候，用竖

现代化编程方法 >>>>>>
与地球物理开源软件实践 Modern programming techniques
and the practices for open source geophysical software

线会发生遮盖。其对应的实现代码为：

```
#二维时间序列图
Exp.MagTimePlot(Db)
Exp.MagTimeBars(Db)
```

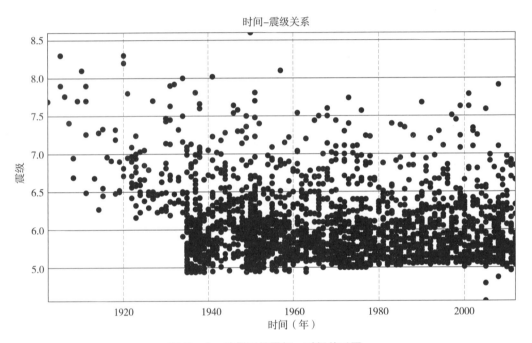

图 19 – 9　地震目录震级 – 时间关系图

上述代码中的 MagTimeBars 可以生成如下的地震目录时间序列的柱形图（图 19 – 10）。

另外，还可以用地震事件发生率的密度变化来分析各年份不同震级的地震发生频率时间序列，如图 19 – 11 所示的地震事件发生率密度时间关系图。实现代码如下：

```
Exp.RateDensityPlot(Db)
```

最后一种地震时序分析图是采用累积地震矩释放（能量）来表示地震事件发生随时间的变化关系，如图 19 – 12 所示。一般一个大 EQ 后会产生阶梯，也有人称之为这是"魔鬼阶梯"。采用 QCREPORT 模块中的 cumul_moment_release 函数可生成图 19 – 12 累积地震矩释放过程图。

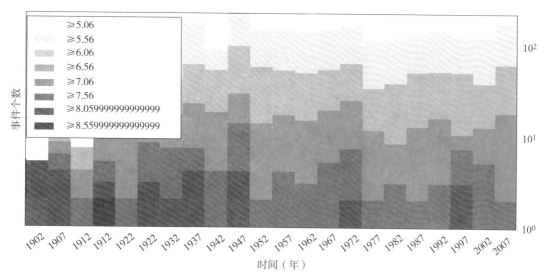

图 19-10　地震目录震级-时间柱形图

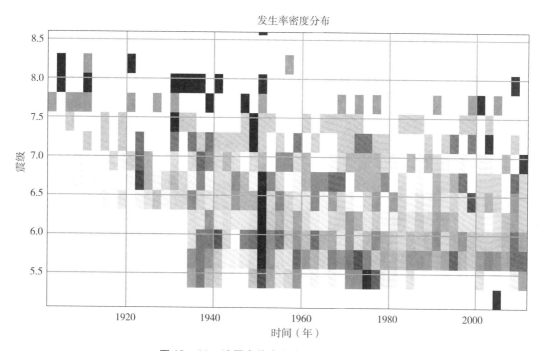

图 19-11　地震事件发生率密度时间关系图

现代化编程方法 >>>>>>
与地球物理开源软件实践 Modern programming techniques
and the practices for open source geophysical software

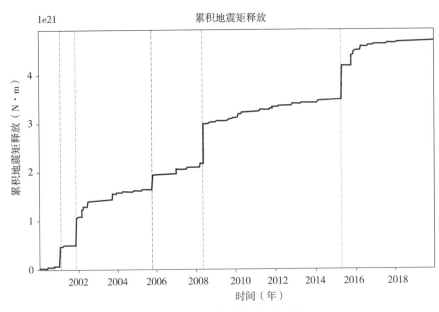

图 19 – 12   累积地震矩释放过程

19.1.8   重复事件检测

一个地震目录里面如果记录了两个相同的事件，就叫重复事件。因为有时候地震台网的定位不准，可能相邻的不同台网对同一个地震事件，定位出现一些偏差而被记录到地震目录里面两次。通过一定的时间和距离规则来分析，可以快速定位出可疑的重复地震事件。在地震目录分析和质量控制模块里面提供了一种检测重复地震的方法，示例代码如下：

```
from geoist.catalog import Selection as Sel
from geoist.catalog import Exploration as Exp
Log = Sel.MergeDuplicate(Db,Twin = 60. ,Swin = 50. ,Log = 1)
Exp.DuplicateCheck(Log)
```

图 19 – 13 为重复事件的检测结果。从检测结果看，USGS 目录还不错，也可能是 5 级 EQ 起步，重复的可能性不大。我们将两个地震相差 16s，距离在 100km 之内的事件，列为疑似重复记录。当然，重复事件的检测还根据不同的数据标准进行修改！

可能的重复性事件

```
可能的重复地震（时间窗口：2.0s，距离窗口：15.0km ）
**********************
时间 纬度 经度 深度 震级 （距离）（时间差）（震级差）
可能的重复地震（时间窗口：16s，距离窗口：100km ）
**********************
时间 纬度 经度 深度 震级 （距离）（时间差）（震级差）
----------------------
2002-03-03T12:08:07.810000Z 36.43 70.44 209.00 6.30 0.00 0.00 0.00
2002-03-03T12:08:19.740000Z 36.50 70.48 225.60 7.40 9.01 12.00 1.10
----------------------
2004-09-05T14:57:18.610000Z 33.18 137.07 10.00 7.40 0.00 0.00 0.00
2004-09-05T14:57:32.000000Z 33.20 137.10 15.00 6.50 3.44 14.00 -0.90
----------------------
2008-05-12T06:41:56.000000Z 31.59 104.03 10.00 5.70 0.00 0.00 0.00
2008-05-12T06:42:08.950000Z 31.34 104.68 10.00 5.70 67.44 12.00 0.00
----------------------
2009-12-24T00:23:31.000000Z 42.13 135.01 395.00 5.70 0.00 0.00 0.00
2009-12-24T00:23:31.700000Z 42.24 134.72 392.00 6.30 27.29 0.00 0.60
----------------------
2015-10-26T09:09:32.020000Z 36.46 70.68 206.94 5.90 0.00 0.00 0.00
2015-10-26T09:09:42.560000Z 36.52 70.37 231.00 7.50 29.32 10.00 1.60
```

图 19 - 13　重复事件检测结果

19.2　地震目录的质量问题和分析思路

只要有人参与的工作就会存在质量问题的风险，地震目录的产出也不例外。由于地震台网观测设备运行、数据分析处理人为错误等，都可造成地震目录的数据质量问题，因此进行数据质量控制（data quality control）极为必要，应该将其列入日常地震监测业务流程。此外，由于地震目录多用于与统计有关的应用和研究，开展地球动力学、地震危险性分析等科学研究之前，对地震目录的完整性进行检测比较，验证其是否符合应用和研究要求，也是数据质量控制的重要前提和基础组成部分。本节小 G 带领大家重点讨论当前地震目录存在的质量问题和如何对地震目录进行质量控制。

19.2.1　地震目录的质量问题

地震目录通常包含地震发生的时间、地点、震级，也称为地震三要素。除了最基本的三要素信息外，还包括地震编号、震级类型、震级误差等信息。如果将地震目录根据经纬度位置投影到地图上，则如图 19 - 14 所示。

现代化编程方法 >>>>>>
与地球物理开源软件实践　Modern programming techniques
and the practices for open source geophysical software

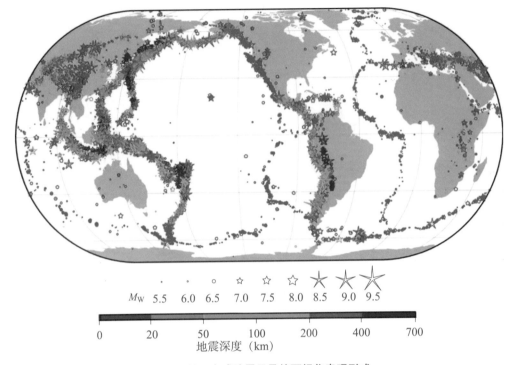

M_W　5.5　6.0　6.5　7.0　7.5　8.0　8.5　9.0　9.5

0　20　50　100　200　400　700
地震深度（km）

图 19-14　全球地震目录的可视化表现形式

常见的地震目录数据质量问题可以归纳为"问题型""能力型"和"质量型"三种。

1. "问题型"数据质量问题

在一般的地震台网观测运行中，常常出现多种影响地震目录数据质量的问题，例如：

（1）地震设备故障造成的观测数据断记。

（2）地震台网运行规则的变动造成数据采集的变动。

（3）受到台风暴雨、突发的全球强震造成的地震噪声突然提高，甚至"淹没"地震信号的现象。

（4）常规的自然环境噪声的季节性或每日变化，这会影响较小地震记录的完整性，在台站密度和检测能力较高的地震台网尤其明显。

（5）由于人为原因造成的明显超出正常数据赋值范围的数据录入、数据非正常缺失、重复录入，以及其他的在编辑过程中造成的人为错误。

因此需要针对上述问题，分别进行数据质量的检测和错误识别，并采取措施弥补问题或标注问题。

2. "能力型"数据质量问题

除上述的"问题"型的地震目录质量问题，以最小完整性震级（Mc）为主的地震台网监测效能也是数据质量控制的重要方面。与之相对应的影响因素包括：

（1）由于地震台网分布的空间非规则性，在空间不同位置形成的最小完整性震级（Mc）分布的不均匀性。

（2）由于地震台站设备故障造成数据断记、增设或裁撤地震台站、台站设备更换等引起的最小完整性震级（Mc）时间空间的变化。

3. "质量型" 数据质量问题

还有一些数据质量问题实际上是难于解决的，只能根据不同研究和应用对数据质量需求来进行数据遴选。这些因素包括：

（1）受到地震台网空间布局、台站分布密度、观测点位环境噪声质量、采用的仪器设备精度和可靠性等影响，造成的地震定位精度（空间水平定位精度、震源深度测定精度）的空间不均匀性，或者难于满足应用需求等问题。

（2）由于地震台站台基校正项的可靠性、仪器标定准确性、台站分布与震源球投影的对应关系等问题，引起的震级测定的不确定性。

19.2.2　地震目录的分析方式

对地震目录的数据质量分析，主要集中在对第一类的"问题型"和第二类的"能力型"的分析检测上。针对不同类型的数据质量问题，常用的分析方式包括：

1. "问题型" 数据质量分析思路

此类问题是通过对数据的分析发现存在的重复、遗漏、错录等明显人为错误，可以参考使用的方式包括：

（1）绘制震中分布和地震的深度剖面图。该方式用于发现地震目录中明显与活动构造、已有地震获取区域分布不一致性，以及在深度分布上的异常集中等问题。

（2）绘制纬度 – 时间、经度 – 时间等分布图。该方式用于在时空二维图上联合发现地震震中和发震时刻之间的不匹配性，以及对余震、震群等丛集地震的不正常的遗漏。

（3）分析定位所用的台站数与震级、最小震中距与震级等的分布关系。该方式用于判断是否存在超出"使用的台站越多越容易发现小震级的地震""越密集或越近的台站分布越容易发现小震级的地震"等以往经验性认识。

（4）绘制震级 – 序号（Magnitude – Rank）图。震级 – 序号图用于监测是否出现明显的断记和数据缺失、震级标度出现错误、突发事件对数据记录完备性的影响等等问题。绘制时只需要将地震按照发震的时间先后排序，用序号作为横坐标、震级作为纵坐标

现代化编程方法 >>>>>>
与地球物理开源软件实践 Modern programming techniques
and the practices for open source geophysical software

即可。

（5）分析相邻地震时间间隔的分布（IETs）。该方式用于检测某时间段遗漏较多地震的情况。分析时，计算出相邻地震两两之间的时间间隔，然后在半对数或者双对数坐标系中考察数据的分布形态、检测出明显遗漏地震的时段。

此外，还包括判定震中位置坐标是否超出60分和60秒，以及发震时刻的月日小时分钟是否超出一年12个月、每月28/29/30/31天、每天24小时、每小时60分钟等常识性的数据范围，以便检测出数据录入错误。

2."能力型"数据质量分析思路

"能力型"的数据质量分析主要是计算最小完整性震级（M_c）。其中应用较多的是两类方法：一类是假定震级–频度的分布满足 G–R 关系的统计地震学方法；另一类是非基于 G–R 关系的统计地震学方法。对于假定地震的震级–频度分布符合 G–R 关系假定的方法有：

（1）最大曲率法（MAXC）。该方法认为震级–频度分布曲线一阶导数的最大值（曲率最大）所对应的震级为 M_c，即非累积震级频度分布模型中地震事件数最多位置所对应的震级。这种方法计算简单，但 M_c 值往往被低估。

（2）最优拟合度法（GFT）。该方法通过搜索实际和理论震级–频度分布下的拟合度的百分比来确定 M_c，计算比较理论拟合和实际观测数据之间的 G–R 关系分布差异。一般会根据定义的严格程度，使用拟合度（GFT）90%、95%的不同标准来确定 M_c。

（3）b 值稳定性（MBS）方法。该方法将 G–R 关系的斜率 b 值的稳定性作为滑动计算各个截止震级 M_{co}的函数，并假设 b 值随 M_{co} 和 M_c 两个值越接近越大，当 $M_{co} \geqslant M_c$ 时 b 值保持不变。

（4）分段斜率中值分析法（MBASS）。该方法基于迭代方法在累积震级频度分布 FMD 图中寻找斜率序列多次改变点来估计 M_c。MBASS 方法一般采用秩和检验，从迭代斜率序列中寻找 FMD 中的斜率不连续点，其中最主要的不连续点对应 M_c。

（5）完整性震级范围（EMR）方法。该方法根据 M_c 以下的不完整的震级的频度分布一般呈现近似累积正态分布的情况，用"两段"函数同时拟合。计算过程中，需要寻找链接累积正态分布的不完整震级段落和对数线性的完整震级段略衔接点，即为 M_c。

另外，对于假定地震的震级–频度分布不符合 G–R 关系的质量分析方法主要有：

（1）基于概率的完整性震级（PMC）方法。PMC 方法通过构建单个台站记录周边地震的检测概率函数与至少被 4 个台站记录到的联合概率来计算最小完整性震级的空间分布，以及某一震级档对应的在空间上的检测概率。

（2）贝叶斯完整性震级（BMC）方法。BMC 方法基于 MAXC 方法进行"当前"的最小完整性震级的评估，另一方面通过对各个台站平均检测地震的能力曲线外推，获得在无地震或弱地震活动地区的监测能力并作为"先验"模型。最好将两者结合获得"后验"的监测能力。

（3）R/S 检验方法。该方法基于以下两个假设：①各震级的地震事件服从泊松分布随机发生；②由于噪声和人类活动的原因，地震台站白天背景噪声大于夜间。该方法的计算原理是：将在一个满刻度为 24 小时的"时钟"上给每个地震的发震时刻都对应一个相位角，按地震发生的先后将所有相位矢量相加得到总相位矢量 R，与随机情况下的相位矢量进行比较，判断相应的地震活动是否受到 24 小时周期调制现象的分析，找到出现周期调制与非周期调制分界线所对应的震级阈值，即为 R/S 检验方法获得的最小完整性震级。

19.3　地震目录质量控制模块

在一般的定义上，数据质量控制是指确定数据是否满足总体质量目标，以及符合针对单个值定义的质量标准。数据质量控制的核心作用是为了确定数据是"好"还是"坏"，或者它们好坏的程度，因此必须具有一组质量目标和针对数据进行评估的特定标准。在正式运行的各国国家级地震台网、省级区域地震台网中，地震目录的数据质量控制已逐渐成为常规的业务运行流程。但是，目前中国的地震目录的数据质量控制还没有发布具有统一共识的行业标准和通用的质量控制系统。

因此，GEOIST 软件提供了一套地震目录质量评价方法，该方法是基于 Python 语言设计的地震目录质量控制模块，提供自动化检测地震目录数据潜在问题等功能，可用于地震监测预报业务和研究应用中与地震目录数据质量控制相关的环节。该模块支持多种地震目录常见问题的检测，包括地震目录质量分析、地震目录对比两大类功能。可以全自动实现多种地震目录格式的产品质量分析和十几类常见的地震目录图件绘制。

19.3.1　地震目录对比分析

地震目录的来源不同，通常地震信息记录的精度、完整性都有一定差别。本部分调用 catalog 模块中的 QCmulti.py 程序实现两个不同来源地震目录的自动化对比功能，完成对比分析图件绘制，并统一用 HTML 语言来组织质量报告。

现代化编程方法 >>>>>>
与地球物理开源软件实践 Modern programming techniques
and the practices for open source geophysical software

在安装 GEOIST 软件包后,可以通过如下代码,调用地震目录对比分析功能。create_figures_new 函数和 generate_html 函数分别为绘图和生成 HTML 报告功能。代码段中的地震目录 db2 和 dbusgs 分别来自第一节地震目录下载的中国 CENC 目录和 USGS 地震目录。如何对比两个不同来源的目录之间的异同呢?对比的基本思路就是画一批图,全方位地说明两个目录数据之间的差异!

```
from geoist.catalog import QCmulti as cp
outputname = cp.create_figures_new(db = [db2,dbusgs],pathname =
gi.TEMP_PATH,startyear = 1970,endyear = 2020,dhrs = 8)
cp.generate_html(outputname,True)
```

注意到 dhr = 8 这个参数了吗?因为 USGS 目录一般用 UTC 时间,而我国 CENC 目录用北京时间。所以要把 USGS 目录加上 8 小时,才能和 CENC 作对比。有了两个目录并运行上述代码后,可以得到图 19 – 15 的 HTML 格式报告。这个报告里的主要内容可分为匹配事件对比结果和非匹配事件的对比结果。

地震目录 CENCM4.7 和 USGSCAT8.CSV 从 1970 至 2020 对比报告

内容

- 目录统计信息
  - 目录 1
  - 目录 2
- 对比方法
- 匹配事件震中
- 匹配事件震级
- 未匹配事件
- 匹配事件汇总信息

图 19 – 15　不同来源的地震目录对比报告内容

1. 地震目录的匹配事件对比结果

按时间 60 秒和距离 100km 内的时空匹配准则,得到 CENC 和 USGS 的目录对比结果。从图 19 – 16 可见,关联的地震事件数有 2431 个。图 19 – 17 为关联的地震事件的空间分布。图 19 – 18 展示了这些匹配事件之间的相对位置方位。此外还可以进一步统计这些匹配地震事件距离差的直方图和时间差的直方图(图 19 – 19)。从图 19 – 20 可以看出匹配的目录震级之间的相关性较高。

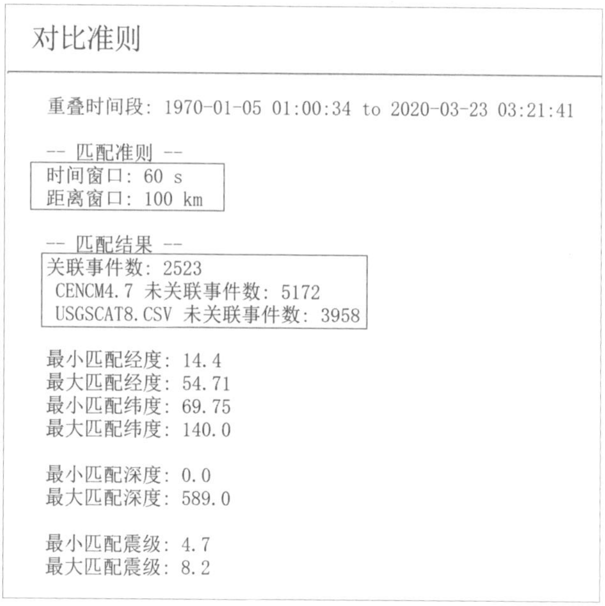

对比准则
重叠时间段：1970-01-05 01:00:34 to 2020-03-23 03:21:41
-- 匹配准则 --
时间窗口：60 s
距离窗口：100 km
-- 匹配结果 --
关联事件数：2523
CENCM4.7 未关联事件数：5172
USGSCAT8.CSV 未关联事件数：3958
最小匹配经度：14.4
最大匹配经度：54.71
最小匹配纬度：69.75
最大匹配纬度：140.0
最小匹配深度：0.0
最大匹配深度：589.0
最小匹配震级：4.7
最大匹配震级：8.2

图 19－16　按时间和距离的对比方法

96°
99°
102°
105°
108°
111°
114°
41.4°
39.6°
37.8°
36.0°
34.2°
32.4°
30.6°
28.8°

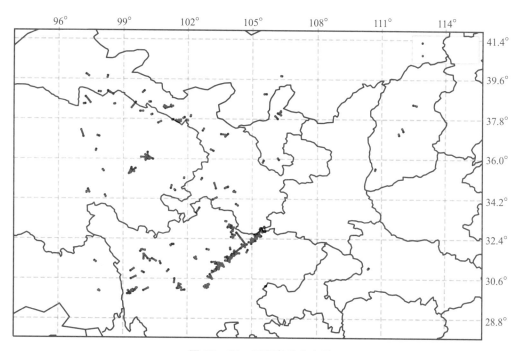

图 19－17　匹配事件分布图

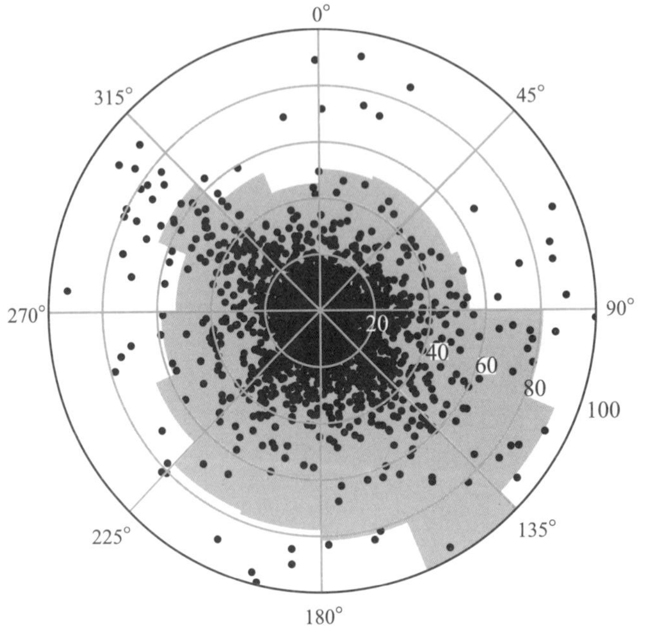

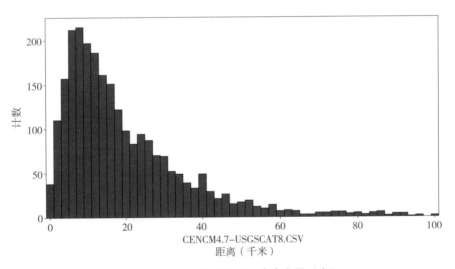

图 19 – 18　相对位置方位

图 19 – 19　关联事件相差距离直方图（上）

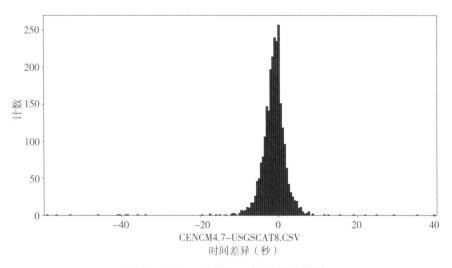

图 19 - 19　时间差值直方图 （下）（续）

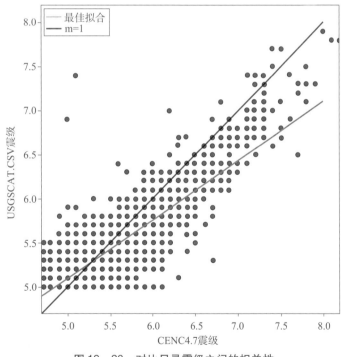

图 19 - 20　对比目录震级之间的相关性

2. 地震目录的未匹配事件对比结果

目录的对比分析报告中也展示了不同目录的未匹配事件概况。和图 19 - 21 相比，图 19 - 22 的未关联地震事件比较多。原因在于两个目录的截止震级不一样，USGS 从 5 级开

现代化编程方法 >>>>>>
与地球物理开源软件实践 Modern programming techniques
and the practices for open source geophysical software

始，CENC 从 4.7 级开始。此外，很多海域地震也是没关联上的事件，这可能是两个目录存在差异的地方。

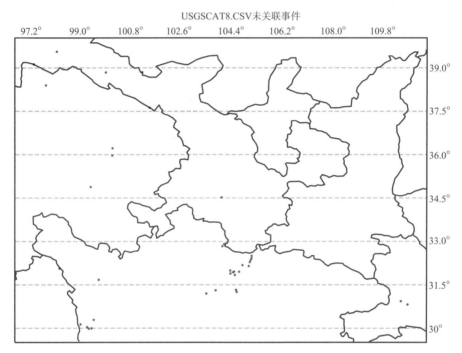

图 19 –21　USGS 目录中未关联的地震事件分布图

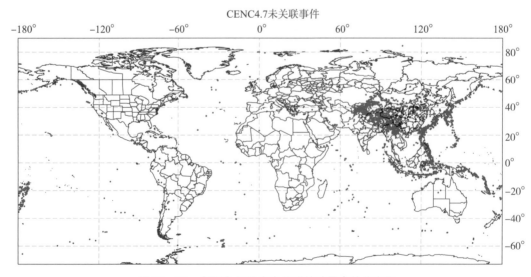

图 19 –22　CENC 目录中未关联的地震事件分布图

19.3.2　地震目录质量分析

在对不同来源的地震目录的对比分析完成后，可以对地震目录进行全面分析，即地震目录的质量分析。通过分析地震目录里面是否存在重复的记录，地震目录是否完整等对地震目录的质量进行分析和控制。

1. 地震目录质量分析概述

在安装 GEOIST 软件包后，可以通过调用 catalog 模块中的 QCreport. py 程序，调用地震目录质量报告生成功能。主要包括对地震目录进行自动化处理，完成分析图件绘制，并统一用 HTML 语言来组织质量报告。其中，create_figures_new 函数和 generate_html 函数分别为绘图和生成 HTML 报告功能。得到的地震目录质量分析报告如图 19 - 23 所示。

```
from geoist. catalog import QCreport as qc
import geoist as gi
from geoist. catalog import Catalogue as cat
from geoist. others. fetch_data import usgs_catalog


qc. pathname = gi. TEMP_PATH
qc. network = 'usgs'
qc. start_year = '2000'
qc. end_year = '2020'
qc. time_window = 2.0
qc. dist_window = 15.0


## 地震目录质量检测
pathname,prefix = qc. create_figures_new(qc. qcinit(),dbusgs)
## 生成 HTML 报告
qc. generate_html(pathname,prefix,qc. to_show)
```

现代化编程方法 〉〉〉〉〉〉〉
与地球物理开源软件实践 Modern programming techniques
and the practices for open source geophysical software

地震目录 USGS 质量报告 2000 — 2020

内容

- 目录基本信息
  - 最大事件
- 震源深部分布图
- 事件频率
- 每小时的事件频率
- 事件之间的事件间隔
- 震级分布图
  - 全部震级
  - 震级直方图
  - 分级直方图
  - 中等震级
  - 目录完整性
- 累积地震矩释放
- 事件类型-频率
- 重复事件扫描
- 可能的重复事件

图 19 - 23　地震目录质量报告内容

2. 地震目录质量报告主要内容

依据上述代码生成的地震目录质量报告中，地震活动性分布图与图 19 - 3 至图 19 - 5 的地震活动性分布和地震目录密度空间分布一致。震级分布图中的震级直方图、目录完整性以及累积地震矩释放过程图也如前文的 19 - 6 至 19 - 12 所示，不再重复介绍。我们对地震目录质量报告中的部分主要内容简述如下：

（1）目录基本信息。

质量报告中列出了地震目录的地震事件、经纬度范围和深度、震级等基础信息，也展示了目录中主要的强地震。

```
Basic Catalog Summary
目录:USGS
目录首次地震:2000 -01 -02T10:23:58.980000Z
目录结束地震:2019 -12 -30T17:49:59.468000Z
目录事件总数:2211
```

目录最小纬度:15.0447

目录最大纬度:54.979

目录最小经度:70.02

目录最大经度:134.8565

目录最小深度:0.0

目录最大深度:586.3

目录 0 km 深度地震数目:4

目录深度为空地震数目:0

目录最小震级:5.0

目录最大震级:7.9

目录震级为 0 地震数据:0

目录震级为空地震数据:0

可能重复地震事件数目(2.0 s 和 15.0 km 阈值):0

可能重复地震事件数目(16 s 和 100 km 阈值):3

Largest Events

2008 -05 -12T06:28:01.570000Z usp000g650 31.002 103.322 19.0 7.9

2001 -11 -14T09:26:10.010000Z usp000asvm 35.946 90.541 10.0 7.8

2015 -04 -25T06:11:25.950000Z us20002926 28.2305 84.7314 8.22 7.8

2001 -01 -26T03:16:40.500000Z usp000a8ds 23.419 70.232 16.0 7.7

2005 -10 -08T03:50:40.800000Z usp000e12e 34.539 73.588 26.0 7.6

2015 -10 -26T09:09:42.560000Z us10003re5 36.5244 70.3676 231.0 7.5

2002 -03 -03T12:08:19.740000Z usp000azhc 36.502 70.482 225.6 7.4

2002 -06 -28T17:19:30.270000Z usp000b73z 43.752 130.666 566.0 7.3

2015 -05 -12T07:05:19.730000Z us20002ejl 27.8087 86.0655 15.0 7.3

2003 -09 -27T11:33:25.080000Z usp000c8sz 50.038 87.813 16.0 7.3

现代化编程方法 >>>>>>
与地球物理开源软件实践 Modern programming techniques
and the practices for open source geophysical software

（2）地震目录震级时间序列信息。

在地震目录的时间序列分析中，除了如上一节中图 19 – 9 的地震目录震级 – 时间关系图之外，还可以用每个地震事件之间的事件间隔进行地震时间序列分析，如图 19 – 24 所示的就是事件时间间隔图件。

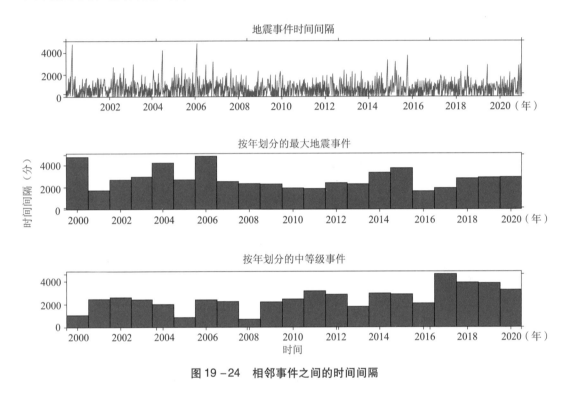

图 19 – 24　相邻事件之间的时间间隔

此外，还可以对震级大小进行进一步划分，统计不同级别地震的直方图，如图 19 – 25 所示。

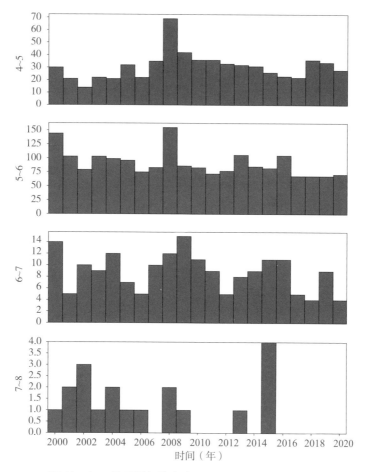

图 19 -25　按照震级档来统计的地震目录时间序列图

19.4　小结

　　本章首先概述了 GEOIST 中地震目录分析与指标计算模块和地震目录质量控制模块的主要功能。其次介绍了当前地震目录存在的主要质量问题和分析思路。最后，以 USGS 和CENC 两个不同来源的地震目录为例，进行目录的对比分析并简要介绍目录对比分析报告的主要内容。在此基础上，进一步阐述了地震目录质量分析和地震目录质量报告的主要内容。通过这一章的学习，相信小 G 和读者们都能更熟练地掌握地震目录的处理方法！

第 20 章　　时间序列处理与检测

时间序列（Time Series，缩写为 TS）顾名思义，就是按照一定时间采样的测量数据。时间序列数据是最常见的一种地球物理测量数据表现形式。包括按照时间间隔的递增（以分钟、小时、天、周为单位等）来分类的数据使用。时间序列信号应用非常广泛，如每天气温的变化、股票的涨跌、地震的波形记录和重力固体潮的变化等。

地震会商业务系统中涉及的时间序列数据，在原始时间序列中，可能会存在因为仪器故障、干扰、传感器漂移等因素导致的时间序列产生断记、曲线突然变换和长周期的单向漂移等问题，需要对数据进行预处理，并在此基础上进行分析和模型预测。小 G 在本章会根据地震会商业务需求，介绍连续时间序列分析模块。

GEOIST 的连续时间序列分析模块包含了连续时间序列（TS）尖峰和突跳修补、ADF 平稳性测试、去趋势、周期项分解、差分、移动平滑、指数平滑、距平分析、变采样、月平均与滤波、功率谱分析、ARIMA 建模、异常检测等功能。

20.1　时间序列性质的分析

时间序列通常至少包括时间列和测量值两列数据。要对一个时间序列进行分析、建模和预测，首先要了解序列的性质。

平稳性（stationary）是很多分析模型和工具应用的基础。一般对 TS 序列进行分析之前，要判断其稳定性和随机性。其基本分析逻辑是：

①判断时间序列是否稳定；如果是，选择下一步分析模型，如果否，则首先要使数据变得平稳；

②平稳后的序列就可以对其进行建模，并根据实际观测数据来拟合模型参数；

③有了模型后，可以进一步对信号的变化进行预测，并对观测量进行正常和异常的判断。

对于实际的时间序列数据，由于时间序列数据的离散性，许多时间序列数据集都有一个周期性的元素以及／或者内置在数据中的趋势元素。时间序列建模的第一步是计算现有数据的周期（在平稳时间段内的周期性模式）以及／或者数据向上或向下移动的趋势。

平稳序列是指序列的平均值不再是一个有关于时间的函数。随着趋势数据的增加以及时间的推移，序列的平均值会随时间变化增加或减少（比如随着时间推移房价的稳步上升）。对于周期性数据，序列的平均值随周期波动（比如每 24 小时中，温度的上升和降低）。

一般有两种方法可用于实现平稳：差分数据或线性回归。差分数据指的是，计算两个连续观测之间的差异；而线性回归则是在模型中为了获得周期性组件采用二进制指示变量。在我们决定使用哪种方法之前，首先必须对数据和其中的物理意义有足够的了解。常用的检验时间序列平稳性的方式主要包括 ADF 测试和 ARIMA 建模。

20.1.1　ADF 测试

ADF 测试（Augmented Dickey – Fuller test）是一种检定时间序列平稳性的方法。本质上是一种平稳的单元根测试。一般适合于有明显的趋势项的时间序列检测问题。通常根据 ADF 检测结果的 p – value 可以判断时间序列信号的稳定性。

20.1.2　ARIMA 建模

如果分析的 TS 序列中，有很多信息是具有自相关特点的，可以采用 ARIMA 模型，该模型的全称为自回归集成移动平均值（Auto Regressive Integrated Moving Average 或 ARIMA）模型。ARIMA 模型包含了用于描述周期和趋势的参数（例如，在一周中有几天使用了虚变量和差分），还包含用自回归和／或移动平均数条件来处理数据中嵌入的自相关性。

在确定了最适合数据趋势和周期的模型之后，还必须有足够的信息来生成较为准确的预测，这些模型的能力仍然是有限的，因为它们并没有考虑到在过去的一段时间内，兴趣变量本身的相关性。我们将这种相关性称为自相关，这在时间序列数据中是十分常见的。如果数据具有自相关性，那么可能会需要额外的建模来进一步改进基线预测。

20.2　连续时间序列分析模块功能

连续时间序列分析模块主要围绕 Pandas 工具包进行开发，Pandas 是 Python 生态中非

现代化编程方法 >>>>>>
与地球物理开源软件实践 Modern programming techniques
and the practices for open source geophysical software

常强大的一个数据分析包，它是基于 Numpy 开发的，非常适用于对结构化的数据集进行分析。Pandas 对 TS 序列分析方面有很多接口，但绝不仅限于分析 TS 序列。尤其是在对结构化数据文件的读取方面，Pandas 也有非常多好用和方便的函数。

20.2.1　数据导入

连续时间序列分析模块通过以下代码实现导入数据以及分析过程。其中，import 模块在 GEOIST 的 Snoopy 目录下，带了 orig_file 和 water_file 两个示例数据，可直接打开查看。通过 pandas 的 read_csv 函数读入数据，返回对象实例为 data。

```python
import pandas as pd
import numpy as np
import matplotlib.pyplot as plt
from pathlib import Path
import geoist.snoopy.tsa as tsa
# parameters for loading data
data_path = Path(tsa._file_).parent
orig_file = Path(data_path,"data",'50002_1_2312.txt')
water_file = Path(data_path,"data",'water_level_res.txt')
# parameters for processing data
na_values = None
# load data
data = pd.read_csv(Path(orig_file),parse_dates = [[0,1]],header =
None,
    delim_whitespace = True,index_col = [0],na_values = na_values)
data.index.name = 'time'
data.columns = ['origin_data']
ax = data.plot(figsize = (15,12),y = data.columns[0])
ax.set_xlabel('Date')
ax.set_ylabel('Value')
```

通过 type（data）查看数据类型，返回信息如下：

```
Out[46]:pandas. core. frame. DataFrame
```

Pandas 不仅为时间序列分析提供了很多接口，在结构化数据文件读取中，也提供了非常多好用和方便的函数。需要说明的是，DataFrame 是 Pandas 里面大名鼎鼎的数据框类型，简单理解就是一个类似 excel 表的数据结构，与数组不同的是，每列之间的数据类型可以不一致。通过数据框类型的 Plot 接口可以直接画图。

上述的代码运行结果如图 20 – 1 所示。本文中连续时间序列分析模块功能主要以图 20 – 1 测试数据为例进行说明。图 20 – 1 中需要注意的是 2009，2010 以及很多年份中的突然跳跃，这些信号大多是与仪器的观测故障相关的信号。进一步分析之前我们必须去掉这些突跳信号。

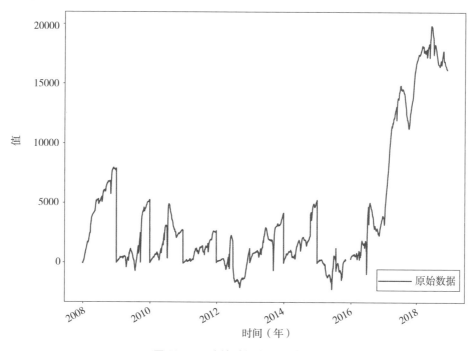

图 20 – 1　连续时间序列测试信号

现代化编程方法 >>>>>>>
与地球物理开源软件实践 Modern programming techniques
and the practices for open source geophysical software

20.2.2 尖峰、突跳修补

基于 GEOIST 软件包，在上一部分导入数据 data 的基础上，通过导入 tsa 模块里面的 despike_v2 函数，对原始数据进行处理，引入 thresh_hold 参数判断原始数据中是否存在突跳。

详细过程看下列代码：

```
# despike
thresh_hold = 200.0
data['despiked'],data['flag'] = tsa.despike_v2(data['origin_data']
.interpolate(),
   th = thresh_hold)
ax = data.plot(figsize = (15,12),y = data.columns[: -1])
ax.set_xlabel('Date')
ax.set_ylabel('Value')
plt.grid()
plt.legend()
plt.title("The preliminary result by threshold = { }".format
(thresh_hold),loc = 'left')
```

图 20 - 2 是处理结果，是经过尖峰、突跳修补预处理过后的时间序列信号。和原始信号相比，更能反映数据的正常变化。

20.2.3 ADF 平稳性测试

要对一个时间序列进行分析、建模和预测，首先要了解序列的性质。ADF（Augmented Dickey - Fuller）平稳性检验可以用来检验一个序列是否平稳。

连续时间序列信号经过尖峰、突跳修补等预处理后，得到的信号就可进行 ADF 平稳性测试。ADF 测试在 tsa 模块中的功能函数为 adfuller。其中新定义的 window_size 参数，指代每次测量的连续时间序列的窗长，给定不同的值，结果可能会有一定的变化。

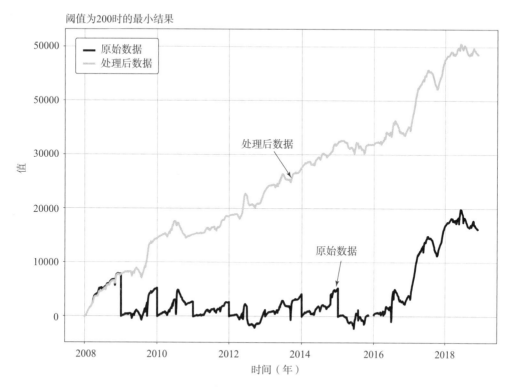

图 20 - 2　去尖峰突跳后的曲线效果对比

```
res = tsa. adfuller(data['despiked']. values)

tsa. print_adf(res,'despiked data')

window_size = 50

data['mean'] = data['despiked']. rolling(window = window_size). mean()

data['std'] = data['despiked']. rolling(window = window_size). std()

ax = data. plot(figsize = (15,12), y = ['despiked','mean','std'],
fontsize = 20)

ax. set_xlabel('Date',fontsize = 20)

ax. set_ylabel('Value',fontsize = 20)

plt. legend(fontsize = 20)
```

ADF 平稳性测试的代码和结果如图 20 - 3 所示。

现代化编程方法 ▷▷▷▷▷
与地球物理开源软件实践 Modern programming techniques
and the practices for open source geophysical software

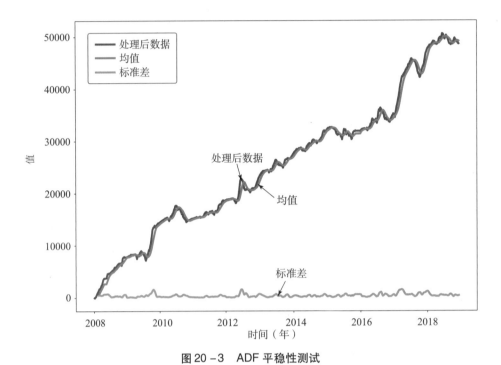

图 20 - 3   ADF 平稳性测试

```
res = tsa. adfuller( data['despiked'].values)
tsa. print_adf( res,'despiked data')
```

运行 print_adf 函数可以输出量化的测试结果。后续对 TS 信号处理，我们还会继续进行量化测试，可以观察 p - value 并对比其在不同处理过程中的数值变化。

```
Augmented Dickey - Fuller test for despiked data:
adf: - 0.8225755579593904
p - value:0.8124005630822038
norder:11
number of points:3903
critical values:
1%: - 3.4320265580345004
5%: - 2.8622808115385583
```

```
10%:-2.567164342737072
```

20.2.4　去趋势

以上连续时间序列信号 ADF 平稳性测试结果中的 p 值较大，与数据中的趋势项有关，那么，如何去掉数据中的趋势呢？tsa 中的 detrend 函数可以有效去除趋势项。详细代码如下：

```
# detrend
data['detrend'] = tsa.detrend(data['despiked'])
data.plot(figsize = (15,12),y = ['detrend','despiked'])
```

去趋势效果如图 20 - 4 所示。

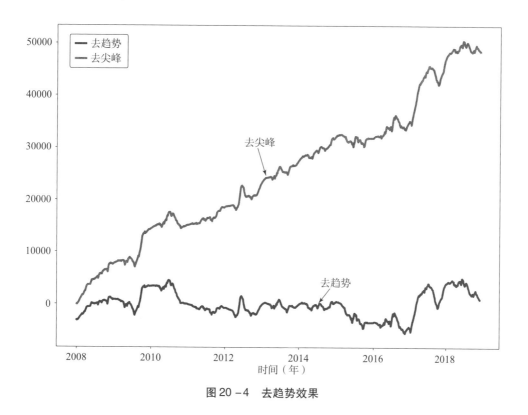

图 20 - 4　去趋势效果

在去趋势结果基础上，再进行一次 ADF 测试。

```
# test stationary again
res = tsa. adfuller(data['detrend']. values)
tsa. print_adf(res,'detrended data')
data['mean'] = data['detrend']. rolling(window = window_size). mean()
data['std'] = data['detrend']. rolling(window = window_size). std()
data. plot(figsize = (15,12),y = ['detrend','mean','std'])
```

量化结果如下。结果显示 p 值大大减小，这说明信号相对更加平稳。

```
Augmented Dickey - Fuller test for detrended data:
adf: - 2.8626974817975075
p - value:0.04986090928335389
norder:11
number of points:3903
critical values:
1%: - 3.4320265580345004
5%: - 2.8622808115385583
10%: - 2.567164342737072
```

20.2.5　周期项分解

除了直接去除线性趋势的方法，连续时间序列周期项分解可以采用以鲁棒局部加权回归作为平滑方法的时间序列分解 STL (Seasonal and Trend decomposition using Loess) 方法，它可以把时间序列分解为趋势项（trend component）、季节项（seasonal component）和余项（remainder component）。同样，GEOIST 软件包中的 snoopy 模块包含该函数，为 tsa 模块的 seasonal_decompose 函数，用法如下：

```
# seasonal decomposition
period = 365
na_values_output = np. nan
```

```
decomposition = tsa. seasonal_decompose(data['despiked'],freq =
period,extrapolate_trend = 'freq')
    fig = decomposition. plot()
    fig. set_size_inches(15,8)
    data['trend'] = decomposition. trend. fillna(na_values_output)
    data['seasonal'] = decomposition. seasonal. fillna(na_values_output)
    data['residual'] = decomposition. resid. fillna(na_values_output)
```

运行该程序，得到连续时间序列的周期项分解结果，如图 20 – 5 所示。

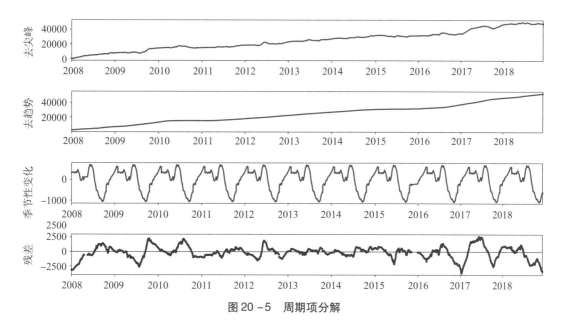

图 20 – 5　周期项分解

做完 STL 分解后，我们又进行了一遍 ADF（Augmented Dickey – Fuller）测试。

```
# test stationary on residual
res = tsa. adfuller(data['residual']. dropna(). values)
tsa. print_adf(res,'residual data')
window_size = 50
data['mean'] = data['residual']. rolling(window = window_size). mean()
```

现代化编程方法 >>>>>>
与地球物理开源软件实践 Modern programming techniques
and the practices for open source geophysical software

```
data['std'] = data['residual'].rolling(window = window_size).std()
data.plot(figsize = (15,12),y = ['residual','mean','std'])
```

残差（residual）、均值（mean）和标准差的变化，如图 20 – 6 所示。

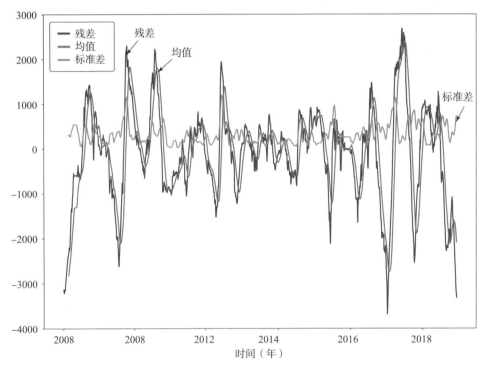

图 20 – 6   再测试结果

ADF 测试量化结果如下，p 值又小了不少，这说明方法是有效的。

```
Augmented Dickey - Fuller test for residual data:
adf: - 5.1966236577048
p - value:8.932706805879938e - 06
norder:13
number of points:3901
critical values:
1% : - 3.432027418154056
```

```
5% : -2.8622811914877873
10% : -2.567164545006864
```

20.2.6　差分和平滑

除了上文的预处理，稳定性检测和去趋势功能，连续时间序列信号模块还包括常用的差分、平滑等常规数据处理方法。差分和平滑处理可以直接引用 Pandas 的 dataframe 数据类型中 diff，rolling，ewm 等接口。

1. 差分

通常对连续时间序列求导，需要进行差分运算，利用 dataframe 的数据类型接口即可实现。

```
# first order difference
data['diff'] = data['origin_data'].diff()
ax = data.plot(figsize = (15,12),y = ['origin_data','diff'])
# second order difference
data['diff2'] = data['diff'].diff()
ax = data.plot(figsize = (15,12),y = ['origin_data','diff2'])
```

2. 滑动平均

滑动平均是连续时间序列信号分析最常用的一种低通滤波方法，在连续时间序列分析模块中通过 rolling 函数实现。方法如下：

```
# moving average
window_size = 50
center = False
data['ma'] = data['residual'].rolling(window = window_size,center = center,min_periods = 1).mean()
data.plot(y = ['residual','ma'])
```

该代码块中的 data ['residual'] 来自上节的周期项分解结果。滑动平均方法的窗口取

现代化编程方法 ►►►►►►
与地球物理开源软件实践 Modern programming techniques
and the practices for open source geophysical software

得越长，噪声被去除得就越多，得到的信号就越平稳；但同时，信号中有用部分丢失原有特性的可能性就越大。连续时间序列信号的滑动平均结果如图 20 – 7 所示。

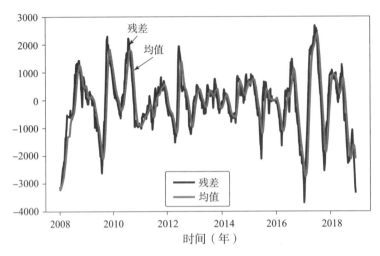

图 20 – 7 滑动平均滤波

3. 指数平滑

连续时间序列分析模块中除了滑动平均之外，还包括指数平滑法。该方法由布朗（Robert G. Brown）提出，他认为时间序列的态势具有稳定性或规则性，所以时间序列可被合理地顺势推延。该方法认为最近的过去态势，在某种程度上会持续到最近的未来，所以将较大的权数放在最近的资料。该方法原理是任一期的指数平滑值都是本期实际观察值与前一期指数平滑值的加权平均。具体公式如下：

$$S_t = a \cdot yt + (1 - a)S_{t-1} \qquad (20 - 1)$$

上式中，S_t 为时间 t 的平滑值；y_t 为观测值；a 为平滑常数。

简单的全期平均法是对"时间数列"中的过去数据一个不漏地全部加以同等利用；移动平均法则不考虑较远期的数据，只是在"加权移动平均法"中给予近期资料更大的权重；而指数平滑法则兼容了全期平均和移动平均所长，不舍弃过去的数据，但是仅给予过去数据逐渐减弱的影响程度，即随着数据的远离，赋予逐渐收敛为零的权数。也就是说指数平滑法是在"移动平均法"基础上发展起来的一种"时间序列分析预测法"，它是通过计算指数平滑值，配合一定的时间序列预测模型对现象的未来进行"预测"。原理是任一期的指数平滑值都是本期实际观察值与前一期指数平滑值的加权平均。

连续时间序列信号分析模块中指数平滑的实际用法如下：

```
# exponential moving average
factor = 0.3
data['ewm'] = data['residual'].ewm(alpha = factor).mean()
data.plot(y = ['residual','ewm'])
```

上面代码 factor 取值范围为 0 – 1，取值约接近于 1，前面的信号对平滑结果影响越小。平滑结果如图 20 – 8 所示。

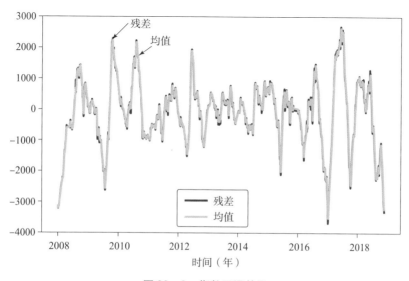

图 20 – 8　指数平滑效果

20.2.7　距平分析

距平是某一系列数值中的某一个数值与平均值的差，分正距平和负距平。距平分析常用于分析具有显著周期性的信号，如：气象观测数据。距平值是用来确定某个时段或时次的数据。相对于该数据的某个长期平均值。举个例子：一个地区某天的平均气温是 14 度，该地区该天平均气温的 30 年平均值是 12 度，那么该地区该天的平均气温距平就是 2 度。2 度的距平表明今天的平均气温相对于该地区该天平均气温的 30 年平均值偏高 2 度。但是人体所能感觉的真实气温是 14 度。

连续时间序列分析模块中的距平分析方法，可以通过 tsa 模块的 departure 函数实现，具体用法如下：

现代化编程方法
与地球物理开源软件实践 Modern programming techniques
and the practices for open source geophysical software

```
# load data
import pandas as pd
import numpy as np
import matplotlib.pyplot as plt
from pathlib import Path
import geoist.snoopy.tsa as tsa
data_path = Path(tsa._file_).parent
water_file = Path(data_path,"data",'water_level_res.txt')

dateparser = lambda x:pd.to_datetime(x,format = '% Y% m')
water = pd.read_csv(water_file,header = None,parse_dates = True,
index_col = 0,delim_whitespace = True,date_parser = dateparser)
water[water == 99999] = np.nan
water = water.interpolate()
water.columns = ['origin','mean','departure']
water_origin = pd.DataFrame(water[water.columns[0]]).copy()
# call departure,and plot.
water_origin,_ = tsa.despike_v2(water_origin,th =200)
wate_departure = tsa.departure(water_origin)
ax = wate_departure.plot(figsize = (16,9))
ax.invert_yaxis()
ax.set_xlabel('Date',fontsize =18)
plt.legend(fontsize =18)
```

距平分析结果如图 20 - 9 所示，从图中距平值曲线，明显可见时间序列信号在 2009 - 2010 年的变化最大。

20.2.8　变采样、月平均与滤波

连续时间序列分析模块中的 dataframe 支持变采样和月平均重采样等功能，通过 resample 函数实现。函数的用法如下：

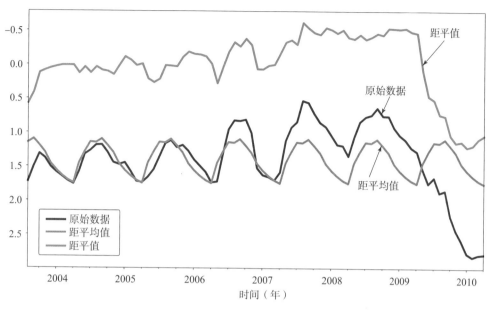

图 20 - 9　矩平分析结果

```
# upsample
water_daily = water_origin. resample('D'). asfreq(). interpolate()
water_daily. head(10)
# downsample
water_monthly = water_daily. resample('MS'). asfreq(). interpolate()
water_monthly. head(10)
# monthly mean
water_monthly = water_daily. resample('MS'). mean(). interpolate()
water_monthly. head(10)
```

前面的介绍，仅限于时间域的分析方法，没有涉及频率域的方法。tsa 模块中的频率域滤波函数，使用方法如下：

```
# filter
# generate dataset
sample_rate = 30.0
```

```python
n = np. arange(300)
orig_data = np. sin(0.1* np. pi* n) +2.0* np. cos(0.5* np. pi* n) +1.5*
np. sin(0.8* np. pi* n)
# generate filter
order = 10
nyq = 0.5* sample_rate
lower_cut_rate = 7.0/nyq
upper_cut_rate = 10.0/nyq
sos = tsa. butter(10, lower_cut_rate, btype = 'low', output = 'sos')
# apply filter to data
filtered_data = tsa. sosfiltfilt(sos, orig_data)
# plot data
fig = plt. figure(figsize = (16,16))
ax = plt. subplot(211)
ax. plot(n/sample_rate, orig_data, label = 'orig_signal')
ax. plot(n/sample_rate, filtered_data, label = 'filtered_signal')
ax. set_xlabel('time(s)')
ax. set_ylabel('magnitude')
ax. legend()
plt. title('Effect of low pass filter(critical frequency: {}Hz)'.
format(lower_cut_rate* nyq), loc = 'left')
plt. grid()
ax = plt. subplot(212)
w,h = tsa. sosfreqz(sos, worN = 1000)
ax. plot(0.5* sample_rate* w/np. pi, np. abs(h))
ax. set_xlabel('frequency(Hz)')
ax. set_ylabel('response')
plt. title('Frequency response', loc = 'left')
plt. grid()
```

上面的代码实现功能包括：首先模拟产生连续时间序列信号，随后对其进行滤波，最后进行频谱分析，得到频谱结果，效果如图 20 - 10 所示。

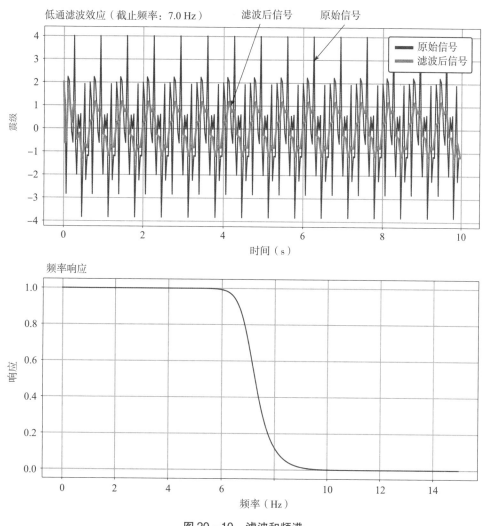

图 20 - 10　滤波和频谱

20.2.9　功率谱分析

连续时间序列信号的频率分析方法，离不开功率谱密度（PSD）。因为物理学中，信号通常是以波的形式表示，例如电磁波、随机振动或者声波。当波的功率频谱密度乘以一个适当的系数后将得到每单位频率波携带的功率，这被称为信号的功率谱密度（power

现代化编程方法 >>>>>>
与地球物理开源软件实践 Modern programming techniques
and the practices for open source geophysical software

spectral density，PSD）。

    GEOIST 连续时间序列分析模块的功率谱密度可以通过 welch、lombscargle 和 periodogram 三个函数实现。具体方法如下：

```
# psd
import numpy as np
import matplotlib.pyplot as plt
import geoist.snoopy.tsa as tsa


sample_rate =30.0
n =np.arange(300)
orig_data =np.sin(0.1* np.pi* n) +2.0* np.cos(0.5* np.pi* n) +1.5*
np.sin(0.8* np.pi* n)

f_w,pxx_w = tsa.welch(orig_data,sample_rate,nperseg = 256,
scaling = 'spectrum')
f_p,pxx_p = tsa.periodogram(orig_data,sample_rate,scaling =
'spectrum')
f_l =np.linspace(0.1,14,3000)* np.pi* 2.0
pxx_l =tsa.lombscargle(n/sample_rate,orig_data,f_l)
# plot result
fig =plt.figure(figsize =(15,9))
ax =fig.add_subplot(111)
ax.plot(f_w,pxx_w,label = 'welch')
ax.scatter(f_p,pxx_p,label = 'peridogram',c = 'g')
ax.plot(0.5* f_l/np.pi,np.sqrt(pxx_l* 4.0/len(orig_data)),
alpha =0.7,label = 'lombscargle')
ax.legend()
```

连续时间序列信号的功率谱密度结果如图 20 – 11 所示。

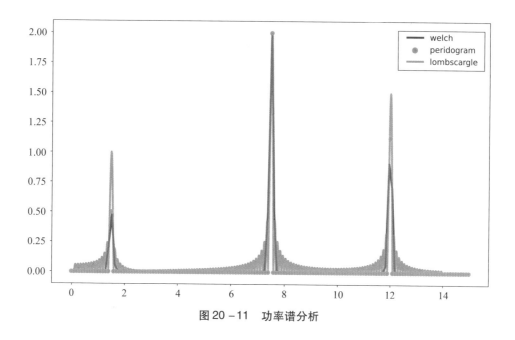

图 20 - 11　功率谱分析

20. 2. 10　ARIMA 建模

连续时间序列信号的预处理包括两个方面的检验，平稳性检验和白噪声检验。适用 ARMA 模型进行分析预测的时间序列必须满足的条件是平稳非白噪声序列。

连续时间序列模块中 ARIMA 模型的实现代码如下：

```python
import pandas as pd
import numpy as np
import matplotlib.pyplot as plt
from pathlib import Path
import geoist.snoopy.tsa as tsa
# parameters for loading data
data_path = Path(tsa._file_).parent
orig_file = Path(data_path,"data",'50002_1_2312.txt')
# parameters for processing data
na_values = None
```

现代化编程方法 ＞＞＞＞＞＞
与地球物理开源软件实践 Modern programming techniques
and the practices for open source geophysical software

```
# load data
data = pd. read_csv( Path( orig_file ), parse_dates = [ [ 0,1 ] ], header =
None,
    delim_whitespace = True, index_col = [ 0 ], na_values = na_values )
data. index. name = 'time'
data. columns = [ 'origin_data' ]
thresh_hold = 200. 0
data[ 'despiked' ], data[ 'flag' ] = tsa. despike_v2( data[ 'origin_data' ].
interpolate( ),
    th = thresh_hold )
data[ 'detrend' ] = tsa. detrend( data[ 'despiked' ] )

# ARIMA
p = 5
d = 0
q = 1
P, D, Q, s = 0, 0, 0, 0
model = tsa. SARIMAX( data[ 'detrend' ]. dropna( ),
order = ( p, d, q ),
seasonal_order = ( P, D, Q, s ),
enforce_stationarity = False )
rests = model. fit( )
pred = rests. get_forecast( 180 )
pci = pred. conf_int( )
fig, ( ax0, ax1, ax2 ) = plt. subplots( nrows = 3, ncols = 1, figsize = ( 12,
12 ) )
    ax0. plot( data[ 'detrend' ]. dropna( ) )
```

```
ax1.plot(data['detrend'].dropna().values)
pred.predicted_mean.plot(ax=ax1,label='forecast')
ax1.fill_between(pci.index,pci.iloc[:,0],pci.iloc[:,1],color='k',
alpha=0.2,label='0.05 confidence interval')
ax1.legend()
start_day=365*10
pred=rests.get_prediction(start_day)
pci=pred.conf_int()
pred.predicted_mean.plot(ax=ax2,label='prediction')
ax2.fill_between(pci.index,pci.iloc[:,0],pci.iloc[:,1],color=
'k',alpha=0.2,
label='0.05 confidence interval')
data['detrend'].dropna().iloc[start_day:].asfreq('5d').plot
(style='o',ax=ax2)
ax2.legend()
```

其中，get_forecast 具向外预测的功能（Out – of – sample forecasts）；而 get_prediction 具有同时内外预测功能（In – sample prediction and out – of – sample forecasting），可以作为一种滤波器使用。

连续时间序列分析模块的 ARIMA 建模结果如图 20 – 12 所示。图 20 – 12 中（a）图是去趋势后的结果，（b）图为外推 180 天的结果和误差估计，（c）图为 2018 年 4 月的预测和实际观测结果对比。

连续时间序列信号分析的根本目的还是去除信号中的"杂质"，而平稳过程信号，一般才具有可以预测的意义。信号中的随机干扰永远是要去除的部分，这也是连续信号分析中分析预测模型能做的事情。

现代化编程方法
与地球物理开源软件实践 Modern programming techniques
and the practices for open source geophysical software

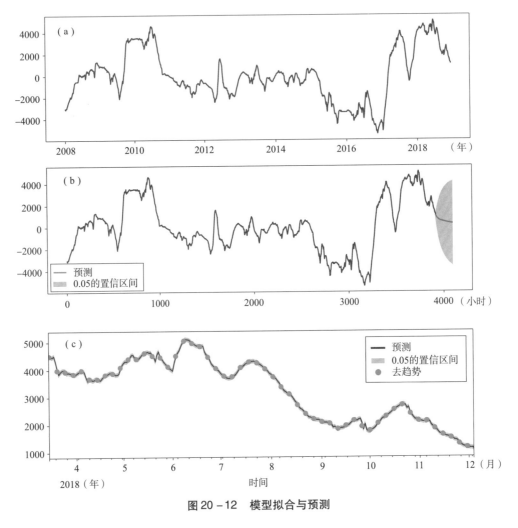

图 20 – 12　模型拟合与预测

20.3　连续时间序列异常检测

20.3.1　异常检测

所谓异常检测就是发现与大部分对象不同的对象，其实就是发现离群点（Outliers）。异常检测有时也称偏差检测。异常对象是相对罕见的。在实际应用中，异常检测技术有很多应用，例如：

①欺诈检测：主要通过检测异常行为来检测是否为盗刷他人信用卡；

②入侵检测：检测计算机系统是否存在入侵行为；

③医疗领域：检测人的健康是否异常。

20.3.2　异常检测算法分类

从学术角度，异常监测算法可以分为以下四大类：

1. 基于密度的方法（Density – Based Approaches）

RKDE：Robust Kernel Density Estimation（Kim & Scott，2008）；

EGGM：Ensemble Gaussian Mixture Model。

2. 基于分位数的方法（Quantile – Based Methods）

OCSVM：One – class SVM（Schoelkopf，et al.，1999）；

SVDD：Support Vector Data Description（Tax&Duin，2004）。

3. 基于邻近的方法（Neighbor – Based Methods）

LOF：Local Outlier Factor（Breunig，et al.，2000）；

ABOD：kNN Angle – Based Outlier Detector（Kriegel，et al.，2008）。

4. 基于投影的方法（Projection – Based Methods）

IFOR：Isolation Forest（Liu，et al.，2008）；

LODA：Lightweight Online Detector of Anomalies（Pevny，2016）。

20.3.3　Snoopy 模块的异常检测算法

GEOIST 软件包中的 Snoopy 模块提供了异常检测算法和异常检测功能，Snoopy 模块中的异常检测算法来源于 Linkedin 开源的 Luminol 异常检测算法。Luminol 是一个轻量级的用于时间序列数据分析的 Python 异常检测算法库。目前，Snoopy 模块支持的两个主要功能是异常检测和相关性分析，其可用来调查异常的可能原因。Snoopy 模块对连续时间序列信号，可检测数据是否包含异常，并返回一个发生异常的时间窗口。对同时达到严重异常的两个给定的时间序列可以帮助找出它们的相关系数。

此外，Snoopy 也是完全可配置的，可扩展异常检测或相关的特定算法。此外，该库不依赖于时间序列值上的任何预定义阈值。相反，它为每个数据点分配一个异常分数，并使用该分数识别异常。通过使用该模块，可以建立一个异常处理逻辑任务流程。例如，假设有一个网络延迟的峰值需要进行检测。首先进行异常检测，发现网络延迟时间序列中的峰值；其次获取峰值的异常周期，并在同一时间范围内与其他系统指标（GC、IO、CPU 等）进行关联获得一个相关指标的排序列表。

下面我们就简单看看异常检测的代码实现：

```
from geoist. snoopy. anomaly_detector import AnomalyDetector
ts = dict(zip(range(len(data)),data['despiked'].values))
my_detector = AnomalyDetector(ts)
score = my_detector. get_all_scores()
fig = plt. figure(figsize =(15,9))
ax = fig. add_subplot(211)
data. plot(ax = ax,y =['despiked'])
ax = fig. add_subplot(212)
ax. plot(score. timestamps,score. values)
```

上述代码中，需要注意的是 Snoopy 要求的 TS 序列格式为字典类型，因此，对于上一节的数据，先要包装成 dict，格式方法为：

```
ts = dict(zip(range(len(data)),data['despiked'].values))
```

对于经过预处理的连续时间序列数据，异常检测结果如图 20 - 13 所示，默认的算法可以对一个异常曲线给出实时异常评分，设定一个阈值后，就可以自动判断异常。

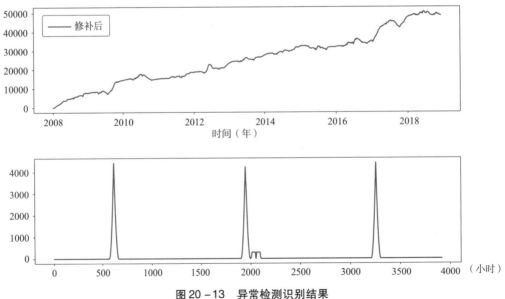

图 20 - 13　异常检测识别结果

20.4　异常检测算法分析

连续时间序列信号要进行异常检测，首先要回答什么是异常，如果通过重复观测可得到一个曲线 Baseline，那么偏离这个 Baseline 一段时间后，就可以认为出现了异常，如图 20 - 14 所示。

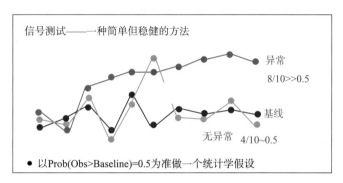

图 20 - 14　Baseline 算法

在实际情况下，可以根据 Page 加载时间、Traffic 等多种参数，通过与 Baseline 值对比，联合判断是否出现了网络异常状况，如图 20 - 15 所示。

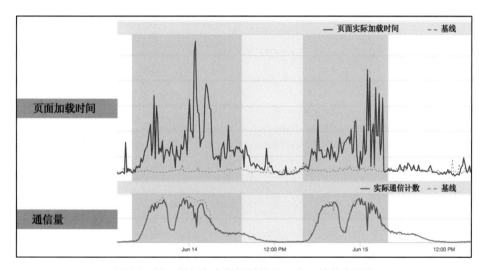

图 20 - 15　根据多个指标判断 Baseline 的偏离程度

连续时间序列分析模块中的异常检测算法的代码实现如下所示。其中，算法选择为"sign_test"，并设置了 baseline 曲线为 tsb，算法参数设计参数详见 algorithm_params。

现代化编程方法 >>>>>>
与地球物理开源软件实践 Modern programming techniques
and the practices for open source geophysical software

Snoopy 的异常检测算法默认为"bitmap_detector", 此外, 除了"sign_test", 还支持"diff_
percent_threshold", "exp_avg_detector" 等。

```
from geoist.snoopy.anomaly_detector import AnomalyDetector
ts = dict(zip(range(len(data)),data['despiked'].values))
window_size = 10
center = False
data['ma'] = data['detrend'].rolling(window = window_size,center =
center,min_periods =1).mean()
tsb = dict(zip(range(len(data)),data['ma'].values))
# anomaly baseline
algorithm_params = {'percent_threshold_upper':20,
'offset':20000,
'scan_window':24,
'confidence':0.01}
my_detector = AnomalyDetector(ts,baseline_time_series = tsb,
algorithm_name = 'sign_test',
                              algorithm_params = algorithm_params)
score = my_detector.get_all_scores()
fig = plt.figure(figsize =(15,12))
ax = fig.add_subplot(211)
ax.plot(data['despiked'].dropna().values)
ax.plot(data['ma'].dropna().values)
ax = fig.add_subplot(212)
ax.plot(score.timestamps,score.values)
```

连续时间序列信号的异常检测结果如图 20 - 16 所示。图中, 当原始信号相比参考
baseline 超过设定 offset 阈值和"percent_threshold_upper"参数后, 开始报警。

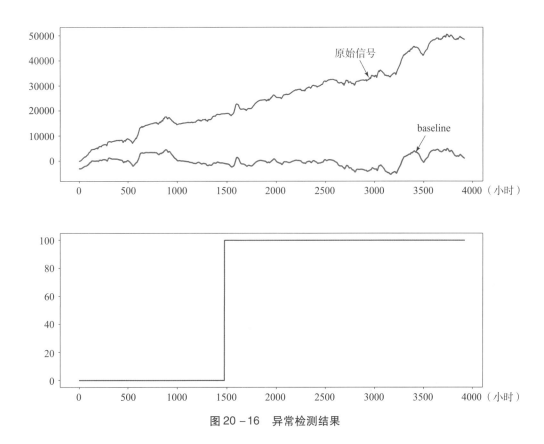

图 20 −16　异常检测结果

20.5　小结

本章概述了 GEOIST 中的连续时间序列分析模块的数据预处理、平滑滤波和平稳性测试等主要功能，简单介绍了 Snoopy 异常检测模块和异常检测算法。通过这一章的学习，相信你能熟练地处理地震会商业务系统中常用的时间序列数据。

现代化编程方法 >>>>>>
与地球物理开源软件实践 Modern programming techniques
and the practices for open source geophysical software

结语：致坚守在地震监测预报一线的科研同仁
——为高效、协同、可重复的科研生态助力赋能

某天看到这样一条新闻，大意是说有人对发表在国际顶级期刊（CNSP）上的论文进行研究，发现这些论文中的工作至少有60%~80%是无法重复的。对于这条新闻的真伪我们暂不做过多探究，但确实引发了不少感慨：作为科研工作者，很多研究思路和方法都是从读文献开始的，如在地球物理学领域，从观测数据到分析和解释，完成一项科研成果经常需要写代码或者依靠专业的软件来实现，有时候虽然论文发表了，在代码不共享或者程序不公开提供的情况下，对于读者来讲，要借鉴论文中的工作内容通常需要花费很高昂的代价。

在地震监测预报领域工作一段时间后，我们也发现有时候看文献或听报告中专家给出的研究结论，其背后使用的方法和计算程序并没有被公开或广泛使用。笔者曾经遇到过不同团队对同样的地震目录数据进行分析，得到的结论竟大相径庭的事例，其中可能有技术使用细节上的差异，也可能与人为挑选数据等主观因素相关。因此，我们期望通过构建地学专业开源软件的方式，来为还长期坚守在地震监测预报科研一线的同志们助一臂之力，得到更客观的数据分析结果。

一、小 G 实践三部曲

本书作为"小 G 实践系列"的第二部教材，最初的想法是帮助研究生们在学完基础课后，可以快速适应科研岗位的角色，同时，也为本年度秋季开设的 Python 语言课程提供一本参考书。我们 2021 年出版的《地震大数据科学与技术实践》主要是围绕低代码开发工具地震数据专家（DatistEQ）来展开的，侧重于软件使用层面，而本书（《现代化编程方法与地球物理开源软件实践》）涉及到了更多的软件开发知识、相关工具软件以及 GEOIST 这套开源软件包的开发技术和部分功能的使用方法，本书出发点是帮助研究生和青年科研工作者们在科研之路起好步，不再因为在编写程序和寻找合适的工具软件方面遇

到太多挫折而感到沮丧。

在编写本书的过程中，笔者参与研发的"地震会商技术系统"也进入到了第二阶段，其主要任务是推动各学科方法能接入到系统之中，以实现预报数据、方法和指标体系之间的自动化工作，为开展概率地震预报奠定平台基础。但是，在技术层面上怎么接入？是用已经有的程序和代码，还是仿照再开发一套？最好的当然是复制现有的成果。但是这些现有的学科方法其代码实现程度并不统一，有些严重依赖商业软件，版权问题、自动调用等问题短期很难解决，还有的一些方法依赖的计算软件接口并不公开，或有一些方法仅能提供书面上的文字介绍。

一般来讲在技术上，要实现多个软件之间的互联互通，首先需要公开的协议来控制数据、参数和结果之间的信息传递，但是，现有的学科方法其软件实现依赖的计算环境和资源需求是什么？很多悬而未决的问题阻挡在系统建设的前进路上。

在调研了国内外相关研究领域现状之后，我们决定采用"三分策略"来推进地震会商技术系统的建设。说到三分策略，简单来讲就是大胆使用已有的成熟开源程序，或业务人员根据需求来自定义流程，或自研软件这三种方式，来完成上级交办的各项重点任务，其中要求最高的当属自研软件，需要既了解现代化的软件开发方法，又具备一定的架构设计和运维能力。我们经过近 3 年多的实践探索，将其中一些经验和认识进行了总结，终成此书。

如果读到这里大家可能又想问了：介绍完了"小 G 实践系列"的前两本书，第三部写啥呀？可以告诉大家的是，我们的第三本书正在针对更加专业的研究领域的应用场景紧锣密鼓，比前两本更具吸引力，但具体是什么，恕暂时就不过多地"剧透"了，期待 2023 年能与大家见面。

二、为什么要做开源？

在当前大数据和信息化背景下，地球系统科学研究的呼声越来越高，但是地球科学界正面临的一些问题也在日益加剧。首先是大数据。现阶段多个学科领域的科研数据量增长过快，而用于科学分析的传统软件工具已无法处理规模如此巨大的数据，这是目前制约科学发展进步的一个主要障碍。其次，工业生产和科学研究上的技术差距明显，稍微调研一下就可以发现为工业生产提供解决方案的商业软件的技术成熟度较高，但是用于科学研究的开源软件的技术成熟度较低，而且这种差距会越来越大。最后，现阶段科研软件的重复性和继承性差，大多数共享出来的开源科研软件或平台都只是其作者所拥有的某个软件或

现代化编程方法 >>>>>>
与地球物理开源软件实践 Modern programming techniques
and the practices for open source geophysical software

平台中的一个片段，不够完整，而且，大多数情况下，不同作者贡献出来的软件或代码碎片互不兼容，继承性差，使得很多地球科学研究因为所用软件片段的缺陷变得无法重复，并且容易失败。

以上这些危机数据量增加和软件能力等方面在地震监测预报预警领域同样存在。早在2011年，美国自然科学基金委（NSF）作为对美国政府提出的"大数据研发计划"的响应，启动了"地球立方体"（"EarthCube"）项目。"地球立方体"项目提出的初衷是寻求"以整体视角审视地球系统的创造并管理地球科学知识的综合框架"，其主要意图是：①加速知识的融汇过程；②制定一个面向空前复杂系统的可测度体系；③充分整合和利用新技术。项目的最终目的是以一种公开、透明和综合性的方式整合所有地球科学数据、信息、知识及实践来创建地球科学知识管理系统和基础设施，从而极大地提升研究及教育者的知识创造和传播能力。

在 EarthCube 项目框架下，一系列大数据工具和平台研发项目在 NSF 基金资助下开展，核心目标是通过制定统一的软件编写和高性能计算标准，协调各方共同合作来处理科学研究面临的危机和挑战。

2018年我们团队为开展地球科学领域的原型化研究而发起了公益性的 GEOIST 开源项目，其核心是期望通过引进、消化、吸收和协同开发等方式，快速融入当今高速发展的工业化软件开发技术体系之中，更有效地应对地球系统科学研究等领域的新挑战，从而提高我国地学领域的创新能力和成果产出效率。

三、协同工作与可重复性研究

地学领域的科学研究需要通过分析数据和建模等方法，发现地球系统各种现象背后的科学规律，创造新知识，得到新认识。在当今的大数据时代，各领域的新概念、技术、方法层出不穷，单打独斗式的科研方式已经成为历史，而通过团队成员之间的协同互补开展科技创新逐渐变为主流。

协同工作离不开平台的支撑，打造一款具有开放性、实用性、可重复性、可继承性、可扩展性的科学服务平台，已经成为了很多国家或团体的现阶段发展目标。本书团队为了使地学科学研究和编写程序变得更加简单，结合开发地震会商技术系统和平台建设过程中的经验，期望能为用户提供数据文档存储与读取、软件开发与维护、计算基础设施部署与构建的一站式服务。

本书介绍的 DevOps 现代化软件开发和运维方法可从开发和运维一套开源软件开始，

逐渐将开源精神和可重复性研究的理念在团队内部、研究生群体和同行中推动起来，如果书中的内容能为开展类似的科研工作带来一丝灵感、启发或提供技术层面的指导，那么本书的价值就实现了。

四、EarthStack 平台

本书中提到的全部技术，已经由笔者团队成员逐一验证，并在北京白家疃地球科学国家野外观测研究站的私有云平台上部署实现，孵化和保障 GEOIST 软件开发的平台环境，我们将其称命名为 Earthstack 平台。该平台除了强大的计算硬件资源外，最大优势是搭建了一套面向团队协同和软件研发的整套生态环境，包括一系列开源工具，诸如 Gitlab、Jupyter、Habor、Jenkins、Numpy、Pandas、Tensorflow、kubernetes、Geoist、DatistEQ 等软件包，提供了一站式的用于促进科研人员、软件和计算基础设施协同工作的服务平台和生产力环境，而不仅仅是一款款单独的软件包。

用户在 EarthStack 平台上进行开源软件开发流程可以简化描述为：在平台提供服务的领域（包括：地球物理、地震科学等），用户可根据自身业务特点规划其相关领域软件模块的工作流程；同时，与计算机专业领域的专家合作，一起去编写、示范、测试和优化相关开源软件；之后，将优化好的软件上传到共享平台上，供其他用户使用，根据需求进一步优化和长期维护，这些开源软件将大大促进行业领域的发展。

五、"谛听"计划与科研生态系统

在 2019—2023 美国 USGS 的 NEIC 战略规划中，明确提出了加快利用云资源、机器学习和自动化技术、降低监测人员工作量、提高产品服务能力的愿景，具体包括利用机器学习改进监测操作。根据机器学习最新进展和报道，大有可能会使各种耗时的人工工作在不久的将来变得更加自动化。

2022 年初，本书作者团队依托国家地震科学数据中心发布了世界上最大的一份地震学训练数据集。其利用了中国地震台网 2013—2020 年间的震相观测报告和国家测震台网数据备份中心的事件波形，在经过数据清洗和脱敏处理之后，建立了"谛听"（DiTing）数据集。该数据集包括来自 787010 个近震事件的 2734748 条三分量波形以及对应的 P 波和 S 波震相到时标签，此外还有 641025 个 P 波初动极性标签。

以前需要人工从地震波形中识别震相信号，现在利用目录选择的历史数据集测试，证明机器学习算法能够检测地震，并可以从新的地震波形数据中准确提取相位，随着震级阈

现代化编程方法 »»»»»
与地球物理开源软件实践 Modern programming techniques
and the practices for open source geophysical software

值的降低、完整性的提高以及监控网络的加密，这对地震数据处理人员而言是一种非常有价值的减轻工作量的方法。以美国 NSF 和 USGS 等组织牵头，已经全面布局研发和资助大数据时代下的科技创新模式平台和相关软件技术——大数据时代已经来临，以云平台、云应用和云生态的创新价值体系正在形成，传统的软件开发模式、模型和方法正加速淘汰，从研发到应用产品转换的速度也在加快，其背后的动力与基于开放云生态系统逐渐成熟密不可分。

之所以有"谛听计划"的设想是想通过"谛听计划"来培育一个科研和用户紧密联系的生态系统。所以用"谛听"命名源于《西游记》地藏菩萨的坐骑"谛听"是一只具有听音辨认世间万物能力的神兽，能听到人的内心，本书封面图案即为小 G 和"谛听"其象征不言而喻，你一定懂的。在这个生态系统中，支持开发、发布、维护新一代应用于地震学、地球物理学和大数据科学的开源科学分析工具、数据集等。这些分析工具和数据资源具备良好的可扩展性和适应性，以满足当前及未来地球科学的大数据处理需求。在这些工具的开发和维护过程中，还会引入地球科学之外的其他专业领域的先进理念、经验和专业技术知识等。

在谛听数据集研发之后，接下来还有谛听盒子这项成果，这是一款由众人协同合作、开发软件、构建计算的边缘计算设备，可以与云端的 EarthStack 环境相互协作，实现支持地球科学大数据研究的"边云"一体化科学服务平台。

回顾半世纪以来的计算机语言和软件工程的发展历史——从汇编语言到 C、Foxbase、Fortran、Pascal、Java、C#等高级语言，从 Matlab 到 R、Python，从结构化到面向对象设计，从瀑布开发模式到敏捷开发模式，可谓众彩纷呈。本书结合云计算时代现代化编程与软件开发技术的发展进程，介绍了一些编程技术领域的热点概念，这些点滴介绍不可能反映出现代软件工程技术的全貌，但以管窥豹，足见其蔚为大观。

工欲善其事，必先利其器。科学技术发展的目的是让生活更加丰富多彩、愉悦抒怀。现代化编程方法也应以更加友好而不是抽象、晦涩、令人生厌的新面貌面向受众。立足地震监测预报岗位，面向防震减灾领域，让我们一起迎接新一轮云计算驱动下数字化转型的大潮，掌握更多的科学创新方法和要素，举一反三，一起为解决地震预报科学难题、精准预测地球系统的科研工作努力奋斗！